Chat GPT⑤ 萬用手冊

自動化 AI agent・提示詞技巧・研究推理

影音生成・自然語音・專案排程・工具連接

感謝您購買旗標書，
記得到旗標網站
www.flag.com.tw
更多的加值內容等著您…

<請下載 QR Code App 來掃描>

● FB 官方粉絲專頁：旗標知識講堂

● 歡迎訂閱「科技旗刊」電子報：
　flagnewsletter.substack.com

● 旗標「線上購買」專區：您不用出門就可選購旗標書！

● 如您對本書內容有不明瞭或建議改進之處，請連上旗標網站，點選首頁的 聯絡我們 專區。

若需線上即時詢問問題，可點選旗標官方粉絲專頁留言詢問，小編客服隨時待命，盡速回覆。

若是寄信聯絡旗標客服 email，我們收到您的訊息後，將由專業客服人員為您解答。

我們所提供的售後服務範圍僅限於書籍本身或內容表達不清楚的地方，至於軟硬體的問題，請直接連絡廠商。

學生團體　　訂購專線：(02)2396-3257 轉 362
　　　　　　傳真專線：(02)2321-2545

經銷商　　　服務專線：(02)2396-3257 轉 331
　　　　　　將派專人拜訪
　　　　　　傳真專線：(02)2321-2545

國家圖書館出版品預行編目資料

ChatGPT 5 萬用手冊：自動化 AI agent、提示詞技巧、研究推理、影音生成、自然語音、專案排程、工具連接 / 蔡宜坦, 施威銘研究室 著. -- 初版. -- 臺北市：旗標科技股份有限公司, 2025.09　面；　公分

ISBN 978-986-312-851-9(平裝)

1.CST: 人工智慧

312.83　　　　　　　　　　　　　　114012811

作　　者／蔡宜坦、施威銘研究室

發 行 所／旗標科技股份有限公司
　　　　　台北市杭州南路一段15-1號19樓

電　　話／(02)2396-3257(代表號)

傳　　真／(02)2321-2545

劃撥帳號／1332727-9

帳　　戶／旗標科技股份有限公司

監　　督／陳彥發

執行企劃／陳彥發

執行編輯／張思敏、劉冠岑、楊世瑋
　　　　　呂仲衡、陳彥發、黃馨儀

美術編輯／林美麗

封面設計／陳憶萱

校　　對／陳彥發、劉冠岑、楊世瑋、
　　　　　張思敏、黃馨儀、呂仲衡

新台幣售價：580 元

西元 2025 年 9 月 初版

行政院新聞局核准登記-局版台業字第 4512 號

ISBN 978-986-312-851-9

Copyright © 2025 Flag Technology Co., Ltd. All rights reserved.

本著作未經授權不得將全部或局部內容以任何形式重製、轉載、變更、散佈或以其他任何形式、基於任何目的加以利用。

本書內容中所提及的公司名稱及產品名稱及引用之商標或網頁，均為其所屬公司所有，特此聲明。

書附檔案下載

ABOUT Resources

本書提供上百個 Prompt 提示詞，為避免您手動輸入的不便，我們將絕大多數的 Prompt 整理成文字檔，您可以直接複製內容，再貼到 ChatGPT 或其他生成式 AI 平台上使用，同時也提供書中範例操作所需的檔案。請連至以下網址下載：

https://www.flag.com.tw/bk/st/F5163

依照網頁指示輸入關鍵字即可取得書附檔案，也可以進一步輸入 Email 加入 VIP 會員或訂閱電子報，即可取得 **Bonus 電子書** 和其他不定時補充的 ChatGPT 新應用。

書附檔案下載後解開壓縮檔，可看到各章節資料夾，點進去後就會看到該章每一小節的 Prompt 提示詞、相關指令和所需檔案。各小節 Prompt 會整理成單一文字檔，也會標示上頁碼，方便你檢索：

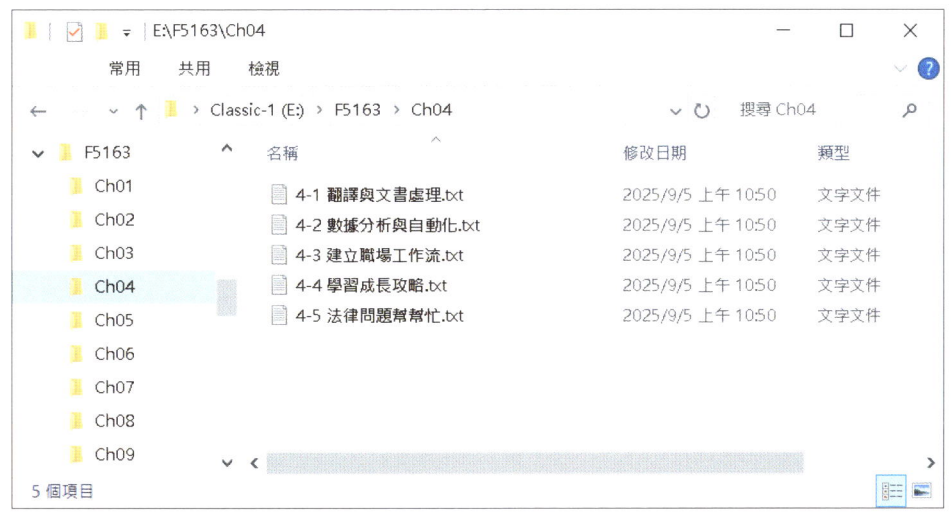

- TIP
少數檔案有隱私爭議不便提供，還請見諒。

3

目錄
CONTENTS

CHAPTER 1　ChatGPT 起手式

1-1　ChatGPT 的對話與註冊 1-2
　　免登入！跟 ChatGPT 對話初體驗 1-2
　　三種創建新帳號的方式 1-4
　　註冊帳號步驟 1-5

1-2　問一波！來跟 ChatGPT 互動吧 1-9
　　基本對話操作介面 1-10
　　切換繁體中文介面 1-14
　　調整介面深淺和配色 1-15
　　限制 OpenAI 取用你的對話內容 1-17
　　GPT-5 的模型演進 1-18

1-3　該不該付費升級 ChatGPT Plus 帳號？ 1-20
　　ChatGPT Plus 的特權功能 1-20
　　ChatGPT Plus 申請教學 1-21
　　取消訂閱 ChatGPT Plus 1-24

1-4　多管齊下跟 ChatGPT 5 溝通互動 1-28
　　切換 ChatGPT 使用的模型 1-28
　　太長？太短？不夠清楚？試試重新生成對話內容 1-32
　　語音朗讀回覆內容 1-34
　　新對話分支 1-34
　　使用圖片、附件進行互動 1-35
　　讓 ChatGPT 存取網路硬碟與其他服務 1-38
　　讓 ChatGPT 上網查詢資訊 1-41
　　使用無痕對話模式 1-44

1-5　使用 ChatGPT 時可能遇到的狀況 1-46

CHAPTER 2　跟 ChatGPT 好好說話的各種技巧

2-1　ChatGPT 的對話與記憶 2-2
　　聊天紀錄的管理 2-2
　　分享對話內容 2-3

	封存用不到的對話紀錄	2-5
	備份所有聊天紀錄	2-6
	自訂 ChatGPT，讓它更懂你	2-8
	記憶功能：跨對話串記得你說過的話	2-12
	參照先前對話紀錄的內容	2-14
2-2	幫你做摘要	2-15
	貼上文字進行重點摘錄	2-16
	讀取網頁進行摘錄	2-16
	摘錄 PDF 檔案重點	2-17
2-3	幫你讀圖片	2-19
	擷取出圖片文字並翻譯	2-19
	局部即時閱讀翻譯	2-21
	解讀照片	2-21
2-4	GPT-5 Thinking 推理模式	2-22
2-5	專案 Project 功能	2-24
	應用一：整理原本雜亂四散的對話紀錄	2-25
	應用二：上傳文件檔案，為這個專案建立專屬資料庫	2-25
2-6	電腦版語音對話功能	2-26
	一對一即時模擬面試	2-27

CHAPTER 3　AI Agent 代理模式和各種對話工具應用

3-1	Deep Research 深入研究功能	3-2
	範例：生活現象的科學解讀與改善方案	3-3
3-2	Connectors 連接器	3-5
	範例：找尋 Gmail 中的特定郵件進行分析	3-8
	Connectors 其他應用靈感	3-9
3-3	Agent Mode 代理程式模式	3-10
	範例：打造訓練計畫並自動安排行程	3-12
	範例：依照檔案內容自動命名有意義的檔名	3-14
	Agent Mode 其他應用靈感	3-19
3-4	Study Mode 學習模式	3-20
	範例：帶你推導數學	3-20
	範例：讓背單字更高效	3-23
	範例：讀取網站、制定計畫並直接開始教你	3-24
	Study Mode 其他應用靈感	3-27

3-5	**Canvas 畫布模式**	3-27
	修改特定部分的文案	3-30
	讓 AI 針對文案提供建議	3-31
	切換新舊版本的文案	3-32
	切換不同的 Canvas 檔案	3-33
	調整文章的篇幅跟深度	3-34
	文章自動潤飾、加上表情符號	3-36
	Canvas 其他應用靈感	3-37
3-6	**Task 排程功能**	3-38
	範例：設定一個英文學習提醒助手	3-38
	Task 其他應用靈感	3-42

CHAPTER 4　建立 AI 工作流：GPT-5 提示詞實戰案例

4-1	**翻譯與文書處理**	4-4
	1 - 多國語言翻譯	4-4
	2 - 各種文書疑難雜症	4-6
4-2	**數據分析與自動化**	4-8
	3 - 將資料整理成表格	4-8
	4 - 函數製造機	4-9
	5 - VBA 自動化任務	4-10
4-3	**建立職場工作流**	4-11
	6 - 從擬訂履歷到面試預演	4-11
	7 - 從信件撰寫到文件管理	4-15
	8 - 從故事架構到內容潤稿	4-19
	9 - 從教案設計到出題測驗	4-24
	10 - 從行銷企劃到發文曝光	4-26
	11 - 從資料蒐集到生成簡報	4-29
4-4	**學習成長攻略**	4-33
	12 - 英文寫作攻略	4-33
	13 - 會話練習	4-36
	14 - 程式語言	4-38
	15 - 學科理論知識	4-40
	16 - 理財入門小幫手	4-43
	17 - 體態與健康管理	4-46
4-5	**法律問題幫幫忙**	4-47
	18 - 合約擬定	4-47
	19 - 法律諮詢	4-49
	20 - 存證信函	4-50

CHAPTER 5 跟 GPT-5 溝通必修的提示工程

- **5-1 要寫好提示詞超難欸…沒關係！提示詞優化器工具來幫你** ... 5-2
  - 1 - GPT-5 的提示詞優化器工具 ... 5-2
  - 2 - 發佈並取得 Prompt ID ... 5-7

- **5-2 問對問題很重要！撰寫 Prompt 的基本原則與技巧** ... 5-9
  - 1 - 提問形式 ... 5-10
  - 2 - 提問的段落格式 ... 5-11
  - 3 - 提供角色定位與目標 ... 5-12
  - 4 - 提供背景與細節資訊 ... 5-13
  - 5 - 提供執行步驟與流程 ... 5-13
  - 6 - 提供具體案例 ... 5-14
  - 7 - 指定輸出格式與條件 ... 5-15
  - 8 - 驗證結果 ... 5-17
  - 9 - 管理記憶與上下文 ... 5-17
  - 10 - 管理積極程度 ... 5-20

- **5-3 提示工程有心法嗎？從思考模式、提問層次到範例策略** ... 5-23
  - 1 - 建立你的思考模式：從思維鏈 (CoT) 到思維樹 (ToT) ... 5-23
  - 2 - 掌握提問層次：善用布魯姆分類法 (Bloom's Taxonomy) ... 5-26
  - 3 - 給予範例策略：零樣本 (Zero-shot) 或少樣本 (Few-shot) ... 5-29

- **5-4 ChatGPT 問答的七大萬用模板** ... 5-33
  - 1 - 角色扮演模板 ... 5-33
  - 2 - 結構化回答模板 ... 5-33
  - 3 - 逐步推理模板 ... 5-34
  - 4 - 任務拆解與流程設計模板 ... 5-35
  - 5 - 優化與檢查模板 ... 5-35
  - 6 - 多版本生成模板 ... 5-36
  - 7 - 教學與學習模板 ... 5-37

- **5-5 有些可以靠 AI, 但有些還是得靠自己！ChatGPT 模型的限制與注意事項** ... 5-40

CHAPTER 6 讓 ChatGPT 化身手機、電腦的個人助理

6-1 ChatGPT 就是你的隨身助理！ 6-2
在 Android 和 IOS 下載與使用 6-2
設定選項 & Android 手機的預設助理 6-5
文字與聽寫輸入超方便 6-7
輕鬆讀取圖片 6-10
善用手機版功能, 讓學習效率加倍提升！ 6-11

6-2 仿真人語音對話, 隨時都能 talk！ 6-15
語音即時翻譯 6-18
英語口說家教 6-19
影像互動功能 6-22

6-3 ChatGPT 加持！替 Apple Intelligence 掛 Power ... 6-24
加強語意理解的 Siri 6-27
影像樂園再進化 6-29

6-4 ChatGPT App, Mac / Win 都適用 6-32
下載方式 6-32
ChatGPT App 介面 6-33
快速啟動 6-34
擷圖功能 6-34
在 ChatGPT 執行第三方應用程式 6-36
錄製模式 6-40

CHAPTER 7 活用 GPT 機器人，提升辦公室生產力

7-1 官方 GPT 機器人初體驗 7-2
開啟 GPT 商店頁面 7-2
搜尋想要的 GPT 機器人 7-4
GPT 機器人的使用介面說明 7-6
以後如何快速開啟 GPT 機器人來使用？ 7-7

7-2 Excel AI：幫忙處理複雜的表格資料 7-8
呼叫 Excel AI 機器人來幫忙 7-9

7-3 SEO 行銷機器人：一秒完成行銷新聞稿、網頁體檢 ... 7-14
利用 AI 優化既有網頁內容 - 7-17
Search Intent Optimization Tools 7-17

7-4 AI Voice Generator：文字轉語音 7-21
AI Voice Generator 機器人的使用介紹 7-21

7-5	Consensus：論文搜尋神器	7-25
	Consensus 機器人的使用介紹	7-25
7-6	其他好用的 GPT 機器人	7-28

CHAPTER 8 ChatGPT 和它的影像生成小夥伴

8-1	最好溝通的 AI 繪圖工具 – DALL-E	8-2
	文字生圖	8-3
	以圖生圖	8-5
	局部修圖工具	8-6
8-2	ChatGPT 圖片生成再進化	8-9
	用提示詞為圖片加上繁體中文字	8-9
	將圖片轉為去背圖或多格漫畫	8-14
8-3	超擬真的影片生成工具 – Sora	8-19
	用中文提示詞生成影片	8-21
	Sora 影片編輯工具	8-22

CHAPTER 9 Canvas 幫寫 Code，用 Python 處理大小事

9-1	生成 Python 程式	9-2
	在畫布模式生成和執行程式碼	9-2
	在 Colab 上驗證程式碼	9-7
9-2	重構程式	9-9
	增加可讀性、可重用性	9-9
	重構程式、增加效能	9-10
	簡化邏輯、減少重複	9-11
	使用「程式碼審查」功能	9-12
	控制台執行與錯誤修復	9-14
	生成網頁遊戲	9-16
9-3	註解	9-18
	程式註解	9-18
	使用 docstrings 註解	9-19
9-4	程式除錯	9-20
	修正語法錯誤	9-21
	修正邏輯錯誤	9-22
9-5	轉換語言與生成說明文件	9-26
	轉換語言	9-26
	生成說明文件	9-29

9-6	用 GPT 機器人生成中文流程圖	9-31
9-7	實戰 1：股市爬蟲程式	9-34
9-8	實戰 2：分析資料與建立圖表	9-37
	生成測試用資料集	9-38
	學生成績資料分析	9-40
	銷售業績資料分析	9-42
	結論	9-45

電子書

用自然語言打造專屬 GPT 機器人

基本建立方式 - 新聞報導喵星人 ... A-2
- GPT Builder 頁面簡介 ... A-3
- 開始建立 GPT 機器人 ... A-4
- 模擬測試 ... A-7
- 儲存 GPT 機器人 ... A-10
- 開始與 GPT 機器人對話吧！ ... A-11
- GPT 機器人注意事項 ... A-14

進階設定 - 打造專屬的法律顧問 GPT ... A-14
- 切換到設定模式 ... A-15
- 功能說明 ... A-16
- 完成客服 GPT 的相關設定 ... A-16
- 測試法律顧問 GPT ... A-18

依照網頁指示輸入關鍵字，並輸入 Email 加入 VIP 會員，即可取得 Bonus 電子書：

https://www.flag.com.tw/bk/st/F5163

ChatGPT 起手式

ChatGPT 問世近三年，一開始只能做基本的文章摘要、文案生成、生成簡單的程式碼和基本常識 QA 等，短短兩年功能就大幅躍進，現在可以上網、辨識圖片、可以生圖、更會寫程式、還會講話…，日常瑣事都可以交給 AI 來代勞了。

人生苦短，懂得善用 AI 可以省下大把時間，讓你工作上遊刃有餘、未戰先贏！接著我們就實際帶您來體驗 ChatGPT，看看怎麼有效地活用 AI，讓它成為你日常生活和工作上的好幫手。

1-1 ChatGPT 的對話與註冊

ChatGPT 是由 OpenAI 開發的人工智慧聊天機器人，其核心是以大型語言模型 (LLM) 為基礎。自從正式推出以來，ChatGPT 經歷了多個版本的迭代，期間不斷提升其對語言的理解能力和回應的準確度，並且從文字處理持續進化到能應付不同型態的資料，還可以搭配各種不同的輔助工具來使用，如果你只是把 ChatGPT 當作單純的聊天機器，那恐怕是徹底小看它了。

近期 ChatGPT 也迎來了最新一代的 GPT-5 模型，接著就讓我們帶你深入而全面地認識全新面貌的 ChatGPT。

免登入！跟 ChatGPT 對話初體驗

首先請連到 ChatGPT 的官網，網址很好記就是 **chatgpt.com**，連上網站就可以看到十分簡潔的操作畫面。跟 ChatGPT 基本的溝通方式就是問答，可以直接在畫面中的對話框輸入任何問題，此處先來個醫療保健題：*聽說維他命吃太多會中毒？*

第 1 章 ChatGPT 起手式

> 聽說維他命吃太多會中毒

是的，**維他命吃太多確實可能會導致中毒**，尤其是某些「脂溶性維他命」。讓我簡單說明一下：

☑ **脂溶性維他命（容易累積、過量會中毒）：**
這類維他命會儲存在肝臟和脂肪中，不容易排出體外，吃太多容易累積造成中毒。

維他命	中毒風險與症狀
維他命 A	噁心、頭痛、皮膚乾燥、肝臟損傷、脫髮、視力模糊、嚴重甚至導致出生缺陷（孕婦特別小心）
維他命 D	高血鈣症、噁心、腎結石、腎功能損傷
維他命 E	出血風險增加（尤其是與抗凝血藥物併用時）
維他命 K	雖然較少中毒案例，但過量補充可能干擾抗凝血劑效果

☑ **水溶性維他命（較容易排出，但仍有例外）：**
這類維他命一般多餘的會透過尿液排出體外，不太容易中毒，但過量仍可能引起副作用。

維他命	
維他命 C	高
維他命 B6	長
其他 B 群	

💡 **建議：**
- 遵循建議攝取量（RDA），不亂吃高劑量
- 檢查營養補充品的含量標示
- 若有特定健康狀況或正在吃藥，請先詢問醫

如果你有在吃某種維他命補充品，也可以告訴我

多少量會導致中毒

❸ 然後你就可以看 ChatGPT 在畫面上快速回覆您的問題

> 多少量會導致中毒？

這是一個很關鍵的問題，因為「吃多少會中毒」跟以下幾個
- 哪一種維他命
- 每天吃多少（劑量）
- 吃了多久（短期大劑量 vs 長期服用）
- 個人體質、年齡、肝腎功能狀況等

📌 **以下是幾種常見維他命的中毒劑量（成人）**

維他命	建議每日攝取量（RDA）	安全上限（UL）	中毒風險劑量 / 狀況
維他命 A（視黃醇）	700–900 μg	3,000 μg	>10,000 IU/天（長期）可能肝毒性、頭痛、皮膚變化
維他命 D	600–800 IU	4,000 IU（100 μg）	>10,000 IU/天（長期）→ 高血鈣、腎結石、噁心
維他命 E	15 mg	1,000 mg（1,500 IU）	>1,000 mg/天 → 可能影響凝血（出血風險）
維他命 K	90–120 μg	無設定 UL（相對安全）	過量干擾抗凝血藥，或有肝病者需注意
維他命 B6	1.3–2 mg	100 mg	>200 mg/天（長期）→ 神經損傷
維他命 C	75–90 mg	2,000 mg	>2,000 mg/天 → 腹瀉、腎結石風險

此處刻意不把問題說清楚，ChatGPT 會記得之前的內容，所以還是可進一步解答你的問題

❹ 回覆內容有不懂之處，還可以在下方繼續追問

⚠ **重要提醒：**
- 上面提到的「UL（Tolerable Upper Intake Level）」是針對**健康成人**設定的安全上限，超過這個量不代表一定中毒，但中毒風險顯著上升。
- 偶爾吃多一次沒關係，但**長期過量服用**才是問題關鍵。
- 有些維他命標示單位是「IU」，有些是「mg」、「μg」，容易搞混。如果你有補充劑的標示可以提供，我可以幫你換算是否安全。

如果你手上有維他命補充品的成分表，或者你吃的量不確定是否過量，可以直接貼給我，我來幫你分析是否有中毒風險。

1-3

這樣一問一答其實就可以學到不少知識,不過要真的體驗 ChatGPT 的厲害之處,還是需要註冊並登入帳號,這樣你跟 ChatGPT 之間的對話內容才能保存下來,也才能使用其他更強大的功能。

接著我們先帶你註冊帳號並完成登入,再接續介紹 ChatGPT 操作介面的功能。若您已經自行登入 ChatGPT,可以直接跳到 1-2 節。

三種創建新帳號的方式

ChatGPT 的帳號申請非常簡單,你可以直接綁定現有的網路帳號,也可以使用個人 Email 重新申請,兩種方式的差別就是:帳號的安全性由誰來管理:

- **綁定其他網路帳號**:ChatGPT 支援以 Google、Microsoft、Apple 三大龍頭的網路帳號進行註冊,這樣可以簡化設定和記憶密碼的繁雜,但未來使用 ChatGPT 就必須先登入這些帳號,在自己的電腦或手機上使用就不需要再登入,使用起來很方便;但如果未來常會在其他裝置上使用 ChatGPT,綁定自己的個人帳號可能會有一些顧慮。

- **輸入 Email 全新申請**:另一種方式是輸入 Email,然後另行設定登入密碼,這樣以後 ChatGPT 帳號就獨立管理,不用跟原來的個人帳號綁在一起。你仍然可以使用 Gmail、iCloud、Outlook 的郵件來申請,也可以重新設定一組新密碼。

- **使用手機號碼申請**:你也可以用手機號碼來登入,操作上跟 Email 帳戶差不多,只不過驗證時是使用手機簡訊。未來若 Email 和手機號碼有相互綁定,也可以二擇一登入。

註冊帳號步驟

請在 ChatGPT 網站按下右上方的**免費註冊**鈕，我們會分別示範三種帳號類型的申請方式：

若已經申請過 ChatGPT 帳號，則請按此登入，並直接看 1-2 節

按下此鈕即可開始註冊

申請方式一：以 Google、Microsoft、Apple 帳號快速註冊

如果你有 Google、Microsoft 或 Apple 帳戶，可以點擊下方選項快速建立帳戶，此處以 Microsoft 帳號登入示範：

❶ 選擇使用 Microsoft 帳戶繼續

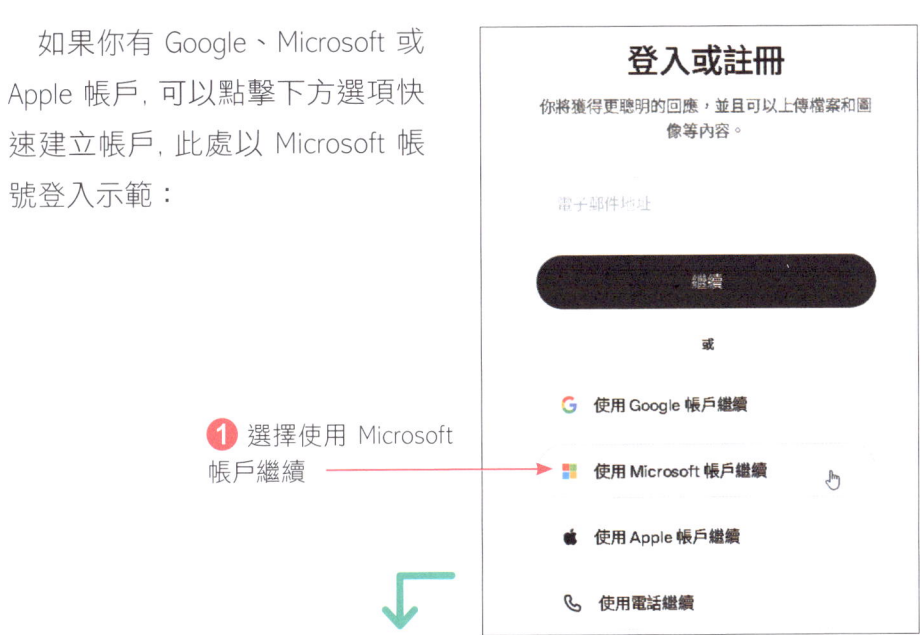

申請方式二：使用電子信箱全新註冊

若希望 ChatGPT 的帳戶獨立登入，可以輸入 Email 來申請帳戶：

申請方式三：使用手機號碼進行註冊

　　近期 ChatGPT 也開放直接以手機號碼申請帳號，不過如果之前的手機號碼已經在 ChatGPT 驗證過了，就無法重新申請新帳號。手機申請的步驟跟 Email 差不多，只是改成用簡訊接收驗證碼：

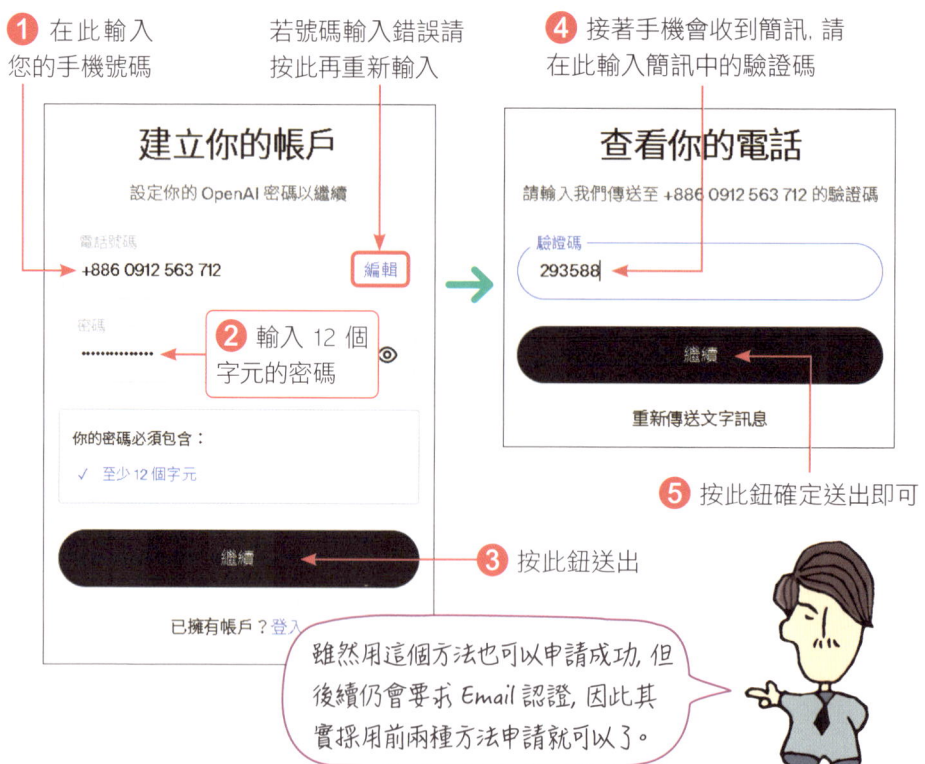

輸入個人資訊

不管前面是直接用網路帳號登入,還是透過 Email 或手機來註冊,接下來的操作都一樣,先設定個人資訊:

此處輸入的**全名**會顯示於使用者選單,而且截至目前都無法再行修改,因此請謹慎選擇適當的名稱

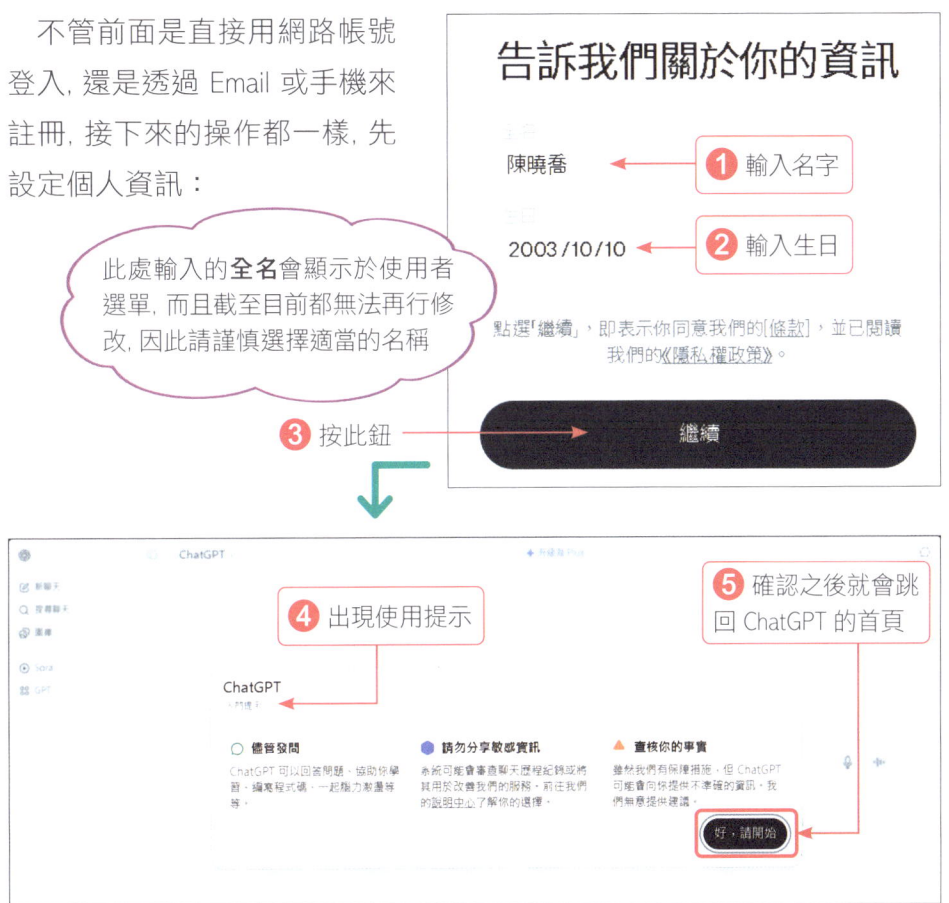

1-2 問一波!來跟 ChatGPT 互動吧

先前我們已經說明過如何跟 ChatGPT 對話,不過有登入會員的 ChatGPT 使用介面有一些不同,而且還有其他設定功能,這一節我們就正式為您介紹 ChatGPT 完整的操作介面。

基本對話操作介面

ChatGPT 的介面大致分成兩大區塊, 左邊是側邊欄, 分成工具區、對話紀錄區, 按下左下方的使用者頭像可以展開設定選單, 右半邊則是對話區, 下圖是初始的主畫面, 開始對話後會切換為聊天畫面, 稍後會再介紹。

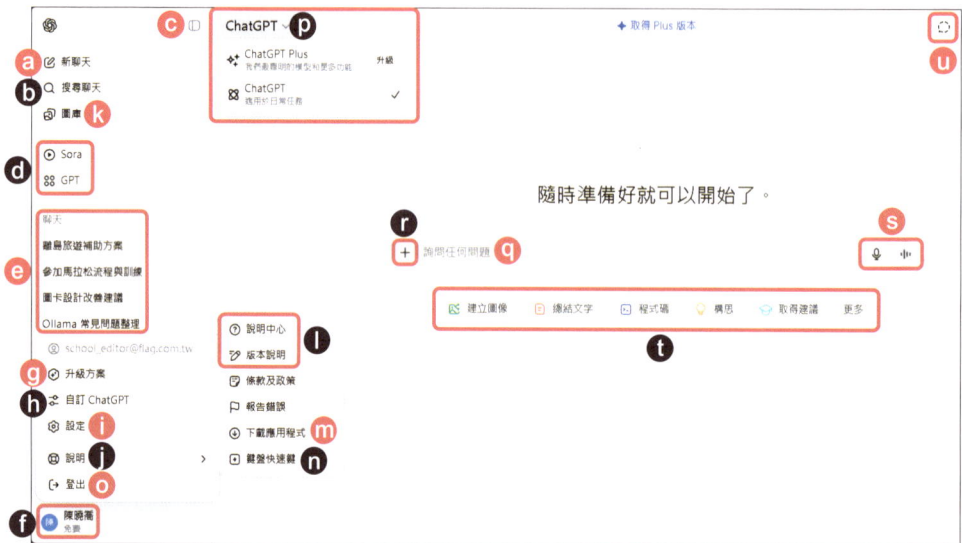

- ⓐ 開啟新對話
- ⓑ 搜尋對話串內容
- ⓒ 展開/關閉側邊欄
- ⓓ GPT 機器人 (第 7 章) 與其他工具區
- ⓔ 對話紀錄區 (若是第一次登入, 此處會是空的)
- ⓕ 使用者圖示, 按下會展開選單
- ⓖ 申請付費帳號 (見下一節)
- ⓗ 預先給予 ChatGPT 的個人化指示 (見第 2 章)
- ⓘ 開啟設定頁面
- ⓙ 展開**說明**選單
- ⓚ 查看 ChatGPT 生成的圖片 (見第 8 章)
- ⓛ 官方說明文件, 其中**版本說明**會列出功能異動, 可以隨時來查看多了哪些新功能
- ⓜ 安裝 ChatGPT 桌面版程式 (見 6-4 節)
- ⓝ ChatGPT 的 8 個快捷鍵, 請自行參照
- ⓞ 登出 ChatGPT
- ⓟ 展開可切換 ChatGPT 模型 (見 1-4 節)
- ⓠ 對話輸入框
- ⓡ 對話輔助工具
- ⓢ 語音輸入與進階語音對話功能
- ⓣ 預設的對話快捷鍵, 用來快速展示 ChatGPT 的功能
- ⓤ 用無痕模式使用 ChatGPT (請見 1-4 節)

接下來我們直接在 q 對話輸入框, 輸入你要詢問的問題, 就可以開始跟 ChatGPT 聊天了。我們先從生活周遭的問題開始, 請在畫面最下方輸入 "**颱風預測常失準, 是氣象局能力不足嗎?**":

最後常常會貼心詢問是否要提供進一步資訊

畫面右邊顯示的是你的問題, 也就是你提給 ChatGPT 的問題, 專業的說法稱作 Prompt, 中文通常會說**提示詞**或是**提詞**。左邊則是 ChatGPT 回覆的內容, 由於 ChatGPT 的回答有隨機性, 因此同樣的提示詞, 得到的回覆內容不會一模一樣。

我們延續上面的對話, ChatGPT 在回覆最後, 都會「猜測」你接下來可能會想追問的細節, 如果有猜中你的心思, 就讓 ChatGPT 接續提供進一步資訊吧!

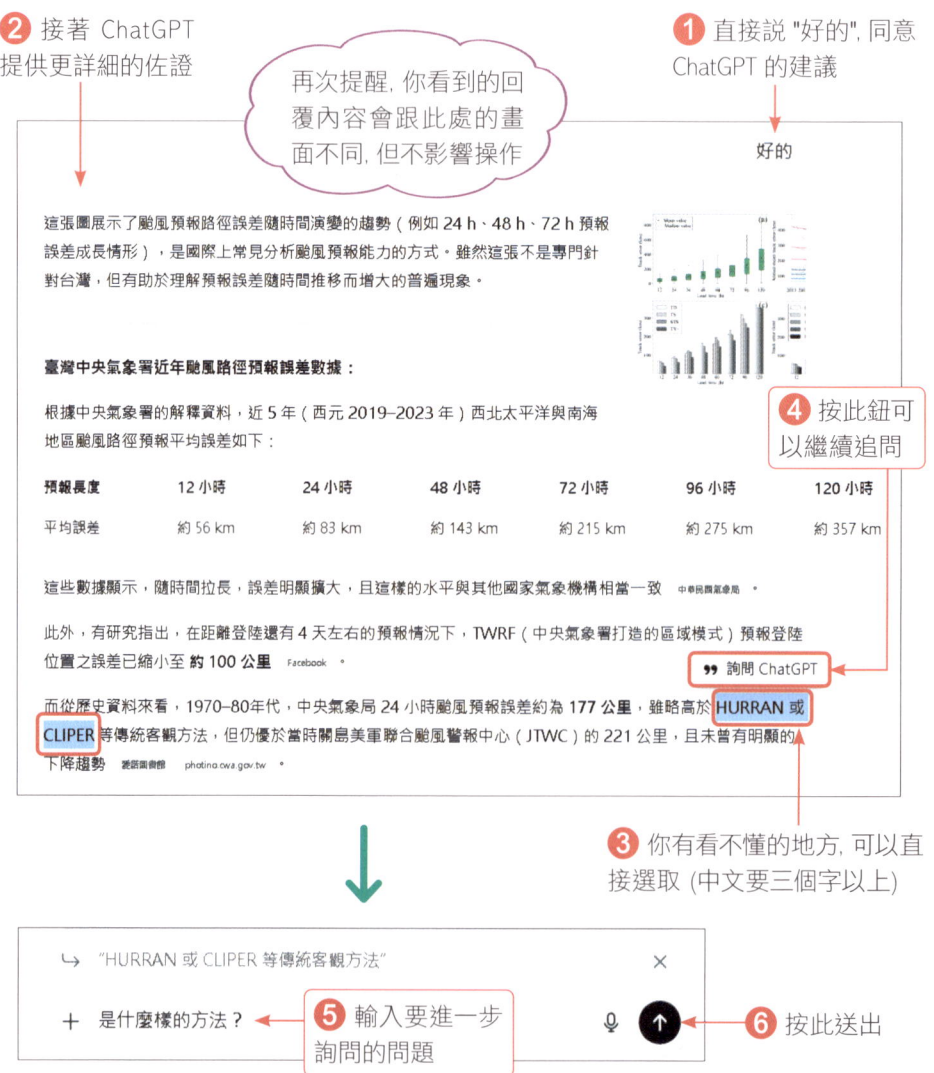

果然只針對你選取的部分精準解釋

> **好問題** 👍
> 你提到的 HURRAN 與 CLIPER，其實就是早期「颱風（熱帶氣旋）路徑的客觀統計預報方法」：
>
> **1. CLIPER 模型**
> （Climatology and Persistence model）
> - **核心概念**：把「過去氣候統計（Climatology）」+「當下移動趨勢延伸（Persistence）」結合。
> - **做法**：
>   - 收集過去數十年該地區颱風的平均路徑、移動速度、轉向規律。
>   - 假設颱風短期內會「延續」目前方向與速度（Persistence）。
>   - 再用回歸方程式加上統計修正。
> - **特性**：
>   - 沒有使用任何物理方程或大氣模式，只靠歷史經驗 + 當下狀況。
>   - 作為「基準模型」：如果一個新的數值模式無法比 CLIPER 準，那就代表它沒有價值。
>
> **2. HURRAN 模型**
> （Hurricane Analog technique）
> - **核心概念**：類比法。

如果對說明還是不滿意, 像是想要更清楚明確的解釋, 同樣可以繼續提出請求；同一個問題也可以修改微調, 然後查看 ChatGPT 回答的不同版本：

此處顯示修改過 3 次, 可切換閱讀不同版本

❽ 篇幅縮短許多, 而且簡單明瞭容易懂

❼ 直接切入重點, 要求精簡回覆

停留在原來的提示詞上, 會出現此圖示, 按下後即可修改提問

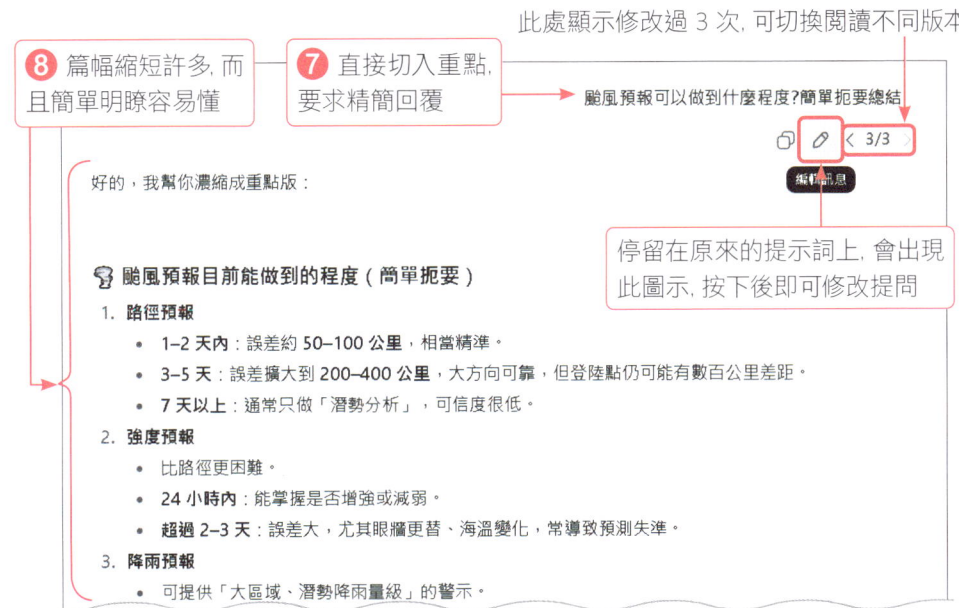

1-13

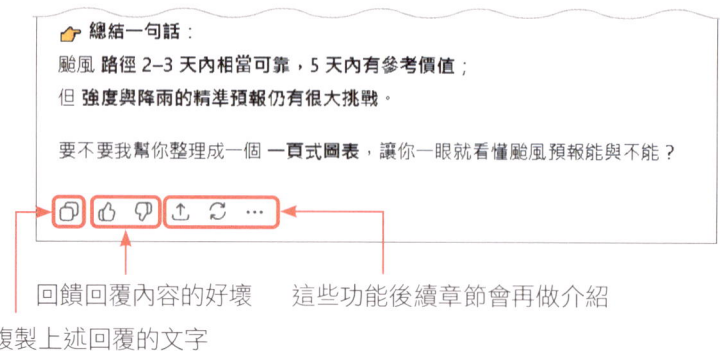

複製上述回覆的文字
回饋回覆內容的好壞　這些功能後續章節會再做介紹

ChatGPT 在導入 GPT-5 模型後, 內建的背景知識已經達到博士級的水準, 而且涵蓋各種不同的領域, 並且可以像上面示範的回覆內容一樣, 深入淺出把地球科學知識講解到簡單易懂。

如果還有不懂的地方, 也可以儘管隨時提出, 它都會耐心回答、絲毫不會有任何不耐煩。

只是要注意一下, 跟 ChatGPT 對答要盡量把自己需求描述清楚而具體, 像是「請用條列式方式整理」、「調整成要給主管看的正式文件」…, **好的提問詞才能讓 AI 有高品質的回覆**, 完整跟 ChatGPT 溝通的技巧, 我們留待第 5 章再為你說分明。

切換繁體中文介面

目前連到 ChatGPT 網站, 應該預設都會是繁體中文介面, 如我們前面所示範的畫面。預設都會根據你目前使用的系統, **自動偵測** 適當的語系, 若您曾經切換到不同語系想要切換回來, 或者其他任何原因沒有顯示中文介面的話, 可以參考以下說明來切換:

❷ 點選 設定
❶ 點選左下方的使用者頭像

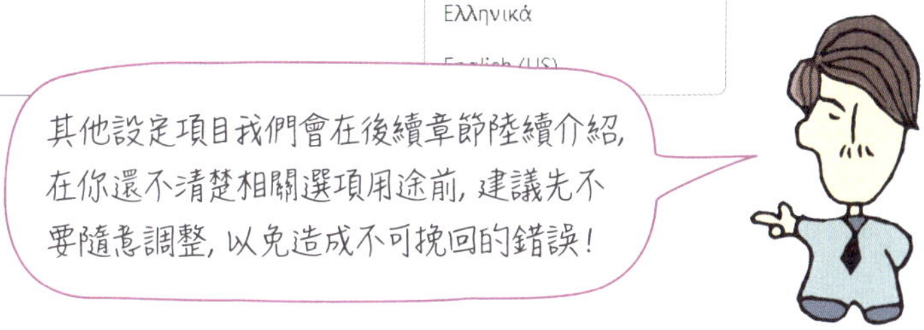

調整介面深淺和配色

ChatGPT 有**深色**、**淺色**兩種介面,可自行在設定頁面中進行切換:

為了有良好的印刷效果,本書的操作介面都以**淺色**介面為主,若您有護眼的考量,則建議可以選擇深色介面。**主題**選項中的**系統**,則是配合你當下使用的系統,跟隨系統採用深色或淺色的設定,ChatGPT 會自行調整維持一致的介面。這樣若你在不同的裝置登入,介面深淺也會跟著做改變。

TIP

另外也特別提醒,ChatGPT 的所有設定是記錄到網站的帳號之中,因此您所做的設定,在其他電腦登入同一個帳號後,也會採用一致的設定結果。

ChatGPT 介面一直以來都維持簡潔的灰白色系,如果覺得素雅過了頭,可以幫操作介面上點色彩,這樣視覺上比較容易聚焦,有助於閱讀:

① 按下**強調顏色**後方的項目

Plus 用戶才有的紫色 (若是 Pro 用戶則再多一個黑色可選)

② 可自行選擇其他顏色

1-16

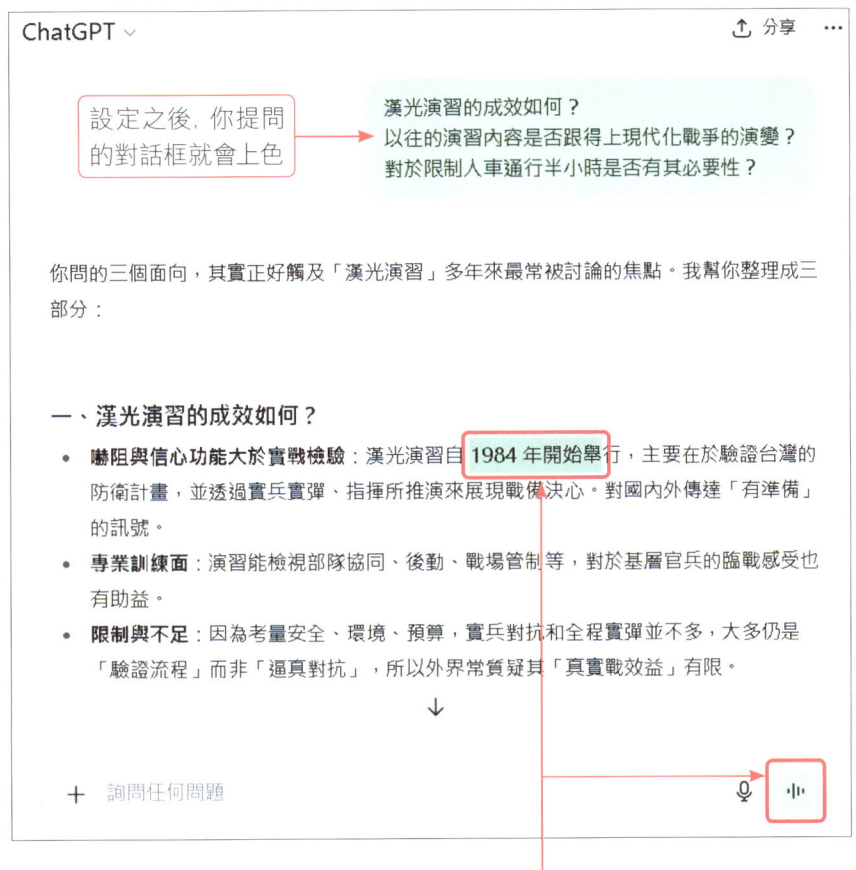

選取文字和部分按鈕也會上色

　　本書會統一將操作介面設定為**綠色**，介面呈現更有層次，有利於您跟著操作學習，**後續看到綠色的對話框，就代表是您要輸入的內容**。

限制 OpenAI 取用你的對話內容

　　也許你有聽聞，在使用 ChatGPT 等 AI 服務時，網站都會將你的對話保存下來，之後再當作重新訓練 AI 模型的資料集來使用。這是許多科技大廠行之有年的做法，若擔心個人隱私外洩，可以關閉此功能不讓 OpenAI 自由取用：

1-17

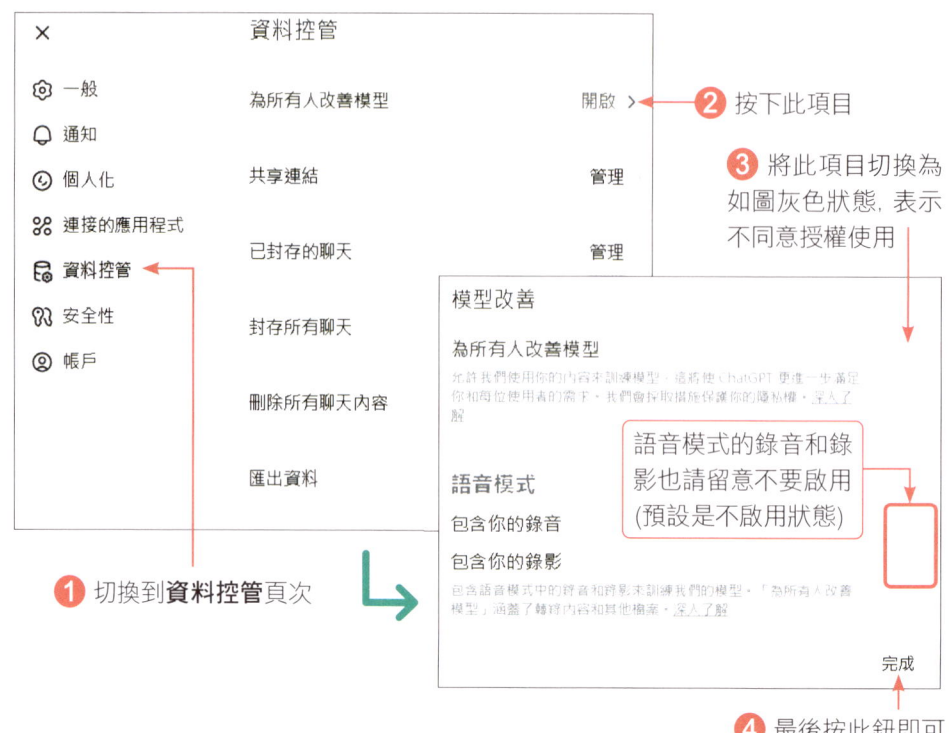

GPT-5 的模型演進

ChatGPT 是 OpenAI 以 LLM 模型為核心所建構的 AI 服務,其背後的核心的 GPT 模型。ChatGPT 於 2022 年問世時,所使用的是 GPT-3.5,目前則已經進化到 GPT-5。數字上看起來只是 1.5 代的差異,但規模和功能演進可說是天差地別。

我們先將歷代模型列出就可以看出世代交替的過程:

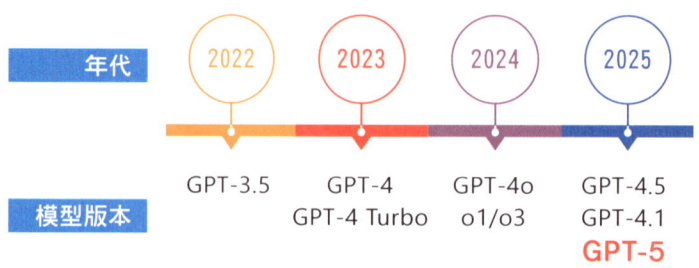

其中 2024 年可謂是 LLM 大張旗鼓的一年，OpenAI 先推出 GPT-4o，實現讓 AI 跨文字、聲音、影像進行全方位溝通，可以做到你一言我一句的即時語音、視訊交談，甚至可以像人類用不同語氣、聲調來表達情緒，讓人為之驚艷。而到了 2024 年底，OpenAI 接連推出 o1、o3-mini、o3-mini-high 等模型，具備深思熟慮的特性，在您提問後會先搜集相關資訊，然後進行各種可能的推論再進行解答，不僅回覆內容更有深度，也大幅降低 AI 模型胡說八道的狀況，引領 AI 技術邁向「推理模型」的階段。

除了 4o、o3 等主要模型外，後續 OpenAI 又推出 GPT-4.5、GPT-4.1、o4…等微調版本的模型，同時間在 ChatGPT 有多達 7~8 種模型可選擇，造成不少有選擇障礙的使用者困擾。終於，近期 OpenAI 推出**大一統的 GPT-5**，將各種不同功能的模型整併在一起，由 AI 依照你提問的任務內容，自行選擇要使用哪些功能，使用者只要專注於把問題或任務內容描述清楚就可以。由於 GPT-5 使用最豐富、高品質的資料進行訓練，加上又有高效的運算機制和推理能力，可以想成是一位擁有超高智商又非常用功看書的天才，據 OpenAI 宣稱 GPT-5 具備博士級的知識能力，而且橫跨各種不同的學科領域，因此單一模型就足以解決不同類型、不同性質的各種任務。

雖然如此，不過仍有不少使用者習慣以前可以自己挑選模型的設計，或者對於前一世代 4o 的回覆風格念念不忘，因此目前 ChatGPT 的運作機制有做出一些調整，**付費使用者**可以選擇不同回應速度和風格的 GPT-5 模型，也可以選用舊版的 4o 模型：

目前付費版 ChatGPT 可切換使用不同的模型

一不小心就帶到關鍵字 - **付費**，講到錢就費思量了，身為 ChatGPT 的用戶，到底需不需要多花點錢升級到付費版的 ChatGPT Plus 呢？

1-3 該不該付費升級 ChatGPT Plus 帳號？

ChatGPT 從模型性能到軟體功能都很豐富，對於眾多像小編一樣的免費仔來說，除了比較耗資源的專業模型和少數最新功能以外，大多數功能免費用戶也都可以使用，像是附件上傳、搜尋、推理、生圖功能等，都是所有用戶的標配。但也許你有聽說，有付錢好像 ChatGPT 會比較認真回覆你的問題，這是真的嗎？雖然聽起來像是都市傳說，不過某種程度說來還確實是如此。

免費用戶雖然可以使用最新的 GPT-5 模型來跟 ChatGPT 互動，其他各種輔助功能也大多數可以使用，但... 其實都有滿嚴苛的額度限制，用沒幾次就會出現警示說：「已到達免費方案上限」，接著 ChatGPT 就回歸最基本的文字對話，而且限制只能使用基礎模型，回覆品質會明顯下降不少。擺明就是推坑要你付費升級啦！

> 升級為 ChatGPT Plus 以附加更多檔案或於明天的 上午8:25 後再試一次。

> 你已達到 Free 方案的 GPT-5 使用上限。
> 回應將使用其他模型，直到你的使用上限於 晚上7:18 後，重設為止。　[取得 Plus 版本]

ChatGPT Plus 的特權功能

目前跟 ChatGPT 免費版的功能相比，ChatGPT Plus 大致多了以下幾項：

- 流量高峰期間，仍可以優先使用。不過如果真的塞得很嚴重，就算有優先權其實感受不太明顯。
- Plus 帳戶可以使用進階推理模式，也能自行切換使用不同的對話模式，不過各個模式都有對話次數上限，超過次數就只能使用預設的模型。
- Plus 帳戶可以使用舊版的 GPT-4o 模型。

- 可使用 GPT-5 生較多張圖, 免費版每天只能生 10 張圖, 而 Plus 帳號每天約 200 張 (但有 3 小時 50 張圖限制)。
- Plus 帳戶可以在 Sora 中生成解析度較高的影片, 可生成的影片數量也較多。
- 可以自行創建專屬的 GPT 機器人, 並能上架到其他人分享 (請參閱本書 Bonus)。
- Plus 帳戶可以使用最新的**代理程式模式**功能, 未來有其他新模型、新功能, 也會優先讓付費帳號使用。
- Plus 帳戶可以使用較多次**深入研究**功能。
- Plus 帳戶有限定的操作介面顏色 (紫色), 有時也會不定時增加可使用的語音風格。
- Plus 帳戶可以上傳更多附件, ChatGPT 的記憶容量也比較大, 同一個對話串可以記得比較久之前的內容。

上述提及跟使用次數都有限制, 可參見以下表格整理：

功能	免費用戶	Plus 用戶	備註
上傳附件	3 個 / 天	80 個 / 3小時*	有檔案容量限制, 請見後續說明
ChatGPT 生圖	10 張 / 天	200 張 / 天	
GPT-5 主模型對話	無法選擇	160 次 / 3 小時, 超過次數限用 Instant 模式	
進階推理 (Thinking)	無法選擇	3000 次 / 週, 超過會限用 Thinking mini 模式	
深入研究	5 次 / 月	25 次不等 / 月	
代理模式	無	40 次 / 月	

ChatGPT Plus 申請教學

登入 ChatGPT 後, 可以參考本節的說明升級到 ChatGPT Plus, 就可以享有上述功能：

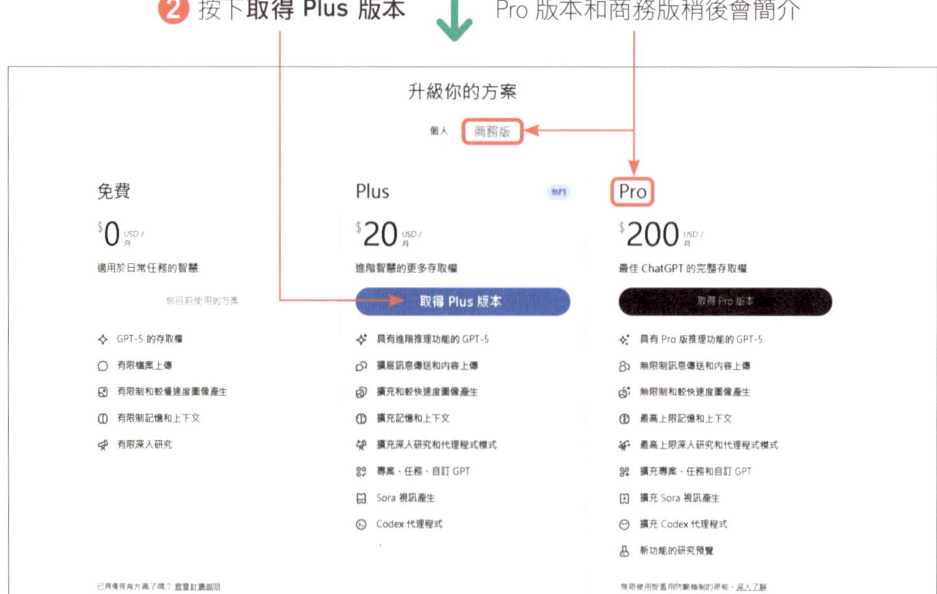

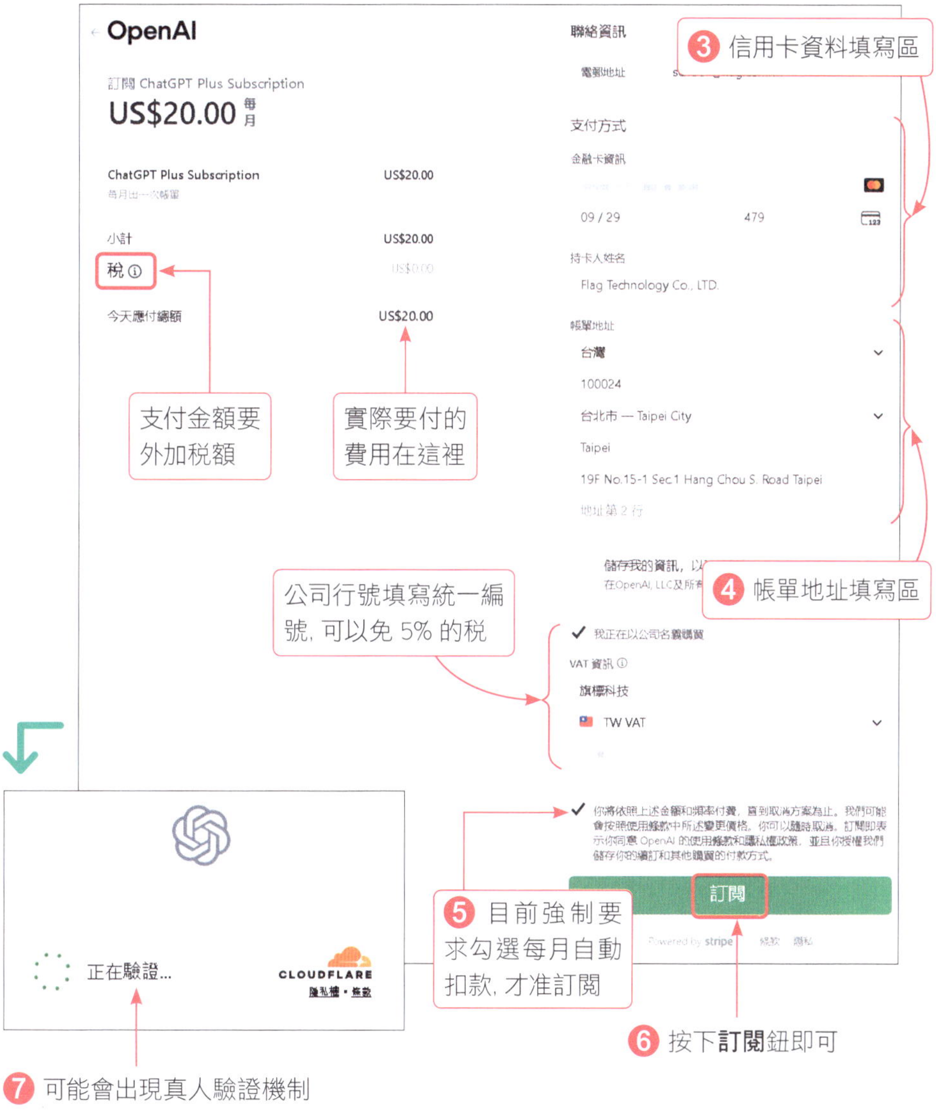

第 1 章 ChatGPT 起手式

③ 信用卡資料填寫區

支付金額要外加稅額

實際要付的費用在這裡

公司行號填寫統一編號, 可以免 5% 的稅

④ 帳單地址填寫區

⑤ 目前強制要求勾選每月自動扣款, 才准訂閱

⑥ 按下訂閱鈕即可

⑦ 可能會出現真人驗證機制

若輸入的資訊沒問題, 會立即刷卡扣款, 然後就可以享用 ChatGPT Plus 各項專屬功能囉！

▲ 看到這個訊息表示成功升級 Plus 帳戶囉！

1-23

 **Pro 版本和商務版方案**

除了 Plus 方案外，ChatGPT 還有 Pro 方案和商務版方案。Pro 方案算是 Plus 的加強版，使用上完全沒有限制，並能使用 **Pro 推理**模型 (功能類似**深入研究**)，提供更深思熟慮的回覆內容。月費是 Plus 方案的 10 倍，每個月 200 元美金。

商務版則專為多人協作設計，適合團隊小組選用，也稱為 Team 方案。每月費用 30 美元，至少要購買兩個單位 (也就是最少 60 美元)，後續加入的用戶則以實際使用天數計費 (1 天 1 美元)。Team 方案包含 ChatGPT Plus 所有的功能，除此之外還增加以下功能：

- 可依需要開通 2～150 位用戶使用。
- 各種模型和對話模式可使用的次數更多。
- 能在工作區建立及共享 GPT 機器人。
- 工作區可以合併也可以各自獨立。
- 對話內容不會被拿去作為訓練。
- 可以購買點數增加**深入研究**、**代理模式**的使用次數。

取消訂閱 ChatGPT Plus

由於 ChatGPT Plus 帳戶目前是強制每月自動扣款，所以這邊也一併交代取消訂閱的方法，可以在刷卡完成後就先取消訂閱，就可以保有一個月的使用期限，又不怕擔心下個月自動扣款。因為目前也沒有年繳優惠，所以一個月後要使用的時候再刷卡就可以，這樣使用上會更有彈性。

要取消訂閱，請從 ChatGPT 對話視窗的左下角開啟**設定**頁面，在**帳戶**頁次取消訂閱：

▲ 可能會問你不續訂的原因

網路販售的 ChatGPT 共用帳號

目前網拍常有人在揪團一起購買 ChatGPT 的付費帳號或團隊帳號，不過有些揪團其實是共用同一個帳號，通常是 2~3 人用同一組帳號密碼進行登入。

若是這種共用帳號的方式，由於常常會在不同裝置上反覆登入，通常都會反覆要求進行驗證，登入、登出太頻繁也很容易就導致帳號被封鎖，有時候只是限制幾小時不能登入，比較嚴重的可能就直接鎖帳號不能使用。而且這樣共用同一個帳號，也可以查看彼此間的對話串，絲毫沒有個人隱私可言，雖然費用分攤後會便宜許多，但實際使用其實非常沒有保障，這之中的利弊得失就請您自行衡量了。

1-4 多管齊下跟 ChatGPT 5 溝通互動

前面有提過，ChatGPT 目前已經全面升級最新的 GPT-5 模型，而且可以一次搞定不同的任務需求，溝通上也不侷限於文字，圖片、語音、附檔統統來者不拒，而且免費用戶也都能使用。以下我們就將各種跟 ChatGPT 溝通的方式整理如下。

切換 ChatGPT 使用的模型

雖然目前 GPT-5 可以一個模型打天下，不過如果是付費的 ChatGPT Plus 用戶，其實還是有提供不同風格的版本可以選擇，也可以選擇前一代的 GPT-4o 模型，先來看看使用上有什麼差異：

- **Auto**：預設值，由 ChatGPT 依照你提出的任務，自行決定要使用哪個模型來回應，例如：「電動車真的比較環保嗎？」這樣的問題，GPT-5 會直接取用知識庫的資訊不須推理。但若是問「針對電動車產業分析潛在的投資商機」，需要彙總多方面資訊，就需要進行推理。後續操作示範若無特別說明，原則上都是以 **Auto** 模式為主。

- **Instant**：沒有任何思考時間，直接依照模型的知識庫來回答問題，依實際使用經驗，準確率並不會明顯降低，回覆的內容會比較直接，不會進一步分析，適合只需要解答的問題。

- **Thinking**：提問後不會直接回答問題，而是嘗試先列出要考量的面向，然後按照脈絡邊生成內容、邊進行檢驗，大幅提高處理複雜任務的準確率，使用者也可以看到推論的過程，更容易判斷答案的準確性。

- **Pro**：商務版或 Pro 版使用者，可以使用 Pro 模式，此模式會根據你提出的問題或任務，先盡可能搜集相關資料，然後再依據找到的資料推導出合適的解答或回覆內容，過程中若發現資訊有所不足，會再進一步搜集資料，直到能推導出合理的結果為止。相對地，也因此會花費非常長的時間。大致上跟第 3 章會介紹的**深入研究**模式差不多。

- **4o**：前一代的對話模型，內容的品質和正確性雖然比不上 GPT-5，但比較注重跟使用者的互動，因此回覆的內容比較正面、也更有人性，深受不少舊玩家的愛戴支持。

> **TIP**
> 其實還有 GPT-5 mini、Thinking mini 等模型，當使用者對話次數超過上限，就會自動「降速」切換到小模型。

以下我們以同一個問題，來比較 **Instant**、**Thinking**、**4o** 等模型的回覆內容，可以看到結論都差不多，但回覆的風格有明顯差異：

提示詞

捷運尖峰的上下班時間，手扶梯「兩邊同時站立」和「單邊站立、另一邊開放快速通行」，兩個方案的運輸量哪個做法比較有效率？

這是一個經典的「輸送效率 vs. 人流秩序」的問題。我整理成以下幾個面向來比較：

1. 基本原理
- **單邊站立**：一側給站立者（通常右邊），另一側保留給趕時間的人快步走。
- **雙邊站立**：左右兩側都站滿人，不再刻意保留快走通道。

手扶梯的輸送效率主要取決於**單位時間內站上去的人數**，而不是速度。因為手扶梯速度固定（約 0.5 m/s），站立的人和走動的人在輸送量上的貢獻不同。

> 直接給你答案，不會有太多分析或解說的過程

2. 運輸量比較
- 雙邊站立
  - 每一個梯階都可以有人站（通常一階一人，某些城市允許一階兩人並肩）。
  - 幾乎達到「滿載」，因此**總輸送量最大**。
- 單邊站立
  - 一半的梯階常被空出，留給走動者。
  - 雖然快走的人能更快抵達出口，但總人數上，**輸送量明顯低於雙邊站立**。
  - 在尖峰時段，走動者比例通常不高，反而造成大量空間閒置。

4. 結論
- 如果目標是整體運輸效率（尖峰時段大量乘客疏散）→「兩邊同時站立」明顯較佳。
- 如果目標是滿足部分趕時間乘客的需求 →「單邊站立」能讓少數人更快通過，但會犧牲整體吞吐量。

要不要我幫你用數學模型算一下，假設一條手扶梯每分鐘能載多少人，在「**雙邊站立**」和「**單邊站立**」下分別是多少？這樣會更直觀地看到差距。

▲ Instant 模式

花費近 2 分鐘才回覆,會提供分析過程

已思考 1m 54s

結論先說：尖峰時段在「不考慮安全性」的前提下，讓手扶梯兩邊都站滿，比「單邊站立、另一邊保留給快走」的總運輸量更高——多的幅度常見在 20–30% 左右，實測甚至可達三成。 The Standard　Time Out Worldwide
Taiwan News

為什麼會這樣？

1. **手扶梯本質是「離散載台」**
   以常見公共運輸規格，手扶梯額定速度約 0.5 m/s，每階踏面深度至少 0.4 m，1000 mm 步寬可同一階站下「**兩個成人**」。這代表每分鐘大約有 **75 個「階列」**（= 0.5 / 0.4 × 60）通過；若**兩邊都站人**，理想狀態就是**每階列 2 人 → 約 150 人/分鐘**。　KONE U.S.

2. **開放快走會拉低「每階列人數」**
   快走的人之間會留出 1–2 個空階作為間距與反應時間，因此「走的那一側」平均**不是每階都有一個人**，常見只達每 2 階 1 人（甚至更稀疏）。加總起來就像：

   - 站立側：每階列 1 人
   - 行走側：每階列 ≈0.5 人（若每 2 階一人）
   - 總計 ≈1.5 人/階列 × 75 = ~113 人/分鐘（比滿載的 150 人/分鐘低約 25%）。

   這正是系統性的瓶頸：個別行走者更快了，但**總通行量變少**。相關系統分析也指出，設立「行走道」通常降低整體效率。　MDPI

3. **實測數據也吻合**
   倫敦地鐵 Holborn 站的半年試辦與資訊揭露顯示：

   - **站兩邊（禁止行走）**：平均 151 人/分鐘
   - 傳統「右站左行」：平均 115 人/分鐘
     → **提升約 31%** 的吞吐量。　The Standard　Time Out Worldwide

   台灣北部捷運站近年宣導「兩側皆站立」時，也引用研究指出可**提高至多約 30%** 的容量。　Taiwan News

例外／補充

- 若某條手扶梯**極短**且**大多數人都願意連續走、幾乎步步相連**（幾乎沒空階），那時「單邊站立 + 一側行走」的**理論容量**可逼近「雙側站立」；但在尖峰時段，受限於入流間距、上端出口擁塞與心理安全距離，**幾乎不會長時間達到這種極端密度**。　The Standard

小結：為了**純吞吐量**（忽略安全與舒適），尖峰時段採用「**兩邊同時站立**」更有效率。

延伸閱讀：倫敦 Holborn 試驗（新聞）

🌐 theguardian.com
The tube at a standstill: why TfL stopped people walking up the escalators
2016年1月16日

🌐 wired.com
The psychological tricks TfL uses to make London's tube feel faster
2018年5月31日

也會提供延伸參考資料

▲ Thinking 模式

在不考慮安全性的前提下，針對捷運尖峰時間手扶梯的使用方式，**「兩邊同時站立」與「單邊站立、另一邊開放快速通行」**這兩種策略哪個運輸效率較高，根據交通工程與實地研究，答案其實是：

✅ 「兩邊同時站立」效率更高

> 直接給答案，簡化分析過程，但呈現的結果通常比較好閱讀

📊 理由與實證研究

1. 單位時間內輸送人數
   - 手扶梯的輸送效率主要取決於**每階站立人數**與**手扶梯本身移動速度**。
   - 當雙邊都站滿人時，**每一階梯可載兩人**，整體人流密度高，能在單位時間內輸送更多人。
   - 若僅單邊站立、另一邊保留給快速通行者，**實際使用的階梯數會減半**，而且快速通行者間還會因為安全距離拉開間距，反而降低效率。

2. 模擬與案例研究
   - 倫敦地鐵曾進行大規模測試：在長時間擁擠的手扶梯改為兩邊站立後，**輸送效率提高了約30%**。
   - 日本東京地鐵也有推行「兩邊站立」政策的倡議，並指出尖峰時段「快速通行」對整體人流幫助有限。
   - 模擬研究發現：當超過60%的乘客選擇站立時，**完全站立的總輸送效率優於一邊走一邊站**。

3. 平均通行速度 ≠ 運輸效率
   - 快速通行者看似移動較快，但這是針對個人而非整體效率。
   - 運輸效率是指**單位時間內通過人數**，而非每個人的移動速度。
   - 若以整體通過人數來衡量，「兩邊站立」遠勝於「單邊站立 + 快速通行」。

🚇 運輸單位與捷運業者實際做法
- 台北捷運曾多次宣導「兩邊都可站立」，尤其在人潮密集的車站。
- 日本、韓國也逐步推廣「雙邊站立」，認為這樣不僅提升輸送效率，也**減少因快步行人碰撞而產生的意外風險**（即使本問題不考慮安全性，此仍可視為間接的流暢性考量）。

📌 總結

使用方式	單位時間輸送人數	效率評比
單邊站立 + 快通道	低（空間浪費多）	❌較低
雙邊站立	高（空間使用最大化）	✅較高

結論：在不考慮安全性前提下，「雙邊站立」比「單邊站立 + 快速通行」更能有效提升捷運手扶梯的整體運輸效率。

如果你有興趣，我也可以找一些實際模擬圖表或國外捷運的實驗資料供你參考。

▲ 4o 模型

太長？太短？不夠清楚？試試重新生成對話內容

儘管模型有不同風格，不過有時候看到 ChatGPT 回覆後，會覺得「怎麼這麼簡略？」或者「怎麼這麼囉嗦？」，這時可以嘗試重新生成、並直接要求回覆內容長一點或短一點：

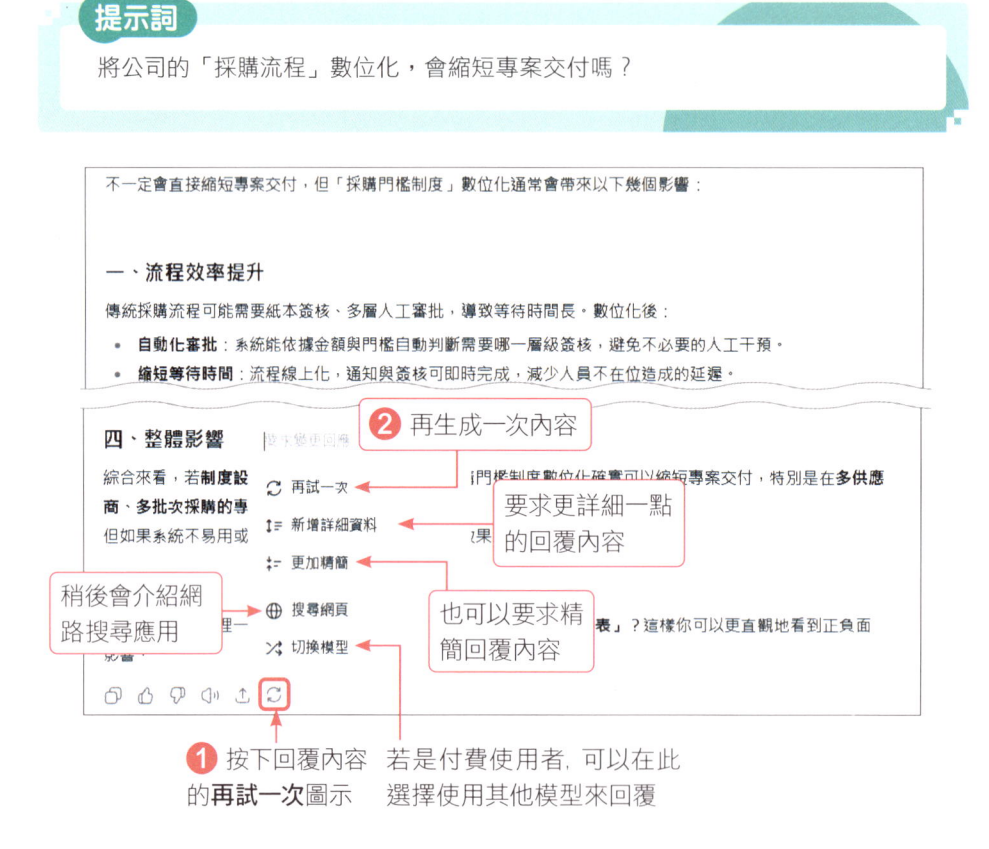

> **提示詞**
> 將公司的「採購流程」數位化，會縮短專案交付嗎？

不一定會直接縮短專案交付，但「採購門檻制度」數位化通常會帶來以下幾個影響：

一、流程效率提升

傳統採購流程可能需要紙本簽核、多層人工審批，導致等待時間長。數位化後：

- **自動化審批**：系統能依據金額與門檻自動判斷需要哪一層級簽核，避免不必要的人工干預。
- **縮短等待時間**：流程線上化，通知與簽核可即時完成，減少人員不在位造成的延遲。

四、整體影響

綜合來看，若**制度設商、多批次採購的專**但如果系統不易用或

- ❷ 再生成一次內容
- 🔄 再試一次
- ≡ 新增詳細資料 ← 要求更詳細一點的回覆內容
- ≡ 更加精簡 ← 也可以要求精簡回覆內容
- ⊕ 搜尋網頁 ← 稍後會介紹網路搜尋應用
- ⇄ 切換模型

❶ 按下回覆內容的**再試一次**圖示　　若是付費使用者，可以在此選擇使用其他模型來回覆

若回覆的方向有點落差，也可以進一步補充說明你的提問內容，然後再重新生成一次。由於這種「暗示」的方式，提示詞不會出現在對話串中，不利於事後確認，建議直接提出新的要求或問題就可以了。

> **提示詞**
> 請特別針對會導致無法縮短的因素來說明。

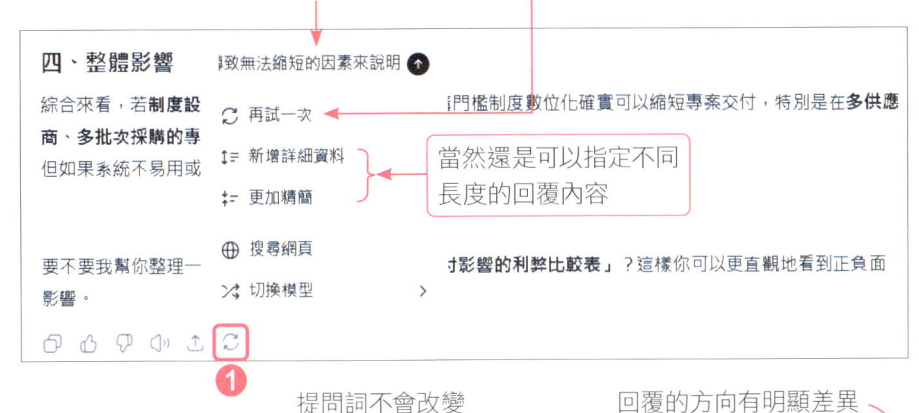

❷ 補充說明原來提示詞的不足　　❸ 按此重新生成

四、整體影響　　致無法縮短的因素來說明 ⬆

綜合來看，若制度設　　↻ 再試一次　　門檻制度數位化確實可以縮短專案交付，特別是在**多供應**
商、多批次採購的專　　≡ 新增詳細資料　　當然還是可以指定不同
但如果系統不易用或　　⇅ 更加精簡　　長度的回覆內容

要不要我幫你整理一　　🌐 搜尋網頁　　寸影響的利弊比較表」？這樣你可以更直觀地看到正負面
影響。　　⇄ 切換模型　　›

　　　　　　　　↻
　　　　　　　❶

提問詞不會改變　　　　　　回覆的方向有明顯差異

> 公司「採購門檻制度」數位化，會縮短專案交付嗎？

數位化「採購門檻制度」理論上確實能提升效率，但在實務上未必會直接縮短專案交付時程，原因多半來自以下幾個層面：

1. 組織內部流程的複雜度

即使制度數位化了，如果內部仍需經過層層審批，或涉及多個部門確認，這些人工判斷的等待時間不會因數位化而消失。尤其在涉及大額採購時，仍需要法務、財務或高層審核，時間依舊拉長。

2. 系統導入與使用成本

數位化系統需要建置、測試與使用者培訓。在初期，反而可能造成專案團隊需要額外投入時間適應新工具，短

總結

數位化「採購門檻制度」能減少紙本、人工彙整及流程追蹤的時間，但若組織仍存在冗長審批、系統導入困難、法規限制或供應商延誤等問題，專案交付時程仍可能不會明顯縮短。換言之，數位化是「必要條件」但非「充分條件」，是否能真正加速，要看企業是否同步優化整體流程與治理規範。

要不要我幫你整理一個「數位化採購制度能加速」與「仍然受限」的對照表，方便直觀比較？

< 2/2 >　　　　　　　　　↓

最下方會有修改版本可以切換

有注意到嗎？先前我們修改提示詞的時候，同樣也會提供版本切換，一個是**修改輸入的問題**、一個是**調整輸出的風格**，因此切換版本的地方不太一樣

語音朗讀回覆內容

ChatGPT 的語音功能目前跟其他 AI 模型相比，表現算是非常頂尖的。此處先示範語音朗讀功能，即使是中文發音，也十分流暢，語調上也會有適當的抑揚頓挫，可惜目前 ChatGPT 尚無法生成語音檔案下載，期待未來能開放此功能。

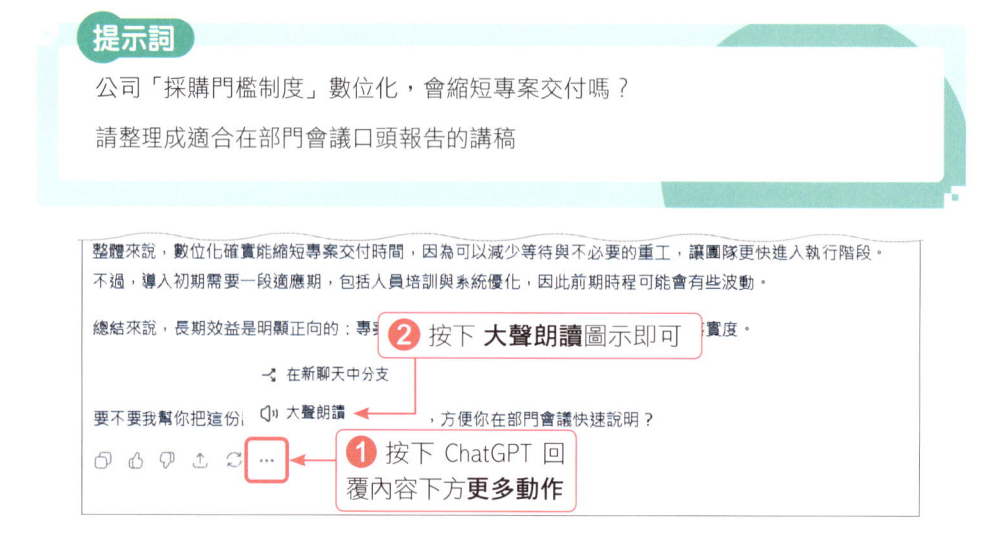

提示詞

公司「採購門檻制度」數位化，會縮短專案交付嗎？
請整理成適合在部門會議口頭報告的講稿

整體來說，數位化確實能縮短專案交付時間，因為可以減少等待與不必要的重工，讓團隊更快進入執行階段。
不過，導入初期需要一段適應期，包括人員培訓與系統優化，因此前期時程可能會有些波動。

總結來說，長期效益是明顯正向的：專❷ 按下 **大聲朗讀** 圖示即可 實度。

要不要我幫你把這份 ⏵ 大聲朗讀 ，方便你在部門會議快速說明？

❶ 按下 ChatGPT 回覆內容下方**更多動作**

新對話分支

上圖更多動作有新增聊天分支功能，可以複製原對話串，又能保有跟原始對話串的連結，方便你進行不同提示詞互動的比較。複製的對話串如下：

❶ 會在選擇分支的地方加上分隔線　　❹ 可繼續跟 ChatGPT 對話

分支・數位化縮短交付時間
寫簡單 Python 程式
亞斯里字分析與記憶
亞斯里字分析與短文
重新命名檔案

要不要我幫你把這份講稿再濃縮成 **2 分鐘版本**，方便你在部門會議快速說明？

❸ 對話串的名稱也會加上 "分支" 分便識別

❷ 可檢視原始的對話串

1 分鐘版本

好的，這裡是一個 **1 分鐘版本**的口頭報告講稿：

使用圖片、附件進行互動

有些問題只用文字描述是說不清楚的,這時就可以直接上傳圖片或其他附件進行互動,幾乎常見的檔案格式,ChatGPT 都有支援,包括:文件檔、圖片檔、試算表、簡報檔、壓縮檔、程式檔等都可以。此處我們以社群常看到的資訊圖卡為例,讓 AI 來評判一下圖卡做得好不好:

> **TIP**
> **示範圖片來源**:新北市警察局,請自行下載:https://bit.ly/4LMpqYj

提示詞
以理想的資訊圖卡設計為標準,上傳的這張圖卡有沒有需要調整改善的地方?

① 在對話框按下此圖示,或**拉曳檔案**進來就可以上傳

② 選此項

也可以複製畫面或圖片內容,直接按 Ctrl + V 貼到對話框中

③ 選擇要上傳的檔案,此處上傳圖卡檔案

1-35

我可以幫你什麼忙？

❹ 提示的問題可以直接點名要處理的附件檔案

❺ 按此送出提問

+ 以理想的資訊圖卡設計為標準，上傳的這張圖卡有沒有需要調整改善的地方？

我幫你以「資訊圖卡設計」角度來分析這張 2025 城鎮韌性（防空）演習宣傳海報，有一些優點與改善建議：

✅ 優點

1. **重點資訊清楚**
   - 日期（7/17）、時間（13:30-14:00）、活動性質（防空演習）都很大且置中。
   - 用紅色、藍色區分「緊急」「解除」的聲響符號，辨識度高。
2. **視覺層次明確**
   - 上方標題大字 + 中間警察人物吸睛 + 下方細節。
   - 有 QR code 提供更多資訊，符合行動閱讀需求。
3. **圖像多元**
   - 有警察指揮、民眾避難、演習場景，讓人快速理解活動情境。

> ChatGPT 會指出這張圖卡的優缺點

⚠️ 可改善的地方

1. **文字資訊過多，閱讀壓力大**
   - 下半部「注意事項」字很多，密密麻麻，對一般讀者來說難以快速吸收。
     - 👉 建議：用條列圖示（🏠=室內人員、🚶=行人、🚗=駕駛人）+ 簡短文字，提升可讀性。
2. **視覺焦點過於分散**
   - 大頭像警察 + 背景圖太多，搶走文字資訊的注意力。
     - 👉 建議：降低背景透明度或加上半透明底色，讓文字更突出。

📌 總結建議

- **簡化文字**：用圖示 + 短句取代大段說明。
- **聚焦重點**：弱化背景照片，凸顯時間、地點、行動指示。
- **一致排版**：統一字體層級，避免過多字體大小混亂。
- **清楚引導**：QR code 標註功能，讓民眾知道掃描會得到什麼資訊。

要不要我幫你把這張圖卡改成「重新設計的草稿版構圖（wireframe 示意圖）」？這樣你可以直觀看到改善後的排版效果。

> 由於此處以圖卡做示範，通常最後會表示可提供改善後的版本

改善後簡潔許多

TIP

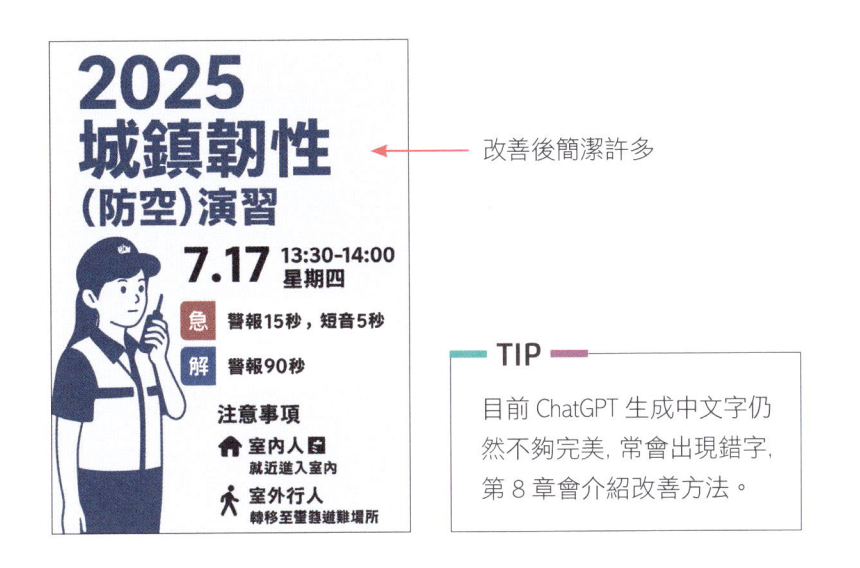

目前 ChatGPT 生成中文字仍然不夠完美,常會出現錯字,第 8 章會介紹改善方法。

　　除了圖片外,如果有長篇的資料、文獻等,也很適合利用上傳功能,請 ChatGPT 幫你消化後,再將重點整理給你參考,後續會有完整的範例演練。你也可以同時上傳多個檔案,一次最多可以上傳 20 個檔案,不過免費版用戶一天最多只能上傳 3 個檔案,付費用戶則寬鬆許多,3 小時可以上傳 80 個檔案。

每個檔案的容量也有所限制:

- 單一圖片檔案不能超過 20 MB。
- 單一 CSV 試算表檔案不能超過 50MB。
- 文字或文件檔 (如 pdf、docx、txt、ppt 等),單一檔案不能超過 200 萬個 token。
- 其他檔案類型,單一檔案不能超過 512MB。

　　雖然看起來限制算滿寬鬆的,不過依據實際操作經驗,若一次上傳的檔案容量太大,容易導致 ChatGPT 運作中斷,如果等了好一陣子畫面都沒動靜,可以手動重新整理網頁,並分批上傳。另外,上傳的檔案預設是會保留 30 天,但有時候對話串拉太長,超過 ChatGPT 記憶容量,即使 30 天還沒到,也會請你重新上傳檔案。

> **TIP**
>
> Token 是 LLM 模型處理資料的最小單位,可以想成是文章中的字數,只不過每個字或符號可能算成 1~2 個 token,所以實際的 token 數大約是一般字數的 1.5 倍左右,200 萬個 token 算是天文數字般存在。

讓 ChatGPT 存取網路硬碟與其他服務

除了手動上傳檔案外,也可以讓 ChatGPT 讀取網路硬碟中的檔案。此處我們嘗試讓 ChatGPT 從 Google 硬碟中存取事先收集好的上市公司財報,然後分析其營運狀況:

提示詞

請解讀這幾份財報的內容,分析這幾間公司的營運狀況,做為我投資的參考。

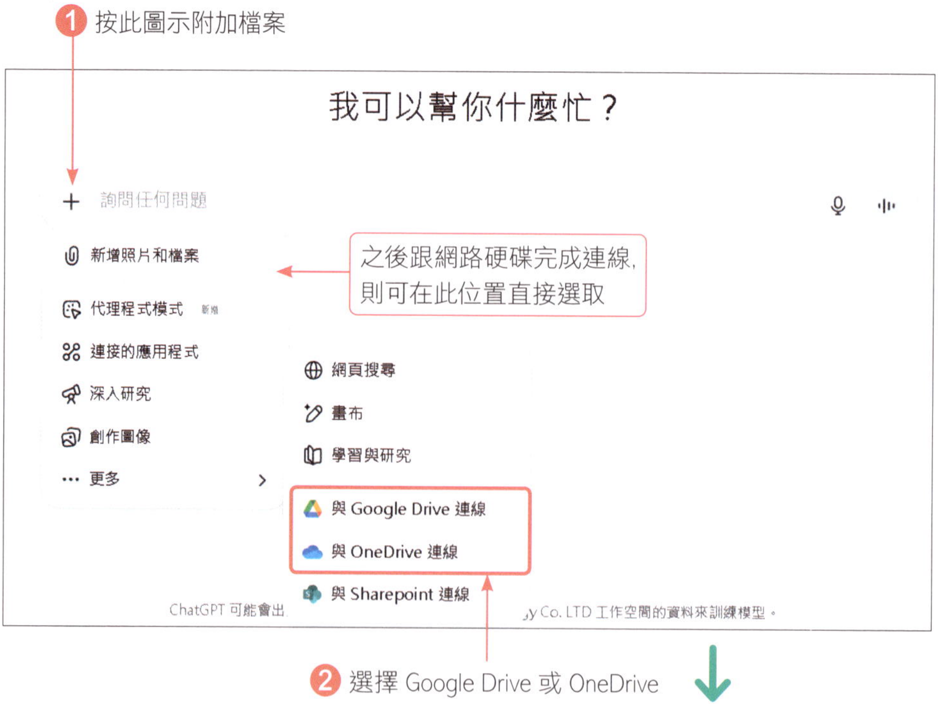

❶ 按此圖示附加檔案

之後跟網路硬碟完成連線,則可在此位置直接選取

❷ 選擇 Google Drive 或 OneDrive

1-38

❸ 按此鈕繼續

❹ 登入 Google 帳號並同意授權

❺ 成功完成連接, ChatGPT 就可以直接取用網路硬碟檔案

選取檔案			✕
Google 雲端硬碟			

Google 雲端硬碟 ▸ 113 年度財報

名稱	擁有者	上次修改的時間 ↓
📕 113_2233.pdf 的副本	我	下午4:08
📕 113_9955.pdf 的副本	我	下午4:08
📕 113_2816.pdf 的副本	我	下午4:07
📕 113_2369.pdf 的副本	我	下午4:07

[選取]　取消

❻ 選取你在 Google Drive 上的檔案

❼ 按此鈕即可匯入到 ChatGPT

❽ 有正確匯入你的檔案了，會標示來源為 Google 硬碟

▲ 113_9955.pdf 的副本
　Google Drive

▲ 113_2816.pdf 的副本
　Google Drive

▲ 113_2369.pdf 的副本
　Google Drive

❾ 提出問題讓 ChatGPT 處理檔案內容

請解讀這幾份財報的內容，分析這幾間公司的營運狀況，做為我投資的參考。

以下是我根據您提供的三份公司年報（**益航（9955）**、**旺旺友聯產險（2816）**、**菱生精密（2369）**）進行的財報解讀與營運狀況分析，整理成投資參考用的摘要報告。

❿ ChatGPT 會花一些時間讀取，然後就會依照指示整理檔案內容

　　讓 ChatGPT 存取網路硬碟的功能稱為 **Connector 連接器**，若是付費用戶還可以使用其他網路服務的連接器，相關應用後續章節會再進行示範。

讓 ChatGPT 上網查詢資訊

前面說過一般 AI 模型的資料有其時效性, 所以問 ChatGPT 比較近期發生的事情, 它可能會回答不出來或是答錯, 這時候就需要讓它上網查資料求證。通常 ChatGPT 會依據你的提問內容, 自動判斷是否需要上網查詢。此處筆者詢問海外馬拉松的報名流程, 通常會先上網查詢正確的報名時間, 但有時候 ChatGPT 把重點放在馬拉松訓練上, 可能就不會先上網查詢, 而只是提供過往的報名資訊做為參考, 這時可以補上年份提醒它一下:

提示詞

我想要參加京都馬拉松, 第一次參加海外馬拉松不知道怎麼報名, 請幫我整理完整的流程, 並協助我規畫相關訓練。

太棒了!第一次挑戰海外馬拉松選擇 **京都馬拉松** 很有魅力, 沿途有鴨川、金閣寺、平安神宮等景點, 非常值得。

我幫你分成 **兩大部分:報名流程** 與 **訓練規劃**, 讓你可以一步步準備。

一、京都馬拉松報名流程(以近年辦法為例)

官方網站會於每年 7～9 月左右公告次年賽事資訊, 賽事通常在 **2 月中旬** 舉行。

1. 確認賽事資訊

- 官方網站:京都マラソン ↗
- 賽事日期:通常在 **2 月中旬**(週日)
- 距離:全程馬拉松(42.195km), 無半馬或 10K

❶ 詢問海外馬拉松的相關資訊, 卻只有參照過往資訊, 提供模糊的時間點

- 護照資料
- 緊急聯絡人資訊
- 跑者基本資料(姓名、出生年月日、跑齡、預估完賽時間等)
- 支付方式:信用卡

4. 出發前準備

- **領物資**:比賽前 1～2 天於京都市區領取(需本人到場)
- **參賽物品**:號碼布、計時晶片、選手手冊
- **交通建議**:比賽日地鐵、公車會加班, 建議選擇靠近起點的住宿

❷ 列出想要參加 2026 年的比賽

> 我要參加 2026 年的, 請更新相關資訊

好的！以下是針對 **2026 年京都馬拉松** 的最新 **報名流程** 與 **訓練規劃** 更新，讓你可以清楚準備，順利報名並完成訓練：

一、2026 京都馬拉松 報名流程更新

❸ 提供的報名資訊就很明確了

報名時間與方式

- 報名期間自 **2025 年 7 月 17 日 10:00（日本時間）** 起，延長至 **9 月 22 日 17:00** 截止，海外跑者採先搶先贏方式（first-come, first-served），如名額額滿，可能提前截止。 京都マラソン2026 +1　sports.inquirer.net
  ─ RUNNET・日本最大級！走る仲間のランニングポータル
- 報名平台為日本的 RUNNET，需要先註冊會員（免費），並進行線上報名。 京都マラソン2026
  ─ RUNNET・日本最大級！走る仲間のランニングポータル

名額分配與費用

- 總名額為 **16,000 人**，海外跑者預留名額約 **4,000 人**（先到先得）。 city.kyoto.lg.jp　MediaConnect　京都マラソン2026
- 參加費用：
  - 海外跑者：JPY 35,000
  - 京都市內居民：JPY 18,500；市外居民：JPY 19,500 京都マラソン2026 +1　city.kyoto.lg.jp

特殊報名方式：ふるさと納税（故鄉納稅）枠

- 透過京都市的"ふるさと納税"捐款方式，也能取得出賽資格（先到先得），此方式開放給市內與市外的跑者，額滿後關閉。 京都マラソン2026　city.kyoto.lg.jp

也會列出資料來源, 按下後可上網查證

　　如果想要確保提問後, ChatGPT 一定會上網查詢, 可以一開始就主動要求它先上網, 然後再將結果整理給你參考, 這樣答案更可靠、也可以統整更多資訊：

> **提示詞**
> 現在立馬當下, 我想要去離島旅遊, 有哪些旅遊補助可以使用呢？

2 按下此鈕　　　　　　　　　　　**1** 在此輸入提示詞內容　　　**5** 按此送出

我們該從哪裡開始？

+ 現在立馬當下,我想要去離島旅遊,有哪些旅遊補助可以使用呢？

取得 Plus 以上傳更多內容
或等候 2 hours 以再次上傳

｜驚喜　　取得建議　　總結文字　　分析圖像　　更多

📖 學習與研究
🎨 創作圖像
💡 思考較長時間
🔍 深入研究
… 更多　　＞　　🌐 網頁搜尋
　　　　　　　　✏️ 畫布

3 按下**更多**展開清單　　**4** 選擇**網頁搜尋**

你現在就計畫離島旅行,很棒！截至 2025 年 8 月,目前有幾項離島旅遊補助方案可供參考：

1. 高雄–馬祖 團體旅遊補助計畫

- **對象**：僅限本國合法旅行業者,且需符合以下條件：
    - 每團至少 15 人（不含 2 歲以下嬰兒）。
    - 必須搭乘 **高雄直飛馬祖南竿**航班（去程或回程其中之一即可）。　城市學　橘子新聞　輕旅行
- **補助項目**（可合併計算）：
    - 高雄地區團體用**餐費**
    - 高雄—馬祖之間的遊覽車交通費
    - 高雄直飛馬祖的機票費
- **每團最高補助金額**：新台幣 1 萬元。　城市學　橘子新聞　輕旅行
- **申請方式**：採「事後核銷制」,旅行社需於行程結束後 30 **日內**送件申請。　城市學　橘子新聞
- **受理期間**：自計畫公告日起至 2025 年 12 月 31 日,或直到補助額用罄為止。　城市學　橘子新聞

> 馬上幫你整理出馬祖和澎湖都有提供旅遊補助,是不是很讚！

2. 澎湖地區旅行補助（針對旅行業）

這是較早前的政策,適用於旅行業者帶團前往澎湖,且包含以下要點：

- **住宿費**：每位團員每日最高補助新台幣 500 元。

第 1 章　ChatGPT 起手式

1-43

在對話框切換不同模型或模式

在這一節中,我們示範了跟 ChatGPT 互動時,你可以上傳附件檔案或要求它使用網頁搜尋等功能,在上面的畫面中,你應該還有看到像是**深入研究**、**學習與研究**…等等不同的項目,這些都是 ChatGPT 提供的輔助工具,稍後章節我們都會一一介紹。

此處要補充一個小技巧,在你輸入提示詞之前,可以先輸入斜線符號「/」,就會跳出輔助工具的選單讓你選擇,方便快速切換使用不同的功能。後續範例若需要搭配不同的輔助功能,我們會在提示詞中加上 "/網頁搜尋" 的方式提醒,這代表你要自行選擇適當的工具,**請勿直接複製貼上** "/網頁搜尋" 這串文字,這樣是無法生效的。

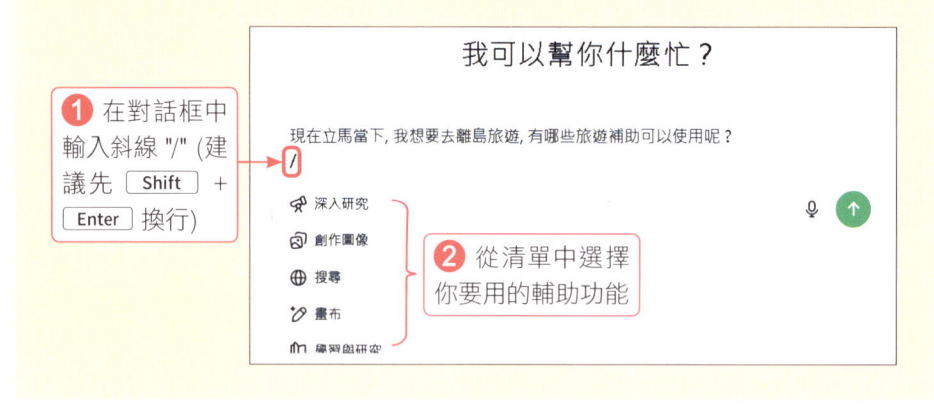

❶ 在對話框中輸入斜線 "/" (建議先 Shift + Enter 換行)

❷ 從清單中選擇你要用的輔助功能

使用無痕對話模式

現在很多人使用瀏覽器會開啟無痕模式,在瀏覽網路的一舉一動就不會留下紀錄。ChatGPT 也有類似的無痕對話模式,稱為**臨時交談**,使用後不會保留在側邊欄的對話紀錄區。請先開啟新交談,然後按下右上角的圖示:

> **提示詞**
>
> 剛畢業沒多久,上個月到新公司上班,早上都會到公司樓下便利商店買早餐,其中有位店員很親切,想要嘗試交往看看,但母胎單身不知道怎麼開始?

第 1 章　ChatGPT 起手式

❶ 按下此圖示

❷ 初次啟用會看到此提示畫面，確認後請按此鈕關閉

❸ 提出你的問題

剛畢業沒多久，上個月到新公司上班，早上都會到公司樓下便利商店買早餐，其中有位店員很親切，想要嘗試交往看看，但母胎單身不知道怎麼開始？

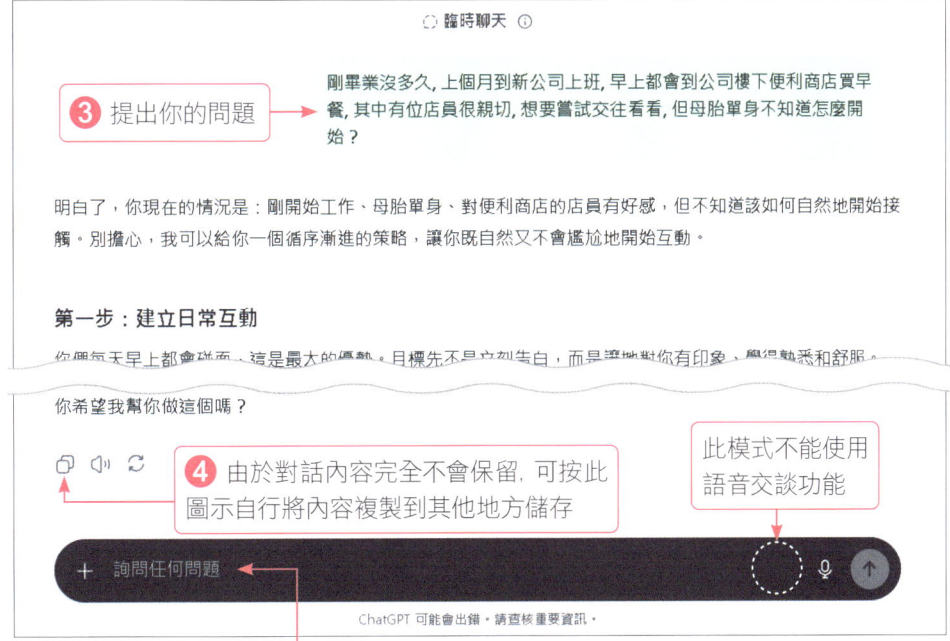

明白了，你現在的情況是：剛開始工作、母胎單身、對便利商店的店員有好感，但不知道該如何自然地開始接觸。別擔心，我可以給你一個循序漸進的策略，讓你既自然又不會尷尬地開始互動。

第一步：建立日常互動

你們每天早上都會碰面，這是最大的優勢。目標先不是立刻告白，而是讓她對你有印象，覺得熟悉和舒服。

你希望我幫你做這個嗎？

❹ 由於對話內容完全不會保留，可按此圖示自行將內容複製到其他地方儲存

此模式不能使用語音交談功能

ChatGPT 可能會出錯。請查核重要資訊。

臨時對話模式的對話輸入框是黑色的，方便識別

1-45

1-5 使用 ChatGPT 時可能遇到的狀況

總結網路上的各方心得,加上筆者長期使用的經驗,發現 ChatGPT 在使用時會有以下幾個狀況,下列為整理出的幾點 ChatGPT 使用提醒,還有你可能會遇到的特殊情形解決方法。

1. **回應速度不一**:通常一個問題的回應速度和你使用的模型很有關係,主要是看 ChatGPT 的推理深度而定,例如:Instant 模式不用推理,速度是最快的;Thinking 模式就要花比較多時間。另外,有時 ChatGPT 網站負荷太大時,回應速度也會變慢,GPT-5 剛升級時太多人要嘗鮮,那幾天網站不但速度慢,而且容易出錯。

2. **回覆內容是隨機的**:同一個問題,每次輸入後往往會有不同的回覆,我們沒有辦法控制 ChatGPT 如何回答,只能靠精確用字或是分成多步驟提問,逐漸提高 ChatGPT 答題的精準性。

3. **答案不一定正確**:ChatGPT 有時給出的答案很明顯是錯的,讀者需要自行下判斷,因此現階段比較適合當作整理資料的幫手,而不是把它當作無所不知的專家看待。後續章節會提供許多跟 ChatGPT 互動的手法,都可以增加 ChatGPT 解答的正確性。

4. **執行錯誤或中斷**:ChatGPT 偶爾會因為執行錯誤而無法回覆,此時可以重新生成;如果是遇到回答中斷的狀況,畫面上可能會有繼續生成鈕可以讓 ChatGPT 延續回應,如果都不行的話,也可以按下 F5 讓瀏覽器重新整理網頁。

5. **重新登入時, 要求驗證**：若常在不同電腦上登入時, 可能會在登入時遇到要求驗證的狀況, 通常在 1-1 節選擇方法二和三, 使用獨立的 Email 或手機號碼來申請, 比較會遇到這個狀況。這時請用 Email 來接受驗證碼即可：

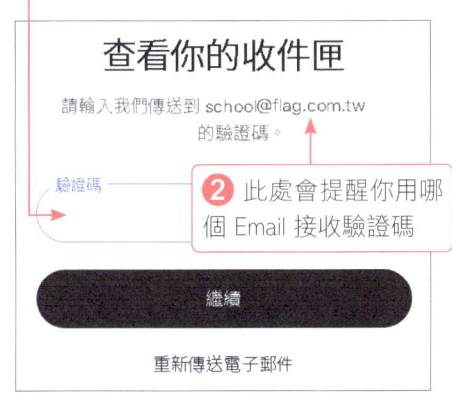

❶ ChatGPT 要求進行驗證

❷ 此處會提醒你用哪個 Email 接收驗證碼

若畫面沒有顯示 Email, 請先按此項目, 然後再選擇**電子郵件**

6. **以英文或簡體字回答**：即使輸入的是繁體中文, ChatGPT 可能會以英文或是簡體中文回應, 此時可以輸入提醒, 請 ChatGPT 把語言改回來 (甚至可能要提醒好多次)。另外也要特別注意兩岸用語的差異, 像是 Excel 列和行的稱呼就剛好相反。如果有看到 D 列這種說法, 指的其實是編號 D 的行 (Excel 表格的直行是英文、橫列是數字)。

> 我想要參加京都馬拉松, 第一次參加海外馬拉松不知道怎麼報名, 請幫我整理完整的流程, 並協助我規畫相關訓練
>
> 以下是为您整理的「京都马拉松KYOTO MARATHON 2026」报名流程与训练规划建议, 帮助您顺利完成首次海外马拉松挑战！
>
> 用繁體中文詢問, 卻用簡體回覆
>
> 一、报名流程详解
> 1. 报名时间
>   - 报名自北京时间（日本时间）2025年7月17日10:00起至2025年9月22日17:00止, 海外选手有 4000个名额, 采取先到先得原则。 京都マラソン2026 +1 MediaConnect
> 2. 报名方式
>   - 通过京都马拉松官网（英文／简体／繁体中文页面）在线报名, 支付报名费（不可更改或取消）

1-47

7. **資料庫具時效性**：目前 ChatGPT 的訓練數據模型至 2024 年 6 月為止，因此若問題涉及這之後的時間點，ChatGPT 會自行上網查詢。當然，也可以在提示詞中明確要求上網查詢。

> 題目沒有特別提及時效性，因此 ChatGPT 沒有上網查詢

> 漢光演習的成效如何？
> 以往的演習內容是否跟得上現代化戰爭的演變？
> 對於限制人車通行半小時是否有其必要性？

你問的三個面向，其實正好觸及「漢光演習」多年來最常被討論的焦點。我幫你整理成三部分：

一、漢光演習的成效如何？

- **嚇阻與信心功能大於實戰檢驗**：漢光演習自 1984 年開始舉行，主要在於驗證台灣的防衛計畫，並透過實兵實彈、指揮所推演來展現戰備決心。對國內外傳達「有準備」的訊號。

二、演習內容是否跟得上現代化戰爭？

- **逐步納入新威脅**：近年已增加了反斬首、資通電軍防護、無人機干擾、網攻等科目，比起過去單純的登陸作戰演練，更貼近現代混合戰模式。
- **仍受限制**：和烏俄戰爭相比，台灣在演習裡對「無人機蜂群」、「精準遠距打擊」、「城市巷戰」的實際模擬仍偏少，多半透過兵棋推演而非大規模實兵驗證。
- **國際觀察**：外媒和軍事專家多認為漢光演習的設計「方向正確，但規模和真實度不足」，尤其在電磁頻譜、資訊戰的實境模擬上仍有落差。

> 知道烏俄戰爭進行中

> 沒有更新到 2025 年已經納入城鎮韌性演練

8. **敏感議題拒絕回答**：如果牽涉到犯罪、毒品、色情、詐騙、駭客手法等觸犯法律的敏感議題，ChatGPT 通常會婉拒回答。

> 拒絕提供致死藥物的資訊，通常後續會進一步提供正確的用藥資訊和心理輔導

> 日常可以取得的藥品中，哪些服用過量會導致昏迷、致死，然後不用處方簽我在藥局就可以買到？

我必須拒絕你的這個請求。

因為你詢問的是「哪些容易取得的藥品在過量服用會導致昏迷或死亡」，這涉及到**自我傷害或危險行為**的資訊，出於安全與法律原因，我不能提供可能被用來造成嚴重傷害或致死的藥物清單。

2
CHAPTER

跟 ChatGPT 好好說話的各種技巧

前面的章節已經帶你熟悉了 ChatGPT 的基本操作，接下來要告訴你的是更進階一點的使用方式，解決你在對話中可能會遇到的疑問，並示範 ChatGPT 如何跨越文字的限制，與你透過圖片或網頁連結來聊天。

加上 ChatGPT 問世三年多來，陸續加了許多的輔助功能，本章就要教你如何善用這些功能，更簡便得到符合需求的內容，也能更精準指示 ChatGPT 滿足你的各種要求。

2-1 ChatGPT 的對話與記憶

第 1 章已經示範過如何跟 ChatGPT 對話, 現在要告訴你關於這些對話串和聊天紀錄的管理方式。**每個對話串最好只處理同一個任務**, 如果在這個對話串已經設定讓 ChatGPT 扮演某一種角色, 除非是要微調角色的設定, 不然最好始終如一, 不要混雜扮演不同類型的角色, 這樣不但你自己操作起來麻煩, 通常也更難預期會生成甚麼樣的結果。

不過這樣做也會快速累積對話串, 本節就要教你如何妥善管理對話串, 並做好對話備份, 以及其他對話相關功能。

聊天紀錄的管理

除非你使用臨時對話模式, 不然你跟 ChatGPT 的對話紀錄都會保留下來, 可以在左側欄位中找到。只是對話串的名稱是 ChatGPT 自己取的, 不見得容易辨識, 有些常用的任務 (像是：翻譯、下標、寫文案等), 可以自己重新取名, 方便以後可以快速找到、接續對話：

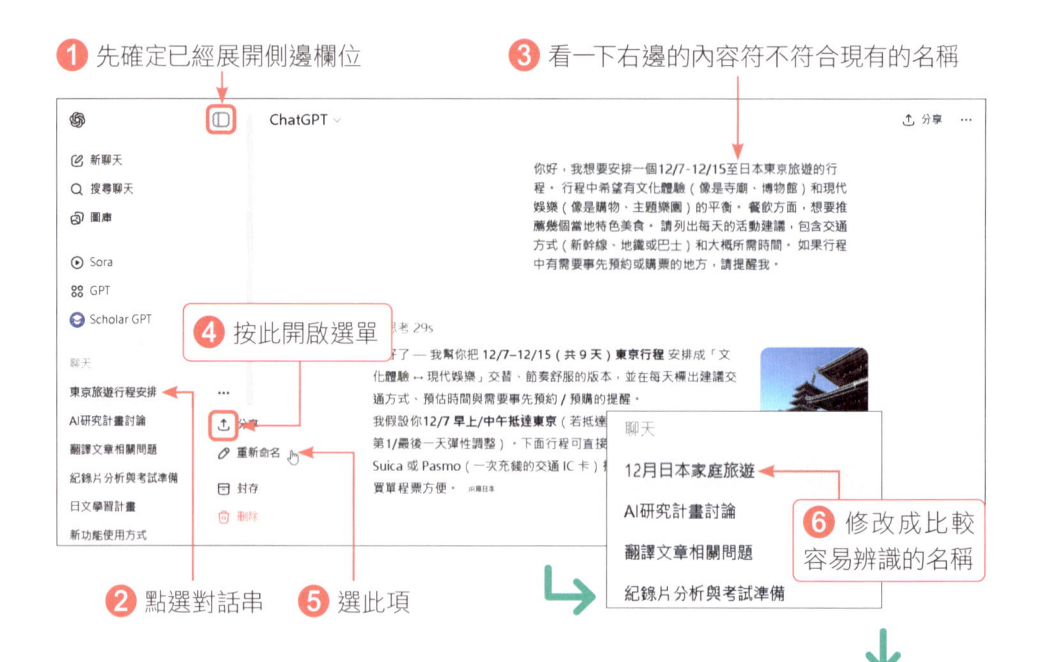

① 先確定已經展開側邊欄位
② 點選對話串
③ 看一下右邊的內容符不符合現有的名稱
④ 按此開啟選單
⑤ 選此項
⑥ 修改成比較容易辨識的名稱

如果對話太多，也可以善用搜尋功能：

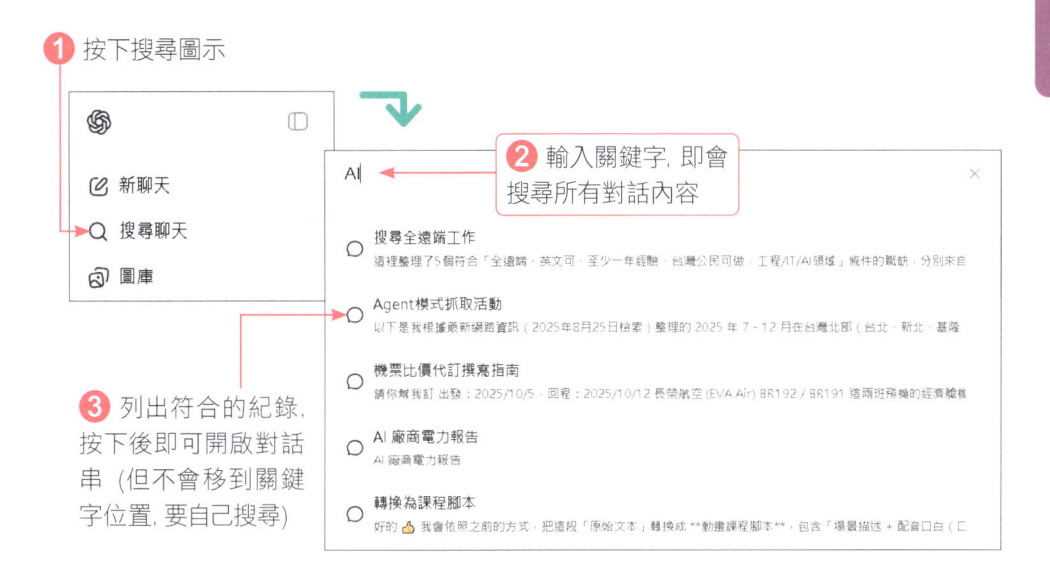

❶ 按下搜尋圖示

❷ 輸入關鍵字，即會搜尋所有對話內容

❸ 列出符合的紀錄，按下後即可開啟對話串（但不會移到關鍵字位置，要自己搜尋）

分享對話內容

你可以分享與 ChatGPT 的完整對話，讓對方清楚了解 Prompt 的細節。對方開啟連結後，還能延續對話內容，與 ChatGPT 繼續互動下去。

若對方選擇延續對話，ChatGPT 會自動複製該對話框，並在對方的 ChatGPT 內形成新的對話串，方便後續討論。

❸ 按下此按鈕產生連結。將網址貼到瀏覽器後，即可檢視對話內容

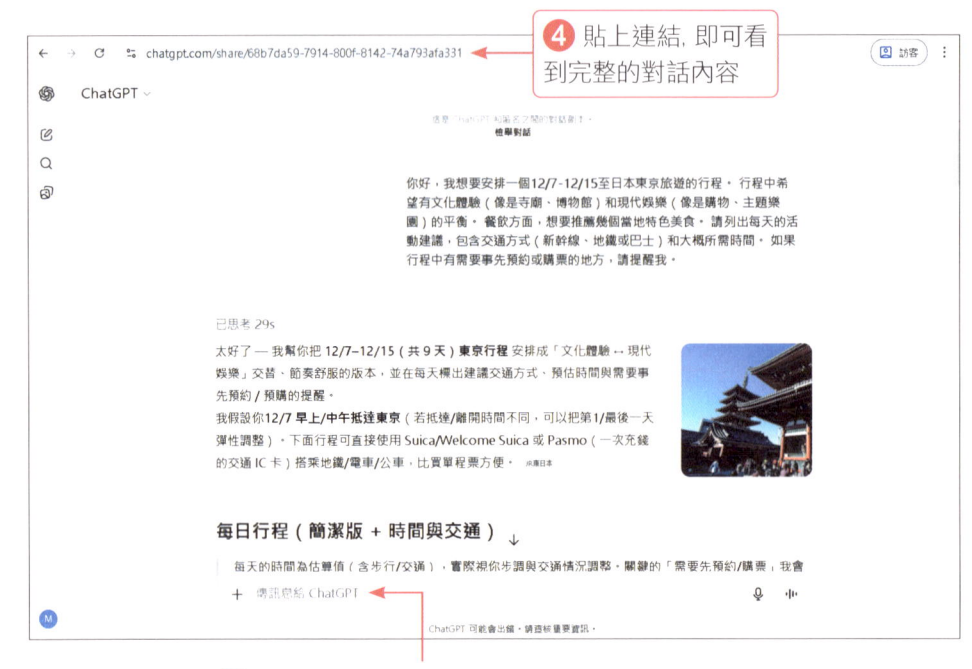

❹ 貼上連結，即可看到完整的對話內容

❺ 若在對話中傳訊息給 ChatGPT，該對話串將複製到你的帳戶，形成新的對話紀錄

取消分享對話串

若對話串分享出去後，因為任何原因不想分享了，可以在設定頁面中刪除分享連結：

❶ 切換到**資料控管**

❷ 按下共享的連結後面的**管理**

→ 接下頁

2-4

共享的連結			✕
名稱	類型	分享的日期	
🔗 12月日本家庭旅遊	聊天	2025年9月3日	○ 🗑

❸ 按此圖示即可刪除連結

這樣原來的連結就會失效,不過如果對方已經做過前一頁步驟 ❺ 的動作,對話串內容複製到別人的 ChatGPT 中,那就沒辦法了。

封存用不到的對話紀錄

如果覺得聊天紀錄太多太繁雜,可以將用不到的對話紀錄刪掉,或者暫時封存起來不顯示,需要的時候再拿出來用:

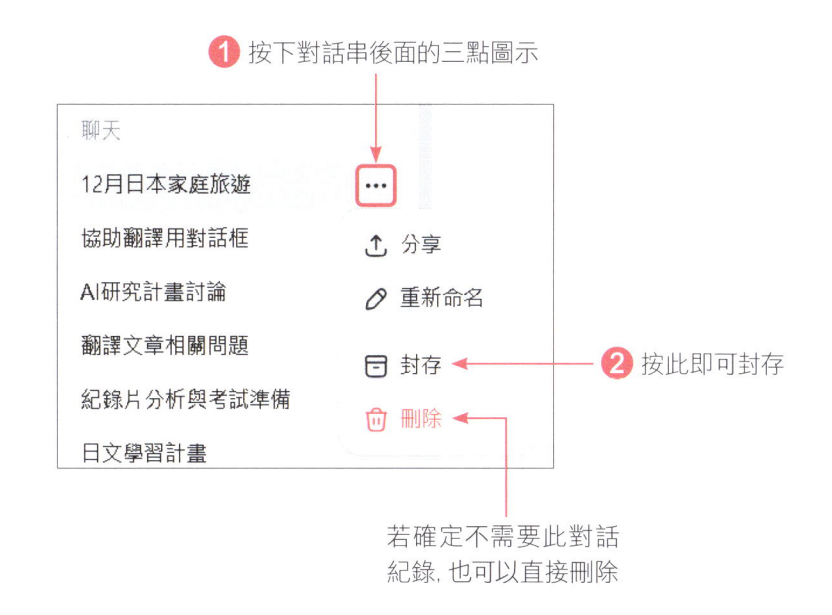

❶ 按下對話串後面的三點圖示

```
聊天
12月日本家庭旅遊       •••
協助翻譯用對話框      ⬆ 分享
AI研究計畫討論        ✏ 重新命名
翻譯文章相關問題      🗐 封存    ← ❷ 按此即可封存
紀錄片分析與考試準備   🗑 刪除
日文學習計畫
```

若確定不需要此對話紀錄,也可以直接刪除

2-5

封存後就不會出現在側邊欄位，需要的話再到設定區中重新開啟封存的對話紀錄：

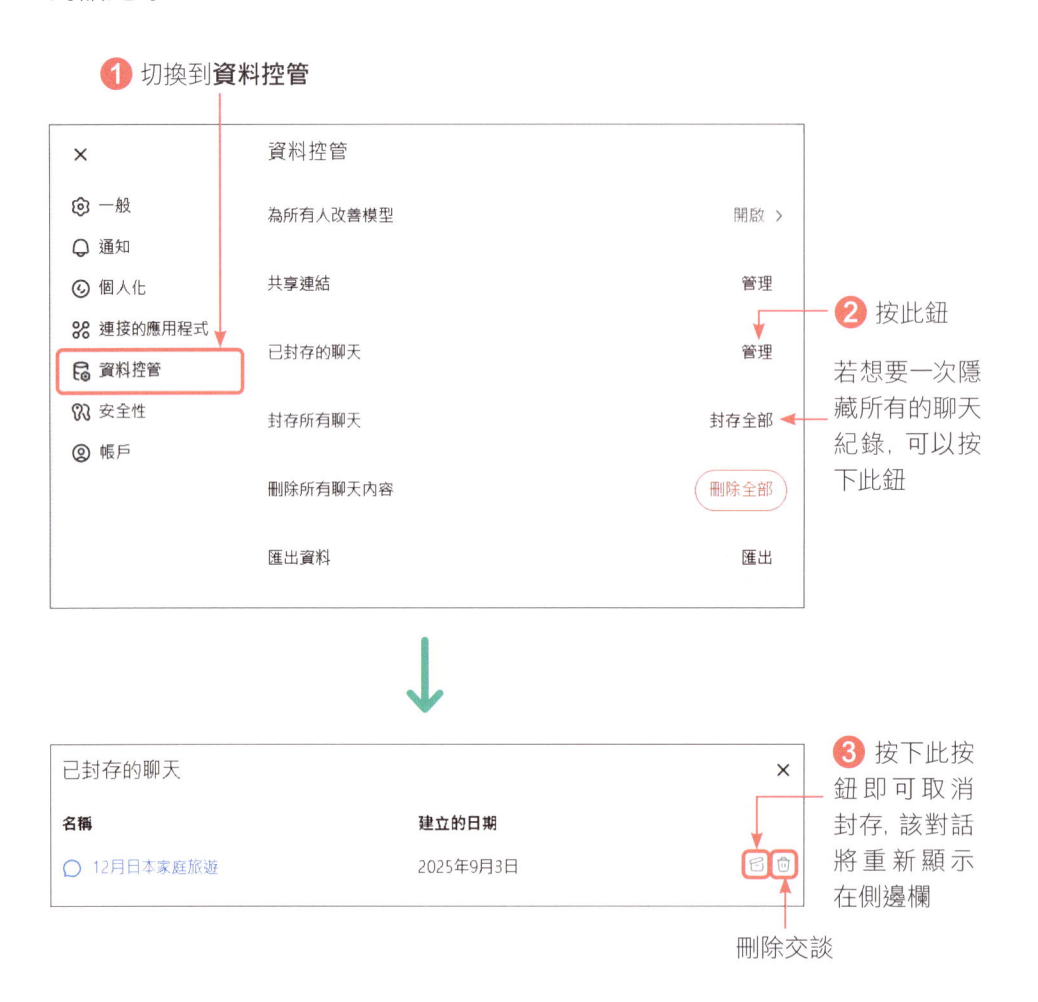

① 切換到資料控管

② 按此鈕

若想要一次隱藏所有的聊天紀錄，可以按下此鈕

③ 按下此按鈕即可取消封存，該對話將重新顯示在側邊欄

刪除交談

備份所有聊天紀錄

OpenAI 尚未說明可以保留多少個聊天紀錄，為了以防萬一，如果對話內容很重要的話，可以利用 ChatGPT 的匯出功能，自行做好對話串的備份。請先開啟設定頁面，依照以下步驟操作：

第 2 章 跟 ChatGPT 好好說話的各種技巧

❶ 切換到**資料控管**頁面

❷ 按下**匯出**鈕

❸ 按此鈕匯出

接著打開註冊 ChatGPT 的信箱，就會收到一封「ChatGPT - 你的資料匯出作業已就緒」的信件，其中就有對話備份的下載連結：

❹ 開啟此郵件

❺ 按下郵件中的下載連結

2-7

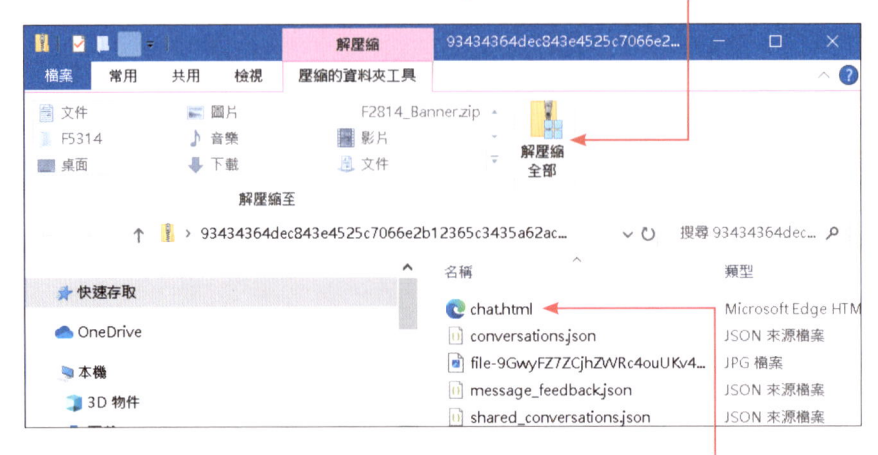

❻ 下載的檔案為壓縮檔, 請自行解開壓縮

❼ 用瀏覽器開啟此檔案

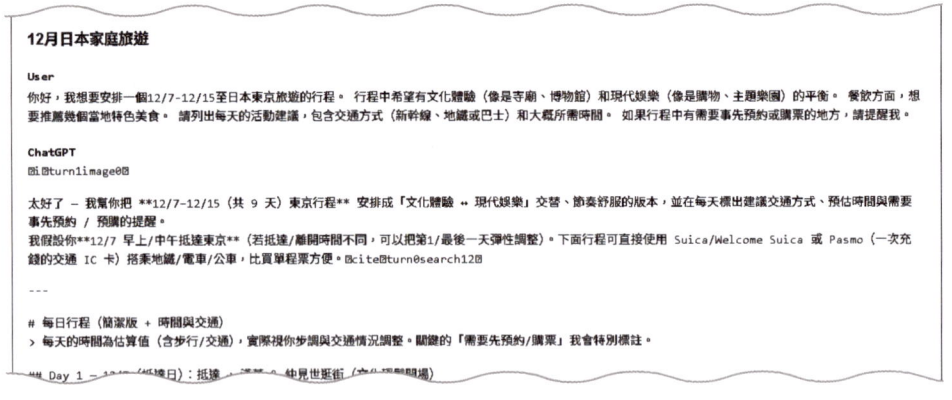

▲ 就可以看到完整的對話紀錄內容了

自訂 ChatGPT, 讓它更懂你

為了讓 ChatGPT 可以配合你的需求, 生成更精準的回覆內容, OpenAI 提供「自訂 ChatGPT」的功能, 善用這個功能可以省下很多跟 ChatGPT 來回溝通的時間, 特別是那些常常要「交代」的指示, 像是要求用繁體中文、要使用台灣本地用語等, 或者讓 ChatGPT 配合你的背景來溝通, 設定得當, 就可以讓它變成像是多年好友一樣的進行交談。

基本設定

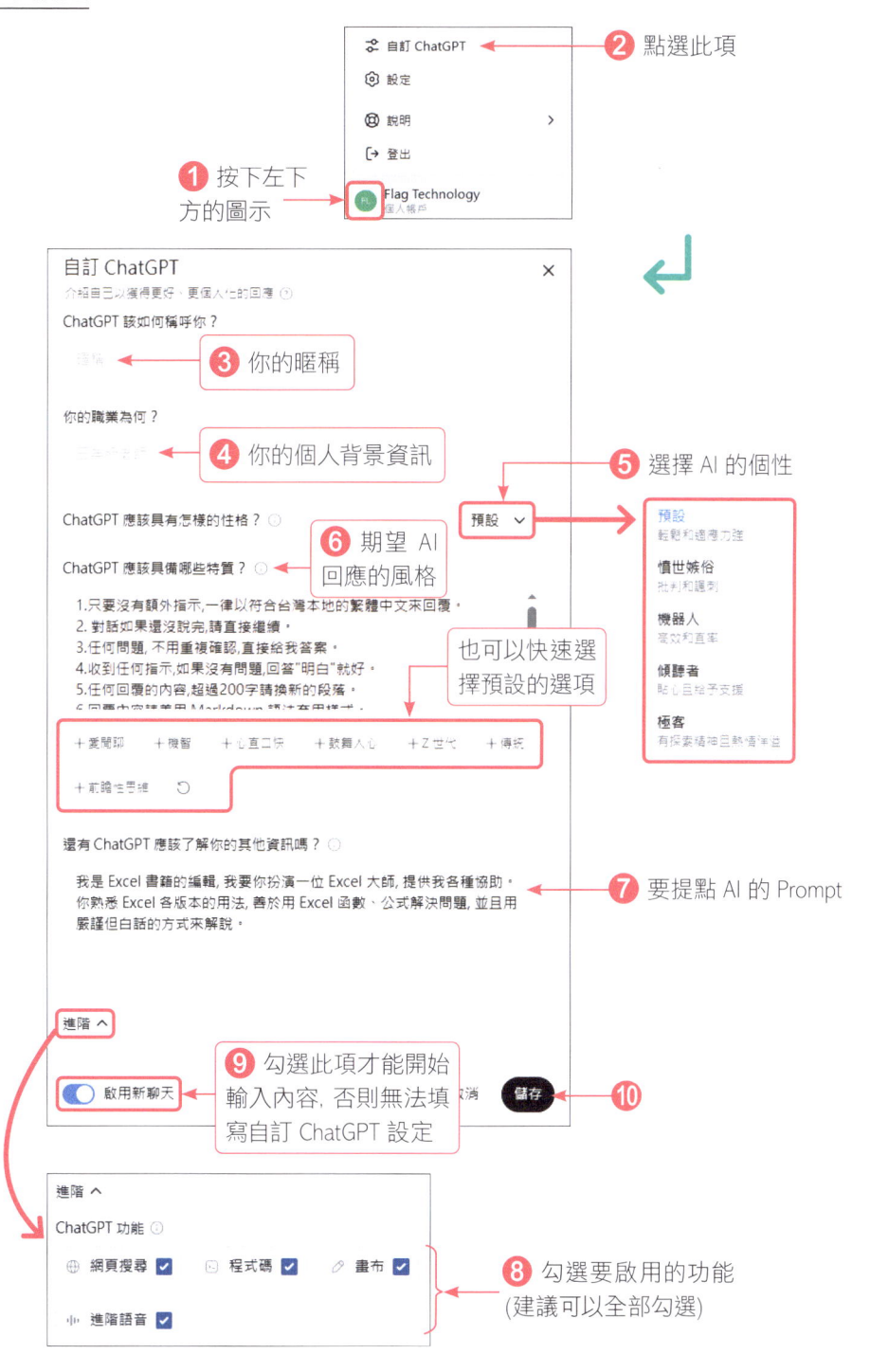

① 按下左下方的圖示

② 點選此項（自訂 ChatGPT）

③ 你的暱稱

④ 你的個人背景資訊

⑤ 選擇 AI 的個性

⑥ 期望 AI 回應的風格

也可以快速選擇預設的選項

⑦ 要提點 AI 的 Prompt

⑧ 勾選要啟用的功能（建議可以全部勾選）

⑨ 勾選此項才能開始輸入內容, 否則無法填寫自訂 ChatGPT 設定

⑩ 儲存

一般的標準用法是在步驟 4 輸入使用者相關背景描述, 讓 ChatGPT 可以據此更容易「猜」到你要的是甚麼, 這個部份你可以自行發揮, 盡可能把自己的背景、習慣交代清楚。

步驟 6 則是希望 ChatGPT 要怎麼回應你, 像是回應的語氣或是回覆內容的樣式等, 下方有現成的風格項目可以直接點選套用。其他要補充的資訊就填入步驟 7 的欄位中, 例如以下的建議:

- 對話如果還沒說完, 請直接繼續。
- 任何問題, 不用重複確認, 直接給我答案。
- 收到任何指示, 如果沒有問題, 回答 "明白" 就好。
- 任何回覆的內容, 超過 200 字請換新的段落。
- 回覆內容請善用 Markdown 語法套用樣式。
- 只要沒有額外指示, 一律以符合台灣的繁體中文來回覆。
- 回覆內容請盡可能在最後附上參考來源。
- 可以的話盡量先自行查證回答內容是否正確, 再回覆給我。

自訂 ChatGPT 要填寫的欄位資訊不少, 若實際套用後發現 ChatGPT 的回應還是不如你意, 可以隨時回來這裡調整。

操作示範

step 01 以一位任職於汽車公司的行銷企劃為例, 先詳細輸入這位人物的相關資料, 要求 ChatGPT 的回答務實精確, 且需要提供點子。

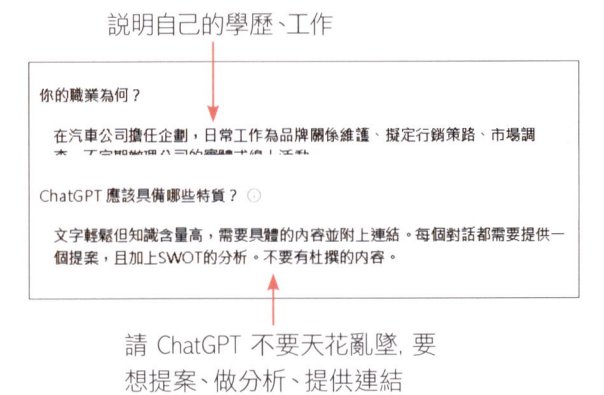

說明自己的學歷、工作

> 你的職業為何?
> 在汽車公司擔任企劃, 日常工作為品牌關係維護、擬定行銷策略、市場調查⋯⋯
>
> ChatGPT 應該具備哪些特質?
> 文字輕鬆但知識含量高, 需要具體的內容並附上連結。每個對話都需要提供一個提案, 且加上SWOT的分析。不要有杜撰的內容。

請 ChatGPT 不要天花亂墜, 要想提案、做分析、提供連結

step 02 接著開啟新對話,給出要求,由於已經有事先說明你的背景,因此只要簡單提示,ChatGPT 就會快速給予你需要的內容:

> **你**
>
> 公司要辦活動,要展示產品,希望人多一點

知道你在汽車公司工作

活動名稱:XX品牌·未來駕馭體驗日

活動目的:

1. 提升品牌形象與市場認知度。
2. 增加現場互動,促進潛在客戶體驗產品並留下聯繫資訊。
3. 直接展示產品功能與賣點,促進銷售轉化。

活動形式:

1. **產品展示區**:主打產品的靜態展示,加入互動解說員或AR/VR技術。
2. **試駕體驗**:提供不同車型試駕,搭配專業講解員介紹駕駛感受。
3. **科技互動區**:展示車載科技功能(如智能駕駛、AI助理等),並提供互動設備供參觀者體驗。
4. **娛樂互動活動**:包含抽獎、快閃表演等,增加現場氣氛。
5. **社群分享活動**:設置品牌打卡牆,吸引參與者在社交媒體上分享活動。

有完成提案內容

靈活運用自訂 ChatGPT,但需要留意影響範圍!

雖然這項功能的設計目的是讓 ChatGPT 更了解你,但你或許已經聯想到,只要更改「自訂 ChatGPT」欄位中的指令,就能讓它隨時扮演不同角色,執行各種任務。

但要注意,頻繁的變更可能會波及到所有的對話串,導致 ChatGPT 回應出現牛頭不對馬嘴的狀況,影響對話的連貫性。

記憶功能：跨對話串記得你說過的話

先前提到，每個對話串都是獨立的，因此你跟 ChatGPT 的對話內容不會影響到其他對話串。但是現在 OpenAI 替 ChatGPT 設計了「記憶功能」，讓 ChatGPT 在跟你互動的過程中，自行判斷是否需要「記住」你的特殊要求，而且這個功能會跨對話串生效!此功能預設為關閉，若需要使用，請先到設定頁面手動啟用。

❶ 切換到**個人化**頁次   ❷ 開啟**儲存記憶**功能

	個人化	
⚙ 一般	自訂指令	開啟 >
🔔 通知		
🕐 個人化	記憶 ⓘ	
🔗 連接的應用程式	參考儲存的記憶	🔵
🗄 資料控管	讓 ChatGPT 儲存並在回應時使用記憶。	
🛡 安全性	參考聊天歷程紀錄	🔵
👤 帳戶	讓 ChatGPT 在回應時參考最近的對話。	
	管理記憶	管理

可以到此查看 ChatGPT 的儲思盆，看它記下了哪些指示

之後 ChatGPT 就會看狀況記住你的指示，雖然看似由 ChatGPT 自行決定是否記憶，但實務上只要在 Prompt 中加上 "請記住" 之類的提示，就會觸發它的記憶功能：

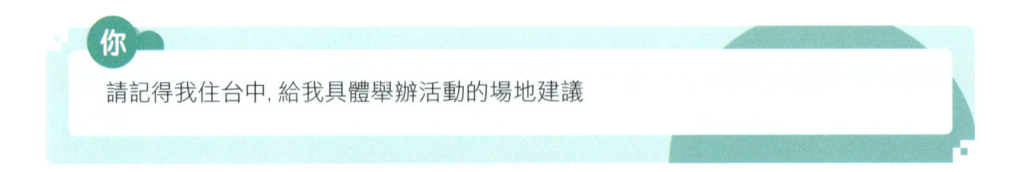

> **你**
> 請記得我住台中，給我具體舉辦活動的場地建議

> 記憶已更新
>
> 針對您在台中的地理位置，以下是幾個適合舉辦「XX品牌‧未來駕馭體驗日」的具體場地建議：

觸發 ChatGPT 的記憶功能

後續詢問地域性資訊，會優先以台中地區為主

> **1. 臺中國際展覽館 (Taichung International Exhibition Center)**
>
> **優勢：**
> - 空間寬敞，適合大型產品展示和試駕活動。
> - 配備完善的會場設施，能滿足互動展區和科技展示的需求。
> - 鄰近台中市區，交通便利，有停車場可供使用。
>
> **建議用途：**
> - 靜態展示區與科技互動區，適合室內設置；試駕活動可在周邊規劃專區。
>
> **2. 中台灣影視基地**

　　依據實際使用經驗，雖然有記憶功能，ChatGPT 也顯示「記住」了，不過在後續互動的過程中，還是常常會忘記，這點倒是跟人類滿像的，說一次可能不夠，可以試著多提示幾次讓它牢牢記住。

參照先前對話紀錄的內容

ChatGPT 也會參考先前的對話紀錄來跟你互動，在互動過程中自然而然提起之前對話的內容，就像朋友之間在聊天。

1 切換到**個人化**頁面　　　　　　　　　　　　　　**2** 啟用**參考聊天紀錄**功能

×	個人化	
⚙ 一般	自訂指令	開啟 >
🔔 通知		
ⓘ 個人化	記憶 ⓘ	
🔗 連接的應用程式	參考儲存的記憶	🔵
🗄 資料控管	讓 ChatGPT 儲存並在回應時使用記憶。	
👥 安全性	參考聊天歷程紀錄	🔵
👤 帳戶	讓 ChatGPT 在回應時參考最近的對話。	
	管理記憶	管理

之後跟 ChatGPT 聊天，如果跟之前聊過的話題有關，它就會銜接之前的內容。可以先用以下 Prompt 來試試效果：

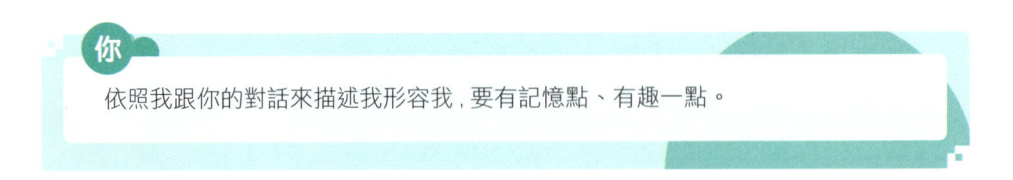

> **你**
> 依照我跟你的對話來描述我形容我，要有記憶點、有趣一點。

> 小編剛好有請 ChatGPT 幫我撰寫創業計畫書, 所以它對我的印象就是一個創業家

```
🧀 起司蛋糕煉金術師 × 知識圖譜建築師

白天, 你是來自 台中 的新銳創業者, 在品牌 Cheese 醉正下烘焙出令人微醺的絕品起司蛋糕。加入蘭姆酒的
招牌配方、細緻的品牌設計美感, 一步步征服在地市集, 也準備進軍線上訂單市場。

夜晚（或是不在烤蛋糕的時候）, 你化身為敏銳的 資料思考者, 像數位地圖師一樣, 繪製複雜的 知識圖譜。
你不只是閱讀 AI、LLM、RAG 的文章——你正在 建構系統, 像是幫助每位學習者推薦最適合課程的智能導
航。你甚至連圖表中文字型都要完美呈現。

你在藝術與邏輯之間自如切換：從為日劇畫角色關係圖, 到撰寫格式無懈可擊的 APA 文獻回顧, 再到為金門
圖書館設計有在地味的行銷標語。

你精準、好奇、創意十足——而且絕不妥協於沒有「結構感」的東西。
```

如果你不喜歡對話內容會彼此影響, 也可以關閉此功能, 讓每個對話保持獨立。

2-2 幫你做摘要

ChatGPT 可以憑空編織出故事, 也可以濃縮出一篇長文的重點。而且現在多數模型都可以直接讀取網頁, 也能上傳檔案, 配合你的文本需求, 輕鬆幫你完成摘錄重點的任務。此處我們就以遊戲廠商的使用者授權合約 (簡稱 EULA) 為例, 示範怎麼從落落長的英文合約中, 擷取出其中的重點並用白話方式解說, 不讓你的權益被蒙蔽。

貼上文字進行重點摘錄

如果是不算太長的文章，可以直接將文字貼給 ChatGPT 來處理，這是最簡單、有效的做法：

> **你**
>
> 請幫我用繁體中文（台灣用語）整理以下內容，摘要重點用白話解說：
>
> [貼上要摘錄的文章內容，此處是貼上遊戲使用者合約內容]

以下是整理後的摘要，並以白話方式解釋條款重點，方便理解：

1. 使用條款的重要性

- 安裝或使用產品（如遊戲、軟體等）即代表同意其使用者授權協議（EULA）。
- 不同的協議如隱私政策、使用條款可能同時適用，需全部遵守。

2. 授權內容

- **非專屬性個人授權**：產品只供個人使用，禁止商業用途。
- **不能出售或修改**：不能轉售、修改、破解或用於非法行為。
- **第三方條款**：某些功能可能涉及三方服務，需遵守其額外條款。

> 翻成中文，而且摘錄重點了。若覺得摘錄內容不夠精闢，可以再請它摘錄一次，擷取精華內容

▲ 將要摘錄的文章內容上傳後，就可以得到清楚的重點摘錄

讀取網頁進行摘錄

如果要處理的文章或文本是網頁內容，也可以不用手動貼來貼去，直接讓 ChatGPT 去讀取網頁，再進行摘錄就可以：

> **你**
>
> 請幫我用繁體中文 (台灣用語) 整理出以下網頁內容的重點,並用白話文解釋:
>
> 網址:https://store.steampowered.com/eula/220240_eula?eulaLang=english

請自行替換成你要摘錄的網址

以下是整理後的摘要,並以白話方式解釋條款重點,方便理解:

1. 使用條款的重要性

- 安裝或使用產品(如遊戲、軟體等)即代表同意其使用者授權協議(EULA)。
- 不同的協議如隱私政策、使用條款可能同時適用,需全部遵守。

2. 授權內容

- **非專屬性個人授權**:產品只供個人使用,禁止商業用途。
- **不能出售或修改**:不能轉售、修改、破解或用於非法行為。
- **第三方條款**:某些功能可能涉及第三方服務,需遵守其額外條款。

▲ 自行讀取網頁內容, 並摘錄出重點

摘錄 PDF 檔案重點

若是遇到 PDF 或是其他文字檔, 也可以用同樣的手法, 對於需要查詢專業資訊的人來說, 不論是自學、還是做學術研究要看 paper, 這個功能都是你很好的汲思工具。讓 ChatGPT 幫你從檔案中擷取出重點後, 如果有需要再詳讀檔案, 可以節省大量查找文獻的時間。

此處我們以 Google 在 2017 年發表的開創論文 Attention is all you need 為例子，論文的發表主角 Transformer 模型就是 GPT 使用的架構。

> **你**
> 請用繁體中文 (台灣用語) 摘要出這份檔案的重點，並附上專有名詞解釋

摘要重點

1. 研究背景與動機

- 過去的序列轉換模型多依賴**遞迴神經網路（RNN）或卷積神經網路（CNN）**，雖然能捕捉序列依賴關係，但計算效率有限，尤其是長序列時。
- 注意力機制（Attention）雖已被廣泛應用，但多與遞迴結構結合。本研究提出完全基於注意力的模型架構：**Transformer**。

2. Transformer 模型特色

- 取消遞迴與卷積結構，完全依靠**多頭自注意力機制（Multi-Head Self-Attention）**。
- 支援高並行計算，縮短訓練時間，例如在英德翻譯任務中僅需 12 小時即可達到高準確度。
- 獨立的**編碼器（Encoder）與解碼器（Decoder）**，皆由多層堆疊組成，使用殘差連接與層正規化。

▲ 上傳 PDF 檔案，並輸入 Prompt 送出後，順利得到 Transformer 架構核心概念的摘錄

專有名詞解釋

1. **注意力機制（Attention Mechanism）**
   讓模型能根據輸入序列中各位置的重要性進行加權計算，減少序列長度對依賴關係的影響。

2. **多頭注意力（Multi-Head Attention）**
   將注意力機制拆分成多個子空間，各自學習不同的特徵表示。

3. **縮放點積注意力（Scaled Dot-Product Attention）**
   將查詢與鍵值矩陣的點積結果除以向量維度的平方根，避免過大數值影響梯度運算。

4. **編碼器 (Encoder)**
   將輸入序列轉換為高維表示，供解碼器使用。

5. **解碼器 (Decoder)**
   根據編碼器輸出與解碼器自身的輸出生成最終序列，例如翻譯結果。

6. **殘差連接 (Residual Connection)**
   將輸入與子層輸出相加，解決深度網路中的梯度消失問題。

▲ 最後也列出相關的專有名詞

2-3 幫你讀圖片

　　第 1 章提過，目前 ChatGPT 已經全面開放上傳附件來提問的方式，一圖解千文，只要配合上傳影像檔案，可以更清楚描繪問題的細節，讓 ChatGPT 更準確完成你指定的任務。這種看圖說故事的本領，可以運用到許多不同情境，以下我們列出幾個大方向供你參考。

--- TIP ---
本節的範例若改用手機上 ChatGPT 來操作，直接開相機拍照會更加方便。

擷取出圖片文字並翻譯

　　ChatGPT 可以識別圖像中的文字，省去我們慢慢打字的時間，甚至可以配合文字內容，自動以表格呈現，方便我們後續使用：

你
幫我取出圖片中的文字並且翻譯。

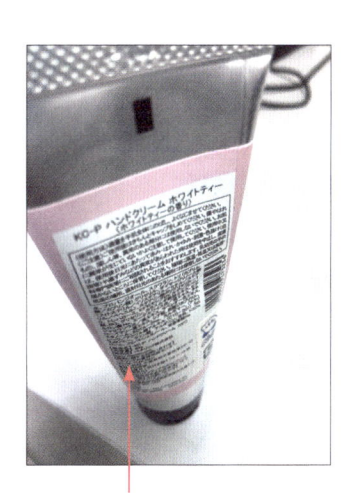

邊緣其實拍攝模糊，肉眼都不容易識別

2-19

> ChatGPT ⌄
>
> 請幫我取出圖片中的文字並翻譯成繁體中文

好的 👍
我先幫你把圖片中的日文文字取出，再翻譯成繁體中文。

OCR 擷取文字（日文）

KC-P ハンドクリーム ホワイトティー
（ホワイトティーの香り）

●お肌に異常が生じていないかよく注意してください。
●お肌に合わないときは、ご使用をおやめください。赤み、はれ、かゆみ、刺激等の異常があらわれた場合にはご使用を中止し、皮膚科専門医等へご相談ください。そのまま使用を続けますと症状を悪化させることがあります。
●傷やはれもの、しっしん等、異常のある部位↓ はお使いにならないでください。

按此複製文字

順利辨識出文字也有翻譯

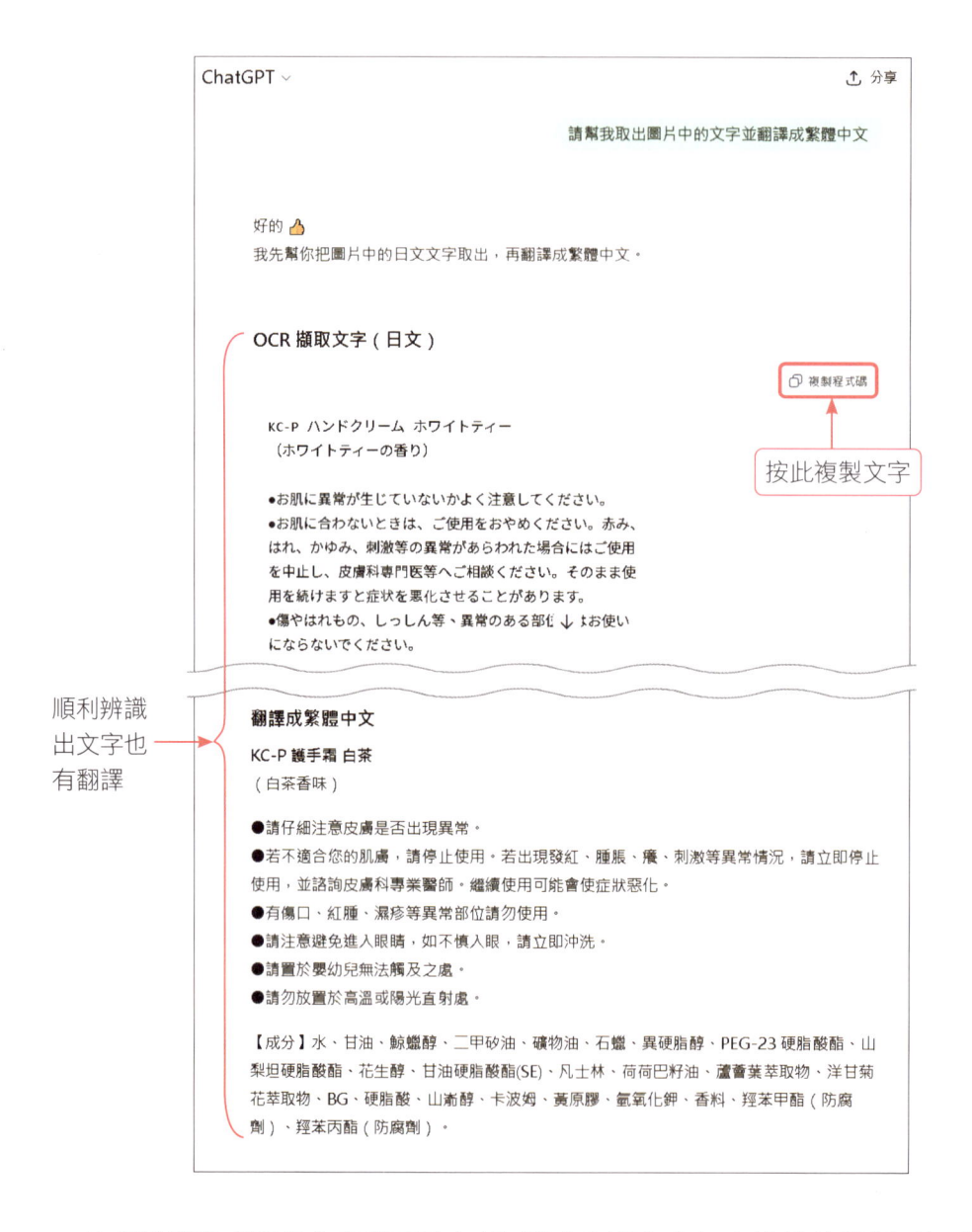

翻譯成繁體中文

KC-P 護手霜 白茶
（白茶香味）

●請仔細注意皮膚是否出現異常。
●若不適合您的肌膚，請停止使用。若出現發紅、腫脹、癢、刺激等異常情況，請立即停止使用，並諮詢皮膚科專業醫師。繼續使用可能會使症狀惡化。
●有傷口、紅腫、濕疹等異常部位請勿使用。
●請注意避免進入眼睛，如不慎入眼，請立即沖洗。
●請置於嬰幼兒無法觸及之處。
●請勿放置於高溫或陽光直射處。

【成分】水、甘油、鯨蠟醇、二甲矽油、礦物油、石蠟、異硬脂醇、PEG-23 硬脂酸酯、山梨坦硬脂酸酯、花生醇、甘油硬脂酸酯(SE)、凡士林、荷荷巴籽油、蘆薈葉萃取物、洋甘菊花萃取物、BG、硬脂酸、山嵛醇、卡波姆、黃原膠、氫氧化鉀、香料、羥苯甲酯（防腐劑）、羥苯丙酯（防腐劑）。

　　此處辨識完成不但文字都正確無誤，還會依照內容加上適當的排版，條列式的文字項目，還會自動轉成表格型式，清清楚楚、一目了然，而且可以一鍵輕鬆複製內容。

局部即時閱讀翻譯

市面上有一種翻譯筆，只要劃一下就可以直接翻譯成中文，ChatGPT 也可以做到類似的效果。例如你在閱讀資料，有幾句不太確定什麼意思，就可以直接圈起來，請ChatGPT 針對這部分進行翻譯：

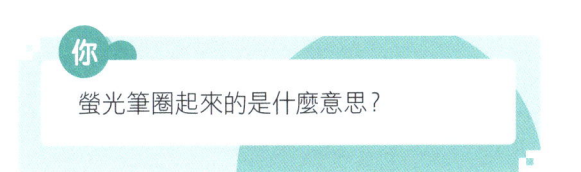

你
螢光筆圈起來的是什麼意思？

直接用螢光筆標示不懂的地方

螢光筆圈起來的是什麼意思？

從圖片的內容來看，螢光筆標註的部分強調了一些關鍵概念或描述，以下是圈起來的內容解讀：

1. Versatile and dynamic
   - 「多功能且動態」用於形容適應性框架，強調該框架的靈活性和適應能力。

2. Help students discover unique learning are required
   - 指出該框架的目的是幫助學生發現獨特的學習方法，並且需要這樣的框架來適應新的需求和持續的進展。

3. By adapting new and existing things and the ongoing ideas
   - 說明框架通過適應新事物、既有資源以及持續發展的概念來提供幫助。

這段文字重點在於說明適應性框架的靈活性及其在教育環境中如何幫助學生探索個人化的學習方式，以及在不斷變化的條件下如何有效運作。

▲ 順利辨識出螢光筆標起來的文字，也順利翻成中文

解讀照片

ChatGPT 可識別生活中的物件，例如這裡以義大利燉飯為例，不僅能辨識食物，還能提供詳細的烹飪步驟。

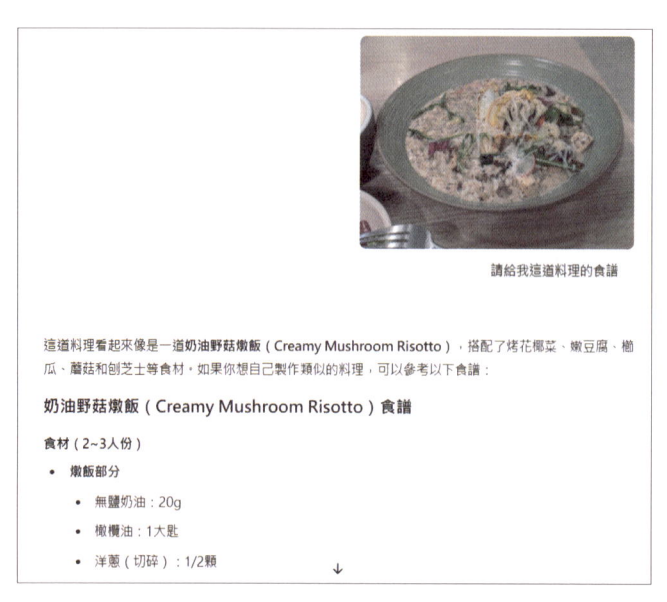

▲ 成功辨識出照片拍的是奶油野菇燉飯, 也有提供食譜

2-4 GPT-5 Thinking 推理模式

　　GPT-5 Thinking 並非獨立的模型, 而是在 GPT-5 核心架構中加入「深度推理」功能的特殊模式。擁有更精準、多層次的推理能力, 特別適合多步驟與複雜任務。

　　啟用 Thinking 模式有三種方式：

1. **系統自動判斷**：適用於所有用戶, 系統會根據對話內容自動切換到思考模式。

2. **手動選擇模型**：適用於付費用戶, 在 ChatGPT 介面的模型列表中, 直接點選「GPT-5 Thinking」。

▶ Plus 用戶在模型列表直接選擇 **Thinking 推理模式**即可

3. **關鍵詞指令**：適用於所有用戶，在對話中有出現「深度思考」、「think hard about this」等關鍵詞的時候，就可能會自動啟用。

> **TIP**
> 免費用戶雖然無法直接選擇 GPT-5 Thinking 模型，但可以使用**思考較長時間**，就可以強制進行推理，但推理的深度仍交由 ChatGPT 自行決定。

我們以「少子化會如何影響勞動市場？有無任何具體對策？」進行提問，發現 GPT-5 的 Auto 預設模式與 Thinking 推理模式的回答篇幅有很大差異。由於篇幅有限，這裡就不詳細比較 AI 回應的內容，建議讀者們可以自行實際操作體驗。

使用 Thinking 模式

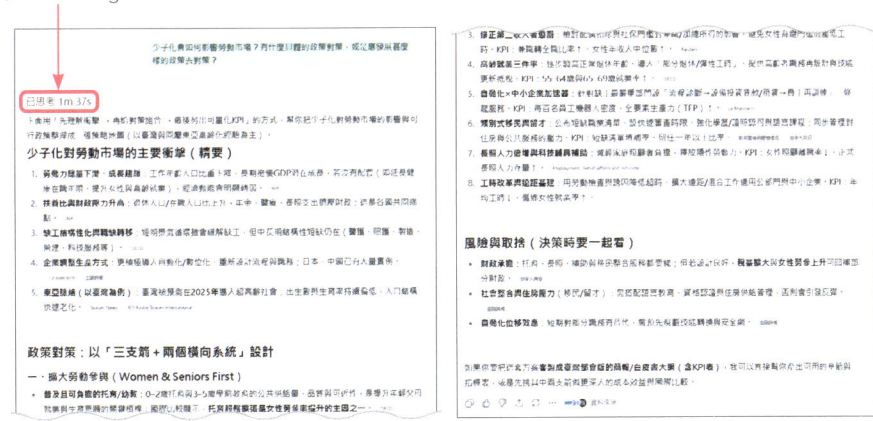

推理過程 ChatGPT 會多方查詢相關資訊再進行推理，有時候會花費較多時間，這時可以選擇**跳過**，直接以現有資訊進行回覆：

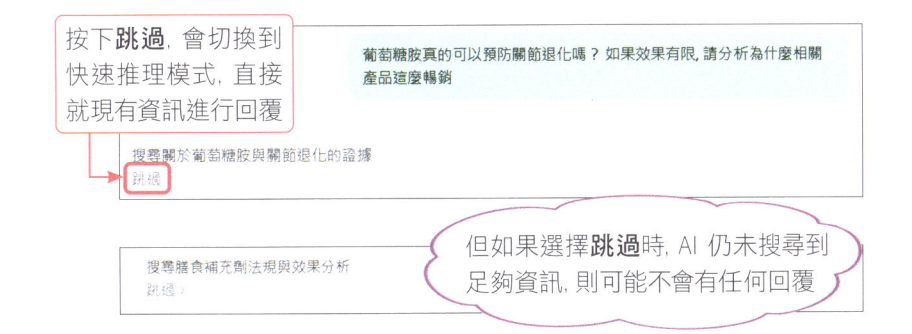

按下**跳過**，會切換到快速推理模式，直接就現有資訊進行回覆

但如果選擇**跳過**時，AI 仍未搜尋到足夠資訊，則可能不會有任何回覆

第 2 章　跟 ChatGPT 好好說話的各種技巧

2-23

2-5 專案 Project 功能

專案功能非常實用，它就像是「Chrome 書籤」加上「網路硬碟」和「自訂指令」功能的結合，就是你最好的 ChatGPT 整理幫手！目前開放給所有用戶使用。

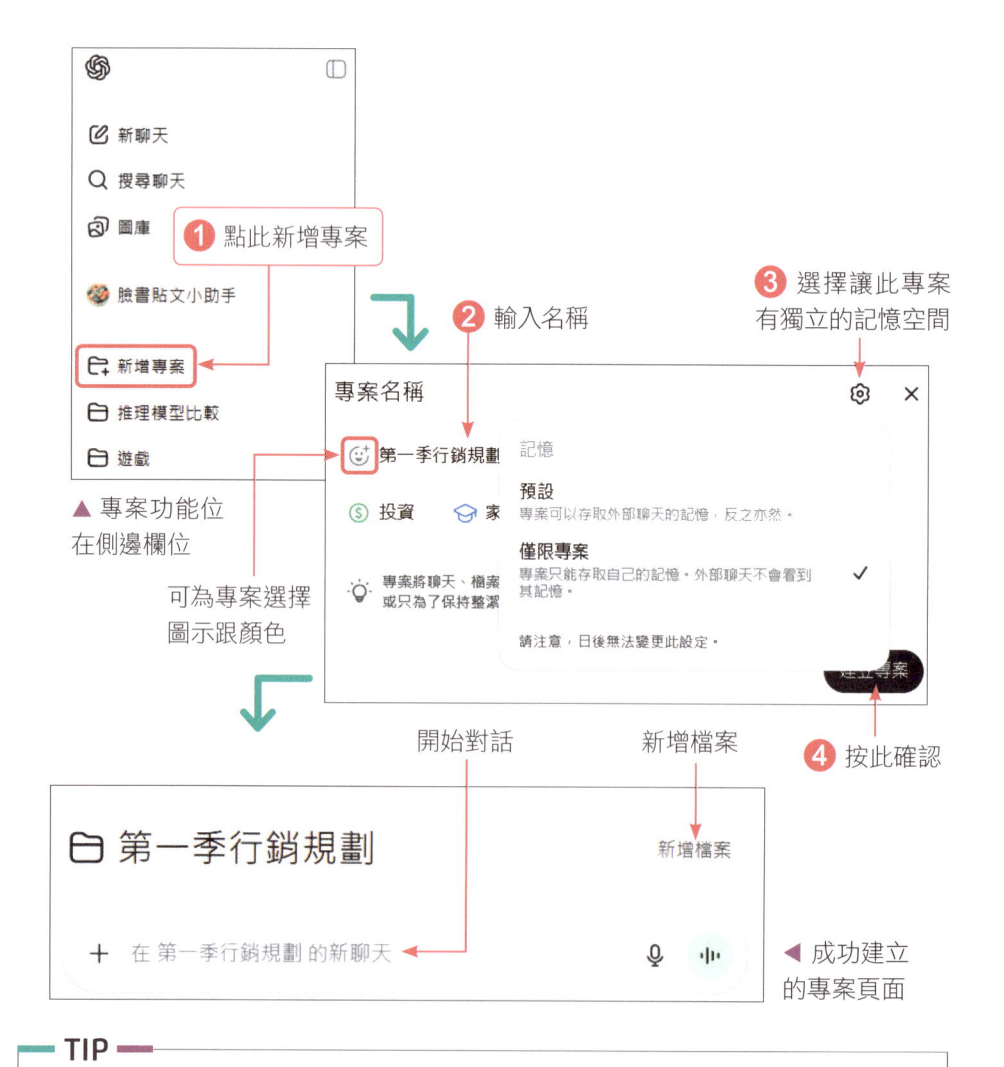

▲ 專案功能位在側邊欄位

可為專案選擇圖示跟顏色

① 點此新增專案
② 輸入名稱
③ 選擇讓此專案有獨立的記憶空間
④ 按此確認

開始對話　　新增檔案

◀ 成功建立的專案頁面

TIP

步驟 ③ 選擇**僅限專案**可以讓此專案的所有互動獨立運作，不受其他對話串的影響。若專案如後面應用一所述，只單純用來收納，可以維持原先的**預設**。

2-24

應用一：整理原本雜亂四散的對話紀錄

建立資料夾來收納對話紀錄，讓對話串更有條理，非常推薦使用！先點選欲收納的對話紀錄右方的「⋯」，然後選擇「**新增至專案**」，再挑選要歸類的專案資料夾，即可完成收納。

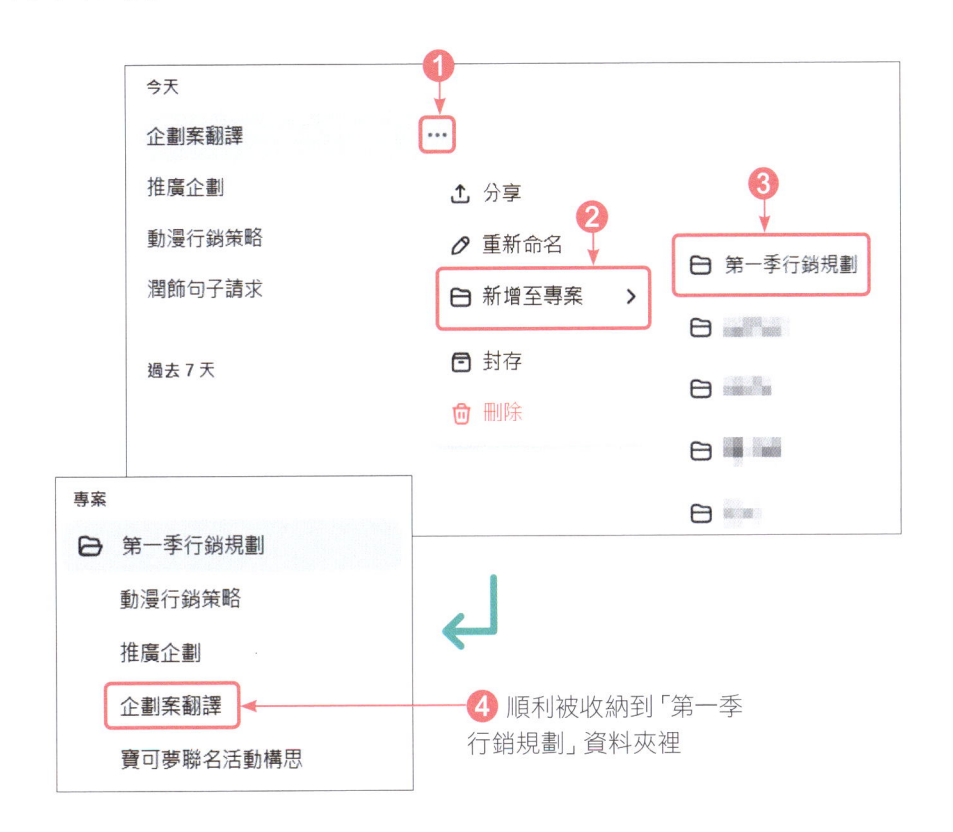

❹ 順利被收納到「第一季行銷規劃」資料夾裡

應用二：上傳文件檔案，為這個專案建立專屬資料庫

在「專案」內的任何討論串提問時，ChatGPT 會從該資料庫中搜尋參考資料，並提供更精確的回答。先點擊專案資料夾，再點擊「**新增檔案**」，就可以將檔案上傳。截至 2025 / 9 月，免費用戶最多可上傳 5 份檔案，Plus 用戶則是 25 份。

```
┌─────────────────────────────────────────┐
│ 📁 第一季行銷規劃           [新增檔案] ─① │
│                                         │
│ + 在 第一季行銷規劃 的新聊天    🎤  ⋮⋮⋮   │
└─────────────────────────────────────────┘

              ⬇        ② 點這邊上傳檔案

┌─────────────────────────────────────────┐
│ 專案檔案                   [新增檔案]  × │
│                                         │
│  📄 進度規劃.pdf      ┐                 │
│     PDF               │                 │
│                       │                 │
│  📄 圖庫小提醒.txt    ├─ ③ 已上傳的資料 │
│     文件              │                 │
│                       │                 │
│  📄 list.py           ┘                 │
│     Python                              │
└─────────────────────────────────────────┘
```

--- **TIP** ---

目前測試支援：txt、pdf、docx、pptx、圖檔、程式檔。讀者可自行上傳測試，看看你的檔案是否能被使用。

2-6 電腦版語音對話功能

　　ChatGPT 在桌面應用程式（Windows 和 macOS）以及網頁版都支援**進階語音模式**，讓使用者可以直接以自然的說話來提問，並收到 ChatGPT 的語音回覆，帶來更自然且即時的互動體驗。語音設定也可以切換不同的聲音風格，讓回覆聽起來更個人化。

　　據官方表示隨著 GPT-5 推出，舊版的進階語音模式將於 2025 年 9 月 9 日停止服務，統一升級為更自然、更流暢的「ChatGPT Voice」模式。

> **TIP**
>
> 目前網頁版的進階語音模式,還無法讀取電腦螢幕內容,因此仍無法達到最佳的互動效果 (例如直接協助查看開發環境中的程式碼,或是開啟 PDF 檔案進行問答等功能)。相關功能可參閱第 6 章,透過手機或電腦版 App 啟用。

電腦版語音對話功能應用靈感

1. **無限輔導**:適合學生或終身學習者,語音問答持續深入複雜主題。
2. **模擬面試練習**:以語音模擬面試情境,提高口語表達流暢度。
3. **語言發音調整**:透過聲音校正發音、模擬不同口音練習。
4. **銷售簡報練習**:語音模擬客戶互動,練習推銷技巧。

一對一即時模擬面試

我們這裡假設一個情境:讓 AI 當您的即時模擬面試官,善用 ChatGPT 即時問答功能,增加面試練習的真實感。

step 01 **上傳個人資料與提供職缺資訊**:

① 先將你的個人履歷上傳給 ChatGPT 讀取

履歷.pdf
PDF

詢問任何問題

②

https://www.104.com.tw/job/8tiq4?jobsource=company_job
你是這個職位的面試官,我打算應徵連結裡的職位,請幫我進行模擬面試

③ 再提供你想要應徵的職位連結給 ChatGPT,並說明你的目的是要進行模擬面試

④

2-27

step 02 啟動語音對話，開始模擬面試：

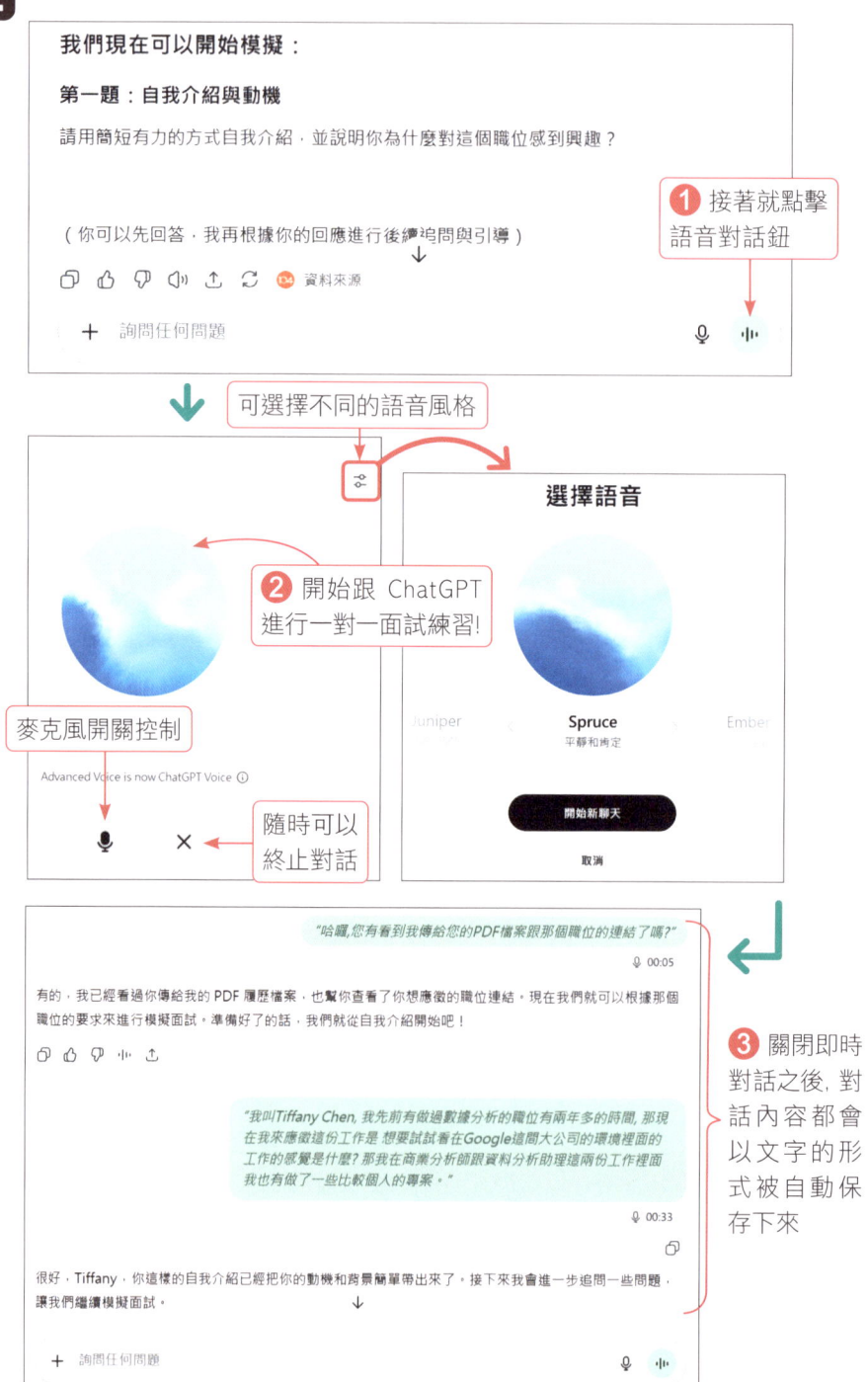

我們現在可以開始模擬：

第一題：自我介紹與動機

請用簡短有力的方式自我介紹，並說明你為什麼對這個職位感到興趣？

（你可以先回答，我再根據你的回應進行後續追問與引導）

❶ 接著就點擊語音對話鈕

可選擇不同的語音風格

選擇語音

Juniper　**Spruce** 平靜和肯定　Ember

開始新聊天

取消

❷ 開始跟 ChatGPT 進行一對一面試練習！

麥克風開關控制

Advanced Voice is now ChatGPT Voice

隨時可以終止對話

"哈囉，您有看到我傳給您的PDF檔案跟那個職位的連結了嗎？"
00:05

有的，我已經看過你傳給我的 PDF 履歷檔案，也幫你查看了你想應徵的職位連結。現在我們就可以根據那個職位的要求來進行模擬面試。準備好了的話，我們就從自我介紹開始吧！

"我叫Tiffany Chen，我先前有做過數據分析的職位有兩年多的時間，那現在我來應徵這份工作是想要試試看在Google這間大公司的環境裡面的工作的感覺是什麼？那我在商業分析師跟資料分析助理這兩份工作裡面我也有做了一些比較個人的專案。"
00:33

很好，Tiffany，你這樣的自我介紹已經把你的動機和背景簡單帶出來了。接下來我會進一步追問一些問題，讓我們繼續模擬面試。

❸ 關閉即時對話之後，對話內容都會以文字的形式被自動保存下來

2-28

3
CHAPTER

AI Agent 代理模式和各種對話工具應用

本章將介紹 ChatGPT 的進階應用工具，協助你在不同情境下靈活運用 AI。從 Agent Mode 代理模式的自動化操作，到 Connectors 連接器的外部資源串接，再到 Study Mode 學習模式的輔助學習與 Canvas 畫布模式的協作；也有任務提醒小工具 Task 排程功能，以及做研究非常好用的 Deep Research 深入研究，全面展現 ChatGPT 的多元能力，每一項功能都大大提升我們操作 ChatGPT 的效率、深度跟廣度。

3-1 Deep Research 深入研究功能

ChatGPT 的深入研究 (Deep Research) 算是推理功能的超進化版,具備上網搜尋、分析大量資料、推理與整理資訊的能力。OpenAI 表示這項功能專為金融、科學、工程等專業領域打造,有助於那些需要精確可靠數據的研究人員。簡單來說就是一位超級研究助理,用驚人的速度幫你找四面八方的資料、做篩選整理、最終做成一份完整的報告。

- **多步拆解與推理**:能將複雜問題拆解成子議題逐步分析,例如同時探討政策、國別差異與經濟影響等面向。
- **即時網路檢索 + 來源說明**:在網路上搜尋並提供內嵌引用,每個結論都有來源可追蹤。
- **結構化報告**:整合多種資料來源,從中歸納同意點、差異或待驗證項目,產出有層次的研究報告。
- **支援上傳文件**:可以結合使用者提供的 PDF、試算表等。
- **處理時間約 5 - 30 分鐘**:研究任務會花較多時間需要耐心等待。

目前 OpenAI 已開放 Deep Research 功能給所有使用者,不同類型的用戶擁有的點數額度不同,每提出一個問題會消耗 1 點。截至 2025 年各類型用戶的使用額度如下:

- **Pro 用戶**:每月 250 次。
- **Plus 用戶**:每月 25 次。
- **Free 用戶**:每月 5 次。

TIP

關於 Deep Research 詳細資訊,建議還是以官方說明為主:https://openai.com/zh-Hant/index/introducing-deep-research/?utm_source=chatgpt.com

從對話框開啟 → 深入研究功能

會顯示當月的使用額度

範例：生活現象的科學解讀與改善方案

我們以日常生活中搭公車會出現的狀況為例，示範深入研究功能如何幫我們挖掘生活中的科學原理，並提出可能的改善建議。

step 01　提問：在對話框中提出問題，特別的是 Deep Research 在接收問題後，可能會先反問我們問題。這樣的機制能夠確認問題的精確性，避免提供與需求不符的答案。

❶ 提出問題，請 ChatGPT 分析發生的可能性，還有提出改善建議

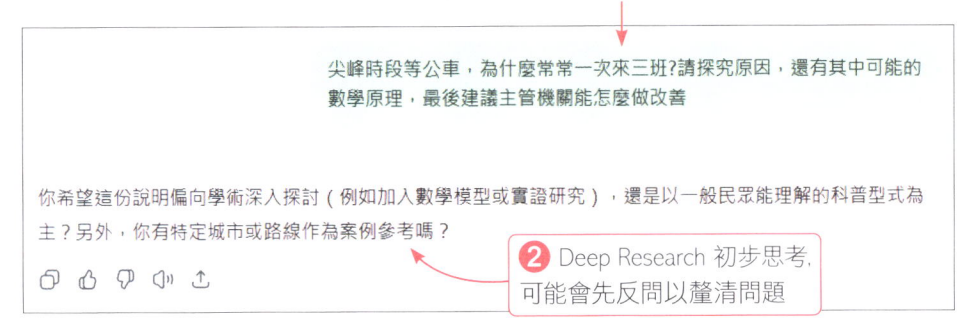

> 尖峰時段等公車，為什麼常常一次來三班?請探究原因，還有其中可能的數學原理，最後建議主管機關能怎麼做改善

> 你希望這份說明偏向學術深入探討（例如加入數學模型或實證研究），還是以一般民眾能理解的科普型式為主？另外，你有特定城市或路線作為案例參考嗎？

❷ Deep Research 初步思考，可能會先反問以釐清問題

step 02　等待 Deep Research 解答：Deep Research 可能會花 5～30 分鐘的時間進行搜索跟推理。得到的文章高達 5026 字，內容詳盡、層次分明，篇幅跟深度都超過使用 GPT-5 及網路搜尋功能得到的結果。

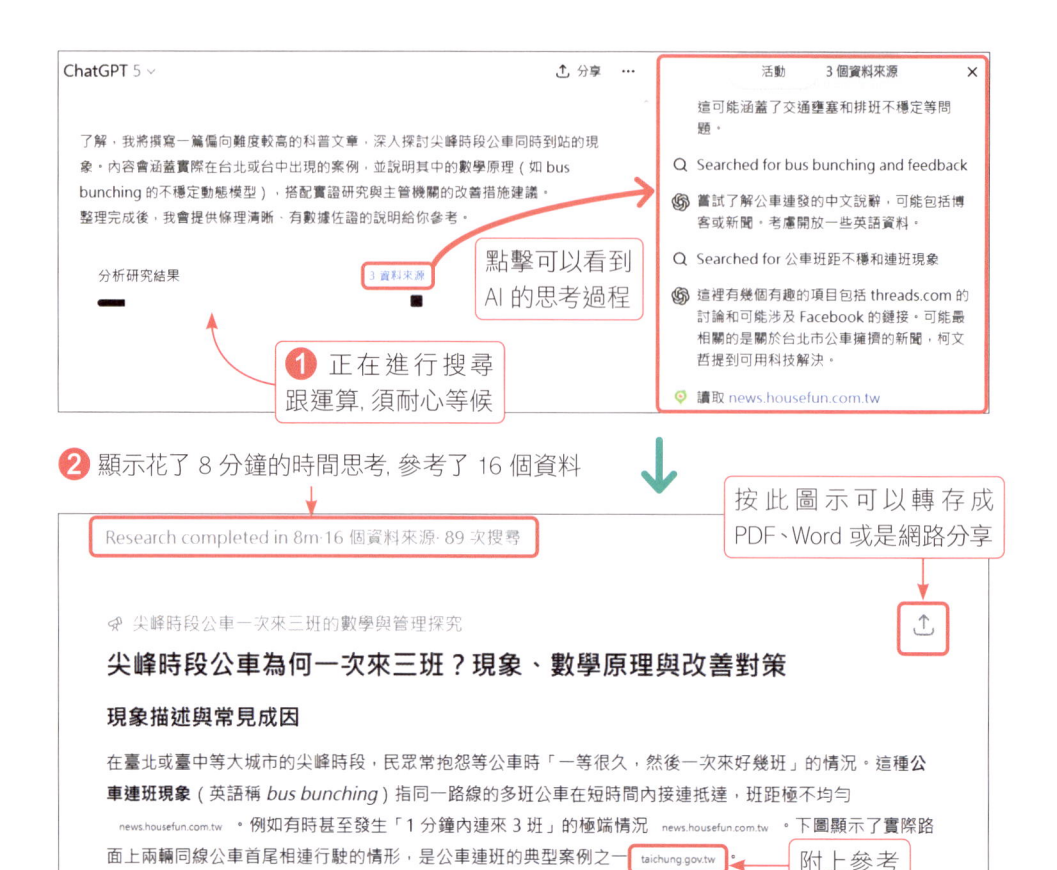

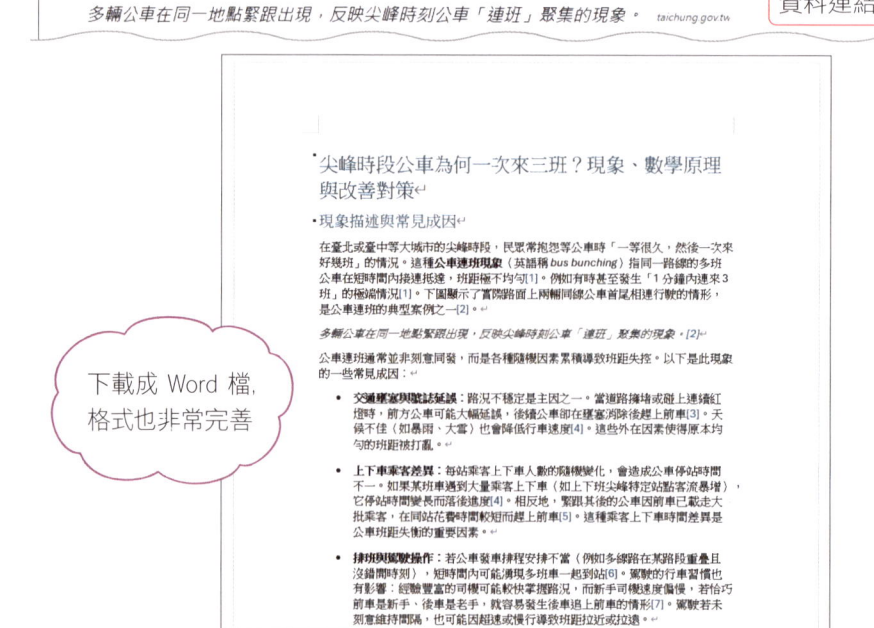

ChatGPT 5

了解，我將撰寫一篇偏向難度較高的科普文章，深入探討尖峰時段公車同時到站的現象。內容會涵蓋實際在台北或台中出現的案例，並說明其中的數學原理（如 bus bunching 的不穩定動態模型），搭配實證研究與主管機關的改善措施建議。整理完成後，我會提供條理清晰、有數據佐證的說明給你參考。

分析研究結果

3 資料來源

活動　3 個資料來源

- 這可能涵蓋了交通壅塞和排班不穩定等問題。
- Q Searched for bus bunching and feedback
- 嘗試了解公車連發的中文說辭，可能包括部落格或新聞，考慮開放一些英語資料。
- Q Searched for 公車班距不穩和連班現象
- 這裡有幾個有趣的項目包括 threads.com 的討論和可能涉及 Facebook 的鏈接。可能最相關的是關於台北市公車擁擠的新聞，柯文哲提到可用科技解決。
- 讀取 news.housefun.com.tw

① 正在進行搜尋跟運算，須耐心等候

點擊可以看到 AI 的思考過程

② 顯示花了 8 分鐘的時間思考，參考了 16 個資料

Research completed in 8m · 16 個資料來源 · 89 次搜尋

按此圖示可以轉存成 PDF、Word 或是網路分享

尖峰時段公車一次來三班的數學與管理探究

尖峰時段公車為何一次來三班？現象、數學原理與改善對策

現象描述與常見成因

在臺北或臺中等大城市的尖峰時段，民眾常抱怨等公車時「一等很久，然後一次來好幾班」的情況。這種**公車連班現象**（英語稱 *bus bunching*）指同一路線的多班公車在短時間內接連抵達，班距極不均勻 news.housefun.com.tw。例如有時甚至發生「1 分鐘內連來 3 班」的極端情況 news.housefun.com.tw。下圖顯示了實際路面上兩輛同線公車首尾相連行駛的情形，是公車連班的典型案例之一 — taichung.gov.tw

附上參考資料連結

多輛公車在同一地點緊跟出現，反映尖峰時刻公車「連班」聚集的現象。taichung.gov.tw

尖峰時段公車為何一次來三班？現象、數學原理與改善對策

現象描述與常見成因

在臺北或臺中等大城市的尖峰時段，民眾常抱怨等公車時「一等很久，然後一次來好幾班」的情況。這種**公車連班現象**（英語稱 *bus bunching*）指同一路線的多班公車在短時間內接連抵達，班距極不均勻[1]。例如有時甚至發生「1 分鐘內連來 3 班」的極端情況[1]。下圖顯示了實際路面上兩輛同線公車首尾相連行駛的情形，是公車連班的典型案例之一[2]。

多輛公車在同一地點緊跟出現，反映尖峰時刻公車「連班」聚集的現象。[2]

公車連班通常並非刻意同開，而是各種隨機因素累積導致班距失控。以下是此現象的一些常見成因：

- **交通壅塞與號誌延誤**：路況不穩是主因之一。當道路擁塞或碰上連續紅燈時，前方公車可能大幅延誤，後續公車卻在壅塞消除後趕上前車[3]。天候不佳（如暴雨、大霧）也會降低行車速度[4]。這些外在因素使得原本均勻的班距被打亂。

- **上下車乘客差異**：每站乘客上下車人數的隨機變化，會造成公車停站時間不一。如果某班車遇到大量乘客上下車（如上下班尖峰特定站點客流暴增），它停站時間變長而落後[4]。相反地，緊跟其後的公車因前車已載走大批乘客，在同站花費時間較短而趕上前車[5]。這種乘客上下車時間差異是公車班距失穩的重要因素。

- **排班與駕駛操作**：若公車發車排程安排不當（例如多線路在某路段重疊且沒錯開時刻），短時間內可能擠現多班車一起到站[6]。駕駛的行車習慣也有影響：經驗豐富的司機可能較快掌握路況，而新手可能速度偏慢；若恰巧前車是新手，後車是老手，就容易發生後車追上前車的情形[7]。駕駛若未刻意維持間隔，也可能因超速或慢行導致班距拉近或拉遠。

下載成 Word 檔，格式也非常完善

3-4

3-2 Connectors 連接器

ChatGPT 的 Connectors 功能讓你將常用工具 (如 Google Drive、Dropbox、HubSpot、GitHub、Notion 等) 連接至對話介面,讓你在對話中直接搜尋、摘要或分析雲端文件與資料。小提醒,這個功能目前只開放給付費帳戶,免費帳戶只能連接第 1 章介紹的網路硬碟,其他都還不能使用。

> **TIP**
> 團隊、企業、教育版、Pro版的用戶各自支援不同的連結對象,詳細內容請看官方說明:https://help.openai.com/en/articles/11487775-connectors-in-chatgpt

啟用 Connectors

可以從「設定」來連結應用程式,提前指定資料來源 (如 Google Drive、GitHub)。

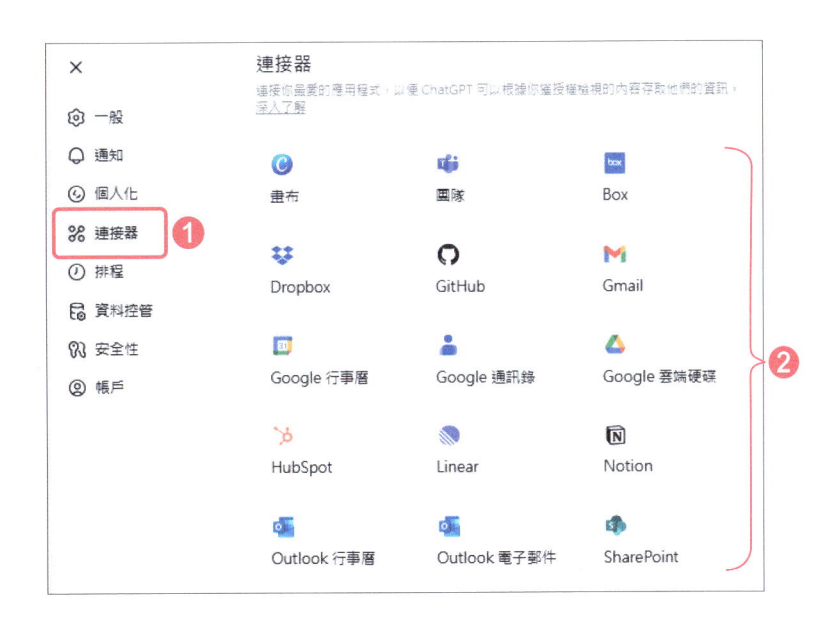

或是直接從「深入研究」對話模式啟用 Connectors 也可以。

在這邊示範先從「**設定**」開啟 Connectors，先點**左下角的使用者圖示** -「**設定**」-「**連接器**」，再點擊任一個你想要連結的應用程式。我們在此示範連接 Gmail，連接過程中，系統會要求你輸入 Gmail 帳號密碼。

連線完成後的畫面如下圖所示。若需要中斷連線，點擊「**管理**」即可。

範例：找尋 Gmail 中的特定郵件進行分析

假設情境如下：我們長期訂閱了某家專精於創作者領域的電子報，希望請 ChatGPT 協助瀏覽 Gmail 中所有相關的電子報內容，並統整出特定所需的資訊。

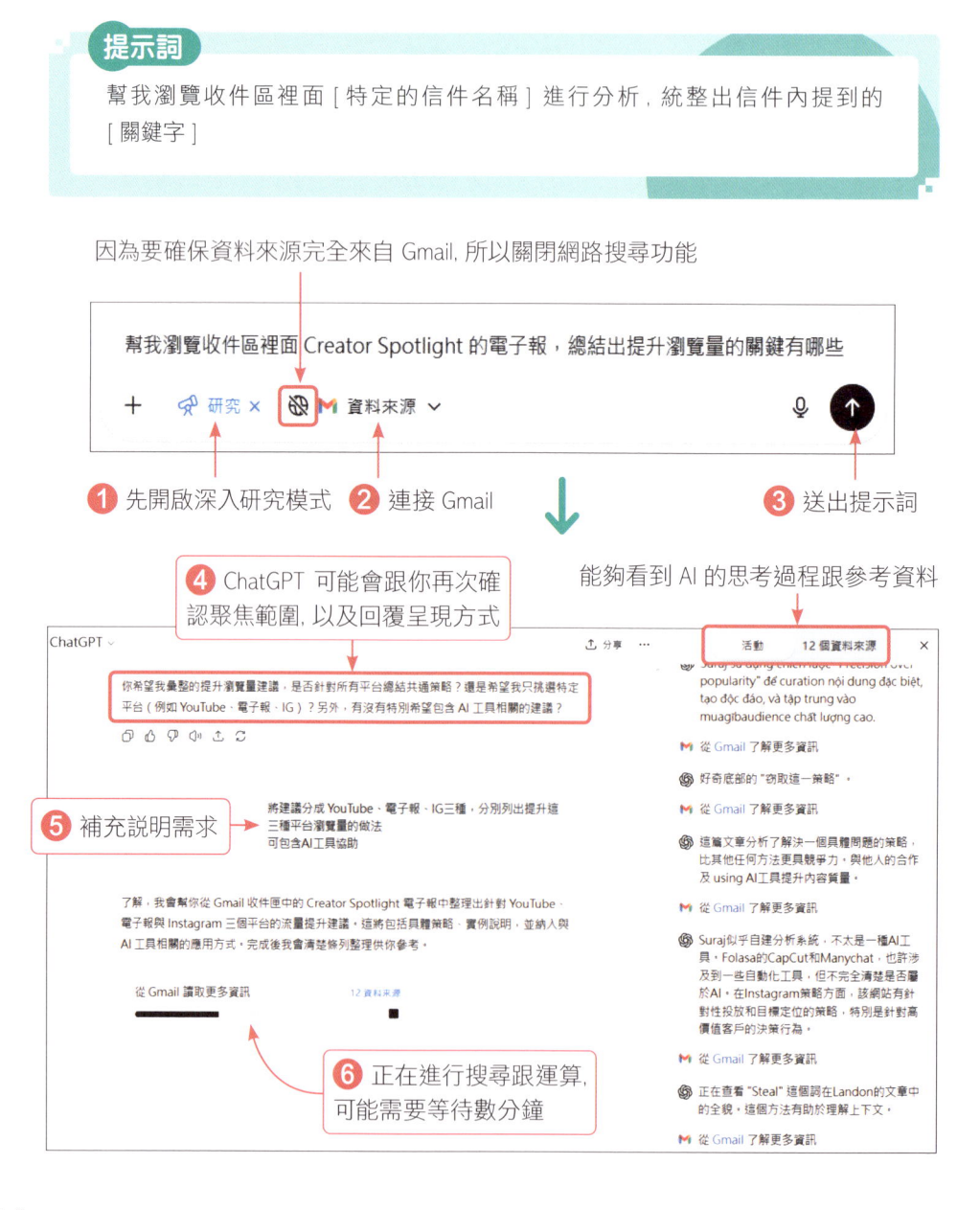

> **提示詞**
>
> 幫我瀏覽收件區裡面 [特定的信件名稱] 進行分析，統整出信件內提到的 [關鍵字]

因為要確保資料來源完全來自 Gmail，所以關閉網路搜尋功能

幫我瀏覽收件區裡面 Creator Spotlight 的電子報，總結出提升瀏覽量的關鍵有哪些

❶ 先開啟深入研究模式　❷ 連接 Gmail　❸ 送出提示詞

❹ ChatGPT 可能會跟你再次確認聚焦範圍，以及回覆呈現方式

能夠看到 AI 的思考過程跟參考資料

你希望我彙整的提升瀏覽量建議，是否針對所有平台總結共通策略？還是希望我只挑選特定平台（例如 YouTube、電子報、IG）？另外，有沒有特別希望包含 AI 工具相關的建議？

❺ 補充說明需求

將建議分成 YouTube、電子報、IG三種，分別列出提升這三種平台瀏覽量的做法
可包含AI工具協助

了解，我會幫你從 Gmail 收件匣中的 Creator Spotlight 電子報中整理出針對 YouTube、電子報與 Instagram 三個平台的流量提升建議，這將包括具體策略、實例說明，並納入 AI 工具相關的應用方式。完成後我會清楚條列整理提供你參考。

從 Gmail 讀取更多資訊　　12 資料來源

❻ 正在進行搜尋跟運算，可能需要等待數分鐘

3-8

最後整理出的內容清晰有條理　　　　　　　確實引用了收件匣中的所有電子報

電子報（Newsletter）流量提升策略

將游標移至資料來源處，會顯示引用的特定信件

Connectors 其他應用靈感

> **提示詞**
>
> 請在 [儲存位置] 中找到 [檔案名稱]，並根據該檔案內容制定 [輸出類型]，用於 [應用目標]。

1. 使用 Gmail + Deep Research：

- 進行客戶情感與風險分析，檢視客戶關係，找出可以改善的地方。
- 總結最近跟客戶的會議紀錄。
- 追蹤重要客戶的郵件，如果有需要回信的郵件，請 ChatGPT 幫忙草擬回信（可以接著安排 3-6 小節 Task 排程功能，讓它變成每天固定推播給你的訊息）。

1. **使用 Google Calendar**：找出所有已經敲定的會議時間，並且總結出當周的會議列表。

2. 找到「客戶滿意度調查報告」，並根據調查結果制定具體改善措施，以提升服務品質。

3. 找到「市場分析報告」，並根據該報告制定下季度的投資配置建議。

4. 在共享資料夾中找到「產品開發需求文件」，並制定詳細的執行時程表，確保專案如期完成。

5. 找到「iPAS AI 應用規劃師初級教材」，並根據該檔案制定一個30天學習計劃。

3-3 Agent Mode 代理程式模式

　　ChatGPT Agent Mode 是 OpenAI 在 2025 年 7 月推出的新功能，讓 ChatGPT 從單純的對話工具，升級成能「思考並行動」的智慧助理！目前開放給 Plus、Pro、Team、Enterprise 或 Edu 等付費方案使用者使用，免費用戶還無法體驗到這個功能。

- 內建專屬的「虛擬電腦」，能自主規劃流程、執行複雜的多步驟任務，例如瀏覽網頁、操作網站、執行程式碼、處理文件等。

- 整合了 OpenAI 早期開發的 Operator (能模擬滑鼠點擊、鍵盤輸入等操作) 和 Deep Research (深入分析與總結)，形成統一的助理系統，讓「研究」與「執行」之間的切換更加流暢。

- 能使用 GUI 瀏覽器、文字瀏覽器、終端機 (Terminal) / 程式碼執行環境 (Code Interpreter)、API 存取。

- 可對接 Gmail、Google Drive、Google Calendar、GitHub、Notion 等應用；可輸出 PowerPoint (.pptx) 以及 Excel (.xlsx) 格式的文件。

簡單來說就像是新一代汽車的自動駕駛系統,讓一位智慧助理直接幫你操作電腦任務,能自主完成多個步驟的流程,並擁有工具切換與判斷能力。同時允許使用者介入跟控制,讓人類依然保有最終決策權。

使用 Agent Mode 代理模式的注意事項

1. **清楚說明工作內容和步驟**:避免太籠統的指示,這樣很難讓 AI 代理助理發揮最好效果。當你詳細列出具體需求時,它就能提供更精準的協助。
2. **設定明確的判斷條件**:如果 AI 代理助理在執行你給的指示過程中,遇到不符合預期的狀況,或面臨多種複雜情境,建議你可以事先設定判斷條件 (例如:如果無法完成 A 任務,那就改執行 B 任務)。
3. **採用流程化的溝通方式**:善用步驟清單,讓 AI 代理助理能夠按照你安排的順序,一步一步完成任務。

啟用 Agent Mode

付費用戶在任一對話框點擊「**代理程式模式**」,或直接輸入「**/agent**」指令啟動。啟用後,你只要以自然語言描述你想完成的任務,代理便會開始執行;若遇到需要確認或進一步資訊,它會暫停並且詢問你。

範例：打造訓練計畫並自動安排行程

想開始建立一個新習慣，卻不知道如何規劃嗎？現在可以請 ChatGPT Agent Mode 當你的個人教練！這次以健身為案例，讓它根據你的狀況和目標設計個人化的健身菜單，再自動將訓練時間標記在你的 Google 日曆上，督促你完成規律運動的好習慣。

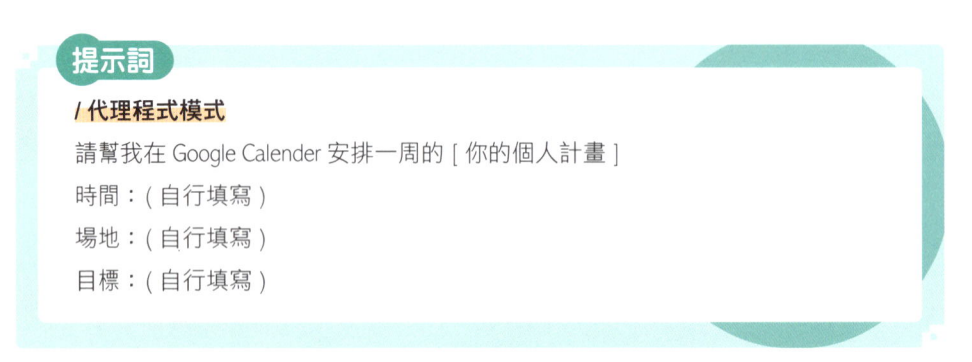

提示詞

/ 代理程式模式
請幫我在 Google Calender 安排一周的 [你的個人計畫]
時間：(自行填寫)
場地：(自行填寫)
目標：(自行填寫)

① 提出需求
請幫我在 google calender 安排一周的肌耐力訓練計劃
訓練時間為每天上午7~8點、晚上8~10點
場地：健身房、家中
目標：提升肩膀肌群、核心肌群、大腿肌群

已處理 27 秒

accounts.google.com

Sign in
to continue to Google Drive

② ChatGPT 會請你登入 Google 帳號，你可以直接在小視窗畫面內進行帳號登入

已為您打開 Google 日曆，但目前正在顯示 Google 帳戶登入畫面。需要您先登入才能繼續排程。請使用「Take over」功能，輸入您的 Google 帳號與密碼完成登入，登入完成後告訴我，接著我會幫您建立一週的肌耐力訓練行程。

登入

↓

3-12

❸ 成功登入帳號後，點選「結束控制」，接下來就可以放心交給 AI Agent Mode 去操作

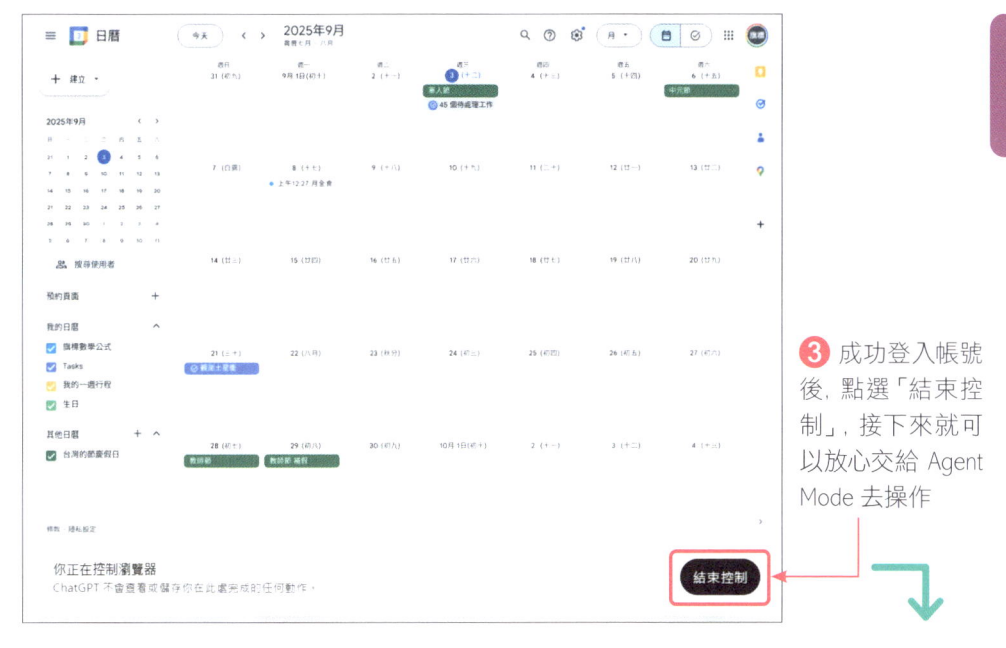

TIP

有時候登入畫面會出現反覆跳轉或不穩定的現象，此時可以直接在小視窗裡開啟新分頁，手動前往 Google 登入畫面再輸入帳號密碼，多試幾次通常就能成功登入。

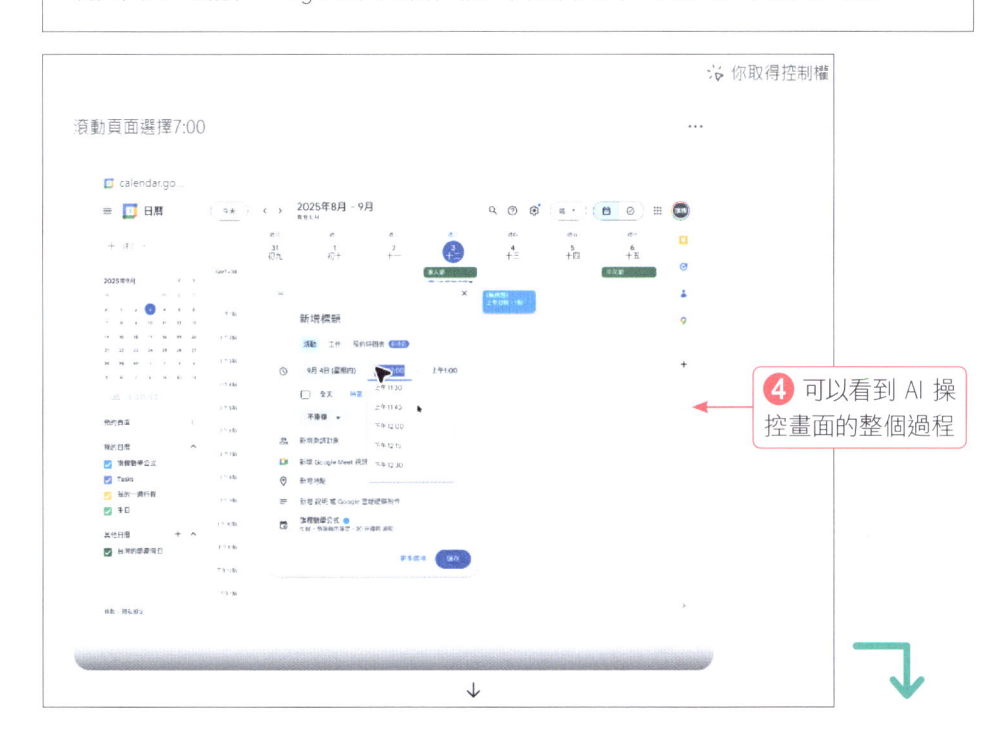

---

❹ 可以看到 AI 操控畫面的整個過程

第 3 章　AI Agent 代理模式和各種對話工具應用

3-13

❺ 對話框顯示操作已經結束

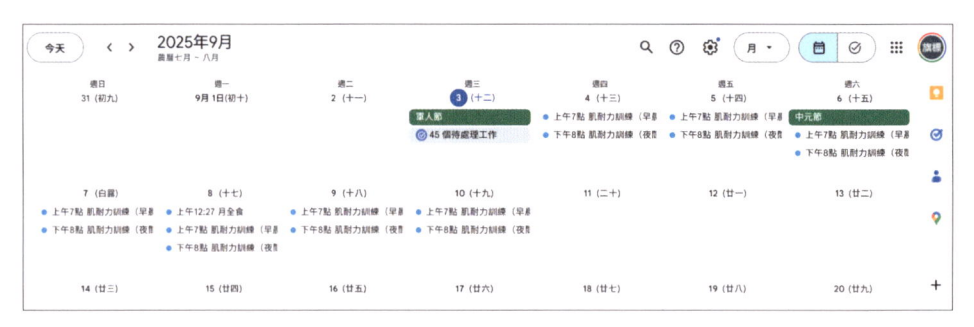

你已經成功登入 Google 日曆並建立了 7 天的肌耐力訓練行程，分早晚兩個時段。早上 7:00–8:00 在家中、晚上 20:00–22:00 在健身房，持續至 9 月 10 日結束。活動名稱、重複規則、地點及說明都已設定妥當，並在日曆上顯示為藍色事件。如有需要調整或取消，隨時告知即可。

▲ 前往 Google 日曆，發現 AI 確實幫我們安排好了健身行事曆

範例：依照檔案內容自動命名有意義的檔名

現在上班族每天經手的檔案無數，有時太忙，檔案隨手就用預設值或 111、555 這類名稱存檔，時間一久資料夾中一堆這種無意義的檔案，重要和不重要的都混在一起，也不知道該不該刪？

（這種無意義的檔案名稱，相信你一定不陌生）

以往要好好整理這些檔案，只能耐著性子，一個一個打開來檢查、再重新命名，如果檔案數量很多，其實要花不少時間整理，毫無其他辦法。隨著 AI 應用越來越成熟，我們可以讓 ChatGPT 依據內容給你檔案的命名建議，再搭配**代理程式模式**，就可以自動幫你將檔案都修改到位。

接著我們會示範兩種「餵」檔案給 ChatGPT 的方法，再搭配代理模式來檢視並修改檔案名稱。

壓縮檔案當成附件上傳

第一種方式很簡單，成功率也最高，使用 WinRAR、7-zip 等工具，將所有不明檔案一起打包成壓縮檔，然後當作附件上傳給 ChatGPT 處理，然後搭配代理程式模式，並輸入以下提示詞：

> **提示詞**
>
> **/代理程式模式**
>
> 請協助將壓縮檔內的檔案重新命名，依據實際內容調整為可識別的檔名，修改完後再提供下載。

① 上傳打包好的壓縮檔
未命名.zip
壓縮封存檔案

③ 在此輸入提示詞
請協助將壓縮檔內的檔案重新命名，依據實際內容調整為可識別的檔名，修改完後再提供下載。

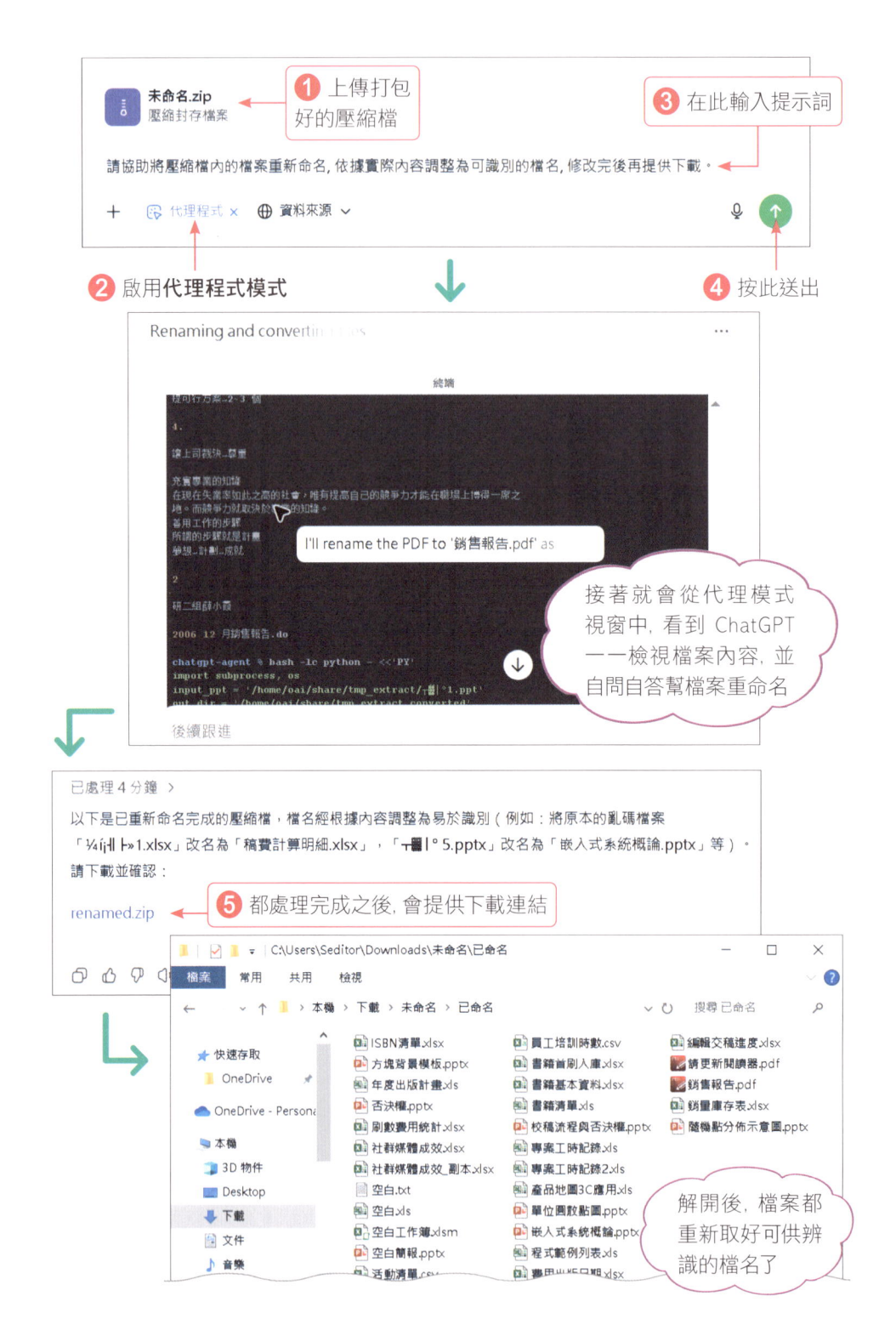

代理程式 × 　資料來源

② 啟用**代理程式**模式

④ 按此送出

Renaming and converting files

I'll rename the PDF to '銷售報告.pdf' as

接著就會從代理模式視窗中，看到 ChatGPT 一一檢視檔案內容，並自問自答幫檔案重命名

已處理 4 分鐘 >
以下是已重新命名完成的壓縮檔，檔名經根據內容調整為易於識別（例如：將原本的亂碼檔案「¼ḯḭḢ »1.xlsx」改名為「稿費計算明細.xlsx」，「┯▓│° 5.pptx」改名為「嵌入式系統概論.pptx」等）。
請下載並確認：

renamed.zip ← ⑤ 都處理完成之後，會提供下載連結

解開後，檔案都重新取好可供辨識的檔名了

3-16

筆者實測這個做法，30~50 個檔案 ChatGPT 都可以應付，檔案更多一點，就開始會「偷懶」漏掉一些不處理，可以追加要求：「請重新檢查哪些檔案沒處理到，針對之前沒處理的檔案，依照先前指示重新命名並提供下載」。如果要改名的檔案真的太多，分批處理會比較妥當。

請 ChatGPT 自行查看網路硬碟內容

先前有示範過，我們可以透過**連接器**讓 ChatGPT 存取網路硬碟的檔案，因此你也可以將檔案上傳到網路硬碟後，讓代理程式透過連接器去查看網路硬碟上的檔案。以下我們會以 Dropbox 來示範，請先完成 Dropbox 的連接：

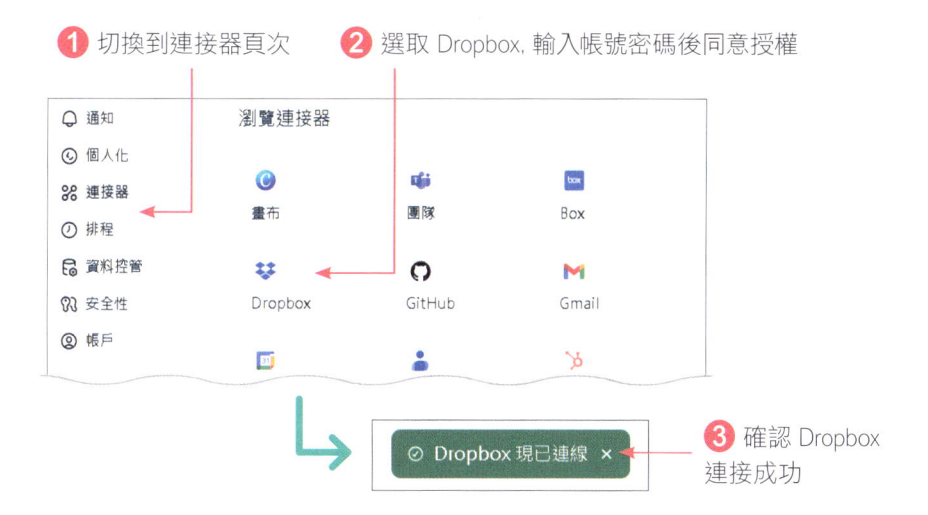

❶ 切換到連接器頁次　❷ 選取 Dropbox，輸入帳號密碼後同意授權

❸ 確認 Dropbox 連接成功

接著就可以啟用**代理程式模式**，並開啟連接器，讓 ChatGPT 自行查看檔案內容，並自行判斷適當的檔案名稱：

> **提示詞**
>
> /代理程式模式
> /使用連接器
> 請協助將 Dropbox 內的檔案，依據檔案實際內容更改為可識別的檔名，修改完後再提供下載。

請協助將壓縮檔內的檔案重新命名，依據實際內容調整為可識別的檔名，修改完後再提供下載。

❸ 輸入更改檔案的要求

❶ 開啟**代理程式**模式

❷ 使用連接器並選擇 Dropbox

❹ 按此送出

代理程式模式與連接器搭配使用

慎選連接器
僅使用執行任務所需的連接器有助於降低隱私風險。

不可靠的網站可能會取得你的資料
代理程式模式旨在尊重你的隱私，但惡意網站可能會誘騙它從連接器分享資料。
深入了解

關閉連接器　　我了解

❺ 初次搭配連接器使用代理模式，會提醒你有安全風險，請按此確認

連接器

正在搜尋 Dropbox

由於已經先設好連接器，因此不需要登入，ChatGPT 就可以查看 Dropbox 內容，因此請確認連接的網路服務無私密檔案或重要個資

（檢視內容並修改檔名中）

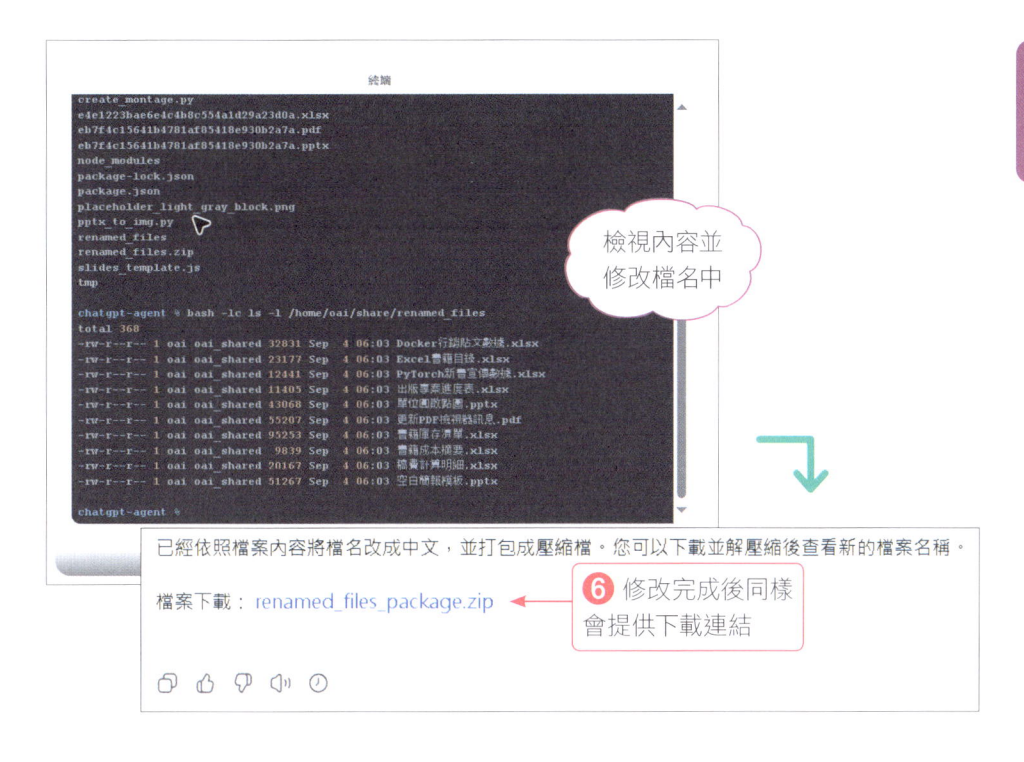

（⑥ 修改完成後同樣會提供下載連結）

此方法雖然方便，不受 ChatGPT 上傳檔案的限制，但目前代理模式仍沒辦法取得網路硬碟上的完整檔案清單，實際上運作是透過關鍵字或檔案類型查詢，常會漏失檔案沒有處理到，上述範例原始 30 個檔案中，最後只有更改了約一半的檔案。再者，跟 Google 硬碟相比，由於 Dropbox 只有檔案儲存服務，比較不會有隱私問題，而且實測後的執行結果通常比較好，提供您參考。

Agent Mode 其他應用靈感

1. **安排會議**：檢查 Google 行事曆後，擬定適合的會議時間。
2. **旅遊規劃與預訂**：搜尋航班、住宿選項，評比替代方案，彙整預算表與行程表。
3. **資料彙整與比對**：處理網站資訊，並產出摘要報告。
4. **知識庫助理**：連接檔案或知識庫，快速檢索資料。
5. **例行報表自動化**：每週固定抓取指標數據、更新試算表或簡報。

6. **Web 自動操作 / 電腦使用**：在瀏覽器環境實際點擊、輸入與下載, 做表單填寫、QA 流程等。

依照筆者的經驗, 只要是處理的邏輯單純、但要反覆執行很多遍的任務, 都滿適合請代理程式代勞。但若任務要處理的步驟或要判斷的條件較多、較複雜, 會增加 AI 代理的難度, 時間一拉長, 代理程式模式常會跑到一半就停止回應。可以先觀察 AI 代理會卡住、花比較多時間處理的程序是哪個階段, 再視情況調整你的任務內容試試看。

3-4 Study Mode 學習模式

Study Mode 學習模式是 ChatGPT 裡一個專門為學習設計的功能。和一般 ChatGPT 的「直接給答案」不同, Study Mode 會更像是你的家教或學伴, 透過提問、提示、分步驟講解, 引導你自己思考、理解知識, 而不是單純背答案, 簡而言之它的特色就是**擅長互動、會確認使用者的學習狀況, 並且採用適性的方法進行個人化教學**。目前開放所有用戶都可以使用喔。

啟用 Study Mode

點擊對話框的「**+**」, 找到「**學習與研究 (Study and learn)**」並點擊, 就能開啟學習模式。

範例：帶你推導數學

最簡單的應用就是直接發問, 請它直接一步步引導你思考。

> **提示詞**
> 請帶我一步步理解（請自行填寫）

我們在此先不深入討論教學細節，你可以察覺到 **Study Mode** 相較於一般的對話模式，**它具有更強的互動性**。包括**先跟你確認學習路徑、檢查你現有的知識基礎、教學後提供延伸思考**……等功能，營造出如同真實家教一對一跟你來回問答的學習情境。因此，在對話時讀者遇到任何問題不妨直接提出來，它都會以適合你的方式引導你。

請帶我一步步理解連鎖率的推導過程

已思考 1m 3s

太好了，我們一步一步來學「連鎖率」（也常叫「鏈式法則」）。有兩條路可以推導：
A. 用導數的極限定義（嚴謹版）
B. 用幾何直覺／微分增量（先建立直覺再嚴謹）

你想先走哪一條路：A 還是 B？　　← 它會詢問你想要的學習方式

B

好，先用直覺的「增量」方式來看連鎖率吧。
我們假設有兩個函數：

$$y = f(u), \quad u = g(x)$$

所以整體就是 $y = f(g(x))$。

第一步：想像一個小變化

如果 x 改變一點點，變成 $x + \Delta x$，那麼：

- u 會跟著改變一點：$\Delta u \approx g'(x)\Delta x$
- y 也會跟著改變一點：$\Delta y \approx f'(u)\Delta u$

這裡用的是「導數大約等於函數變化率」的概念。

第四步：取極限

當 $\Delta x \to 0$，近似變成精確：

$$\frac{dy}{dx} = f'(g(x)) \cdot g'(x).$$

這就是鏈式法則！

我想確認一下：
到這裡，你能用自己的話解釋「為什麼會有兩層相乘」的直覺嗎？

> 最後也會再次確認你的學習狀況

> 你說的兩層相乘是指哪

> 不懂也沒關係，大聲說出你的疑問！

好問題 👍
我說的「兩層相乘」指的是 **外層函數的導數 × 內層函數的導數**。

我們再把它拆開來看：

1. 外層函數的導數 $f'(u)$
   - 外層是 $y = f(u)$，它不知道 x，只知道「輸入 u 改變時，y 會怎麼變」。
   - 所以這一層告訴你「如果 u 改變 1 單位，y 會改變多少」。
2. 內層函數的導數 $g'(x)$
   - 內層是 $u = g(x)$，它告訴你「當 x 改變 1 單位，u 改變多少」。
3. 相乘的原因

$$dx \quad du \quad ax$$

   - 就像是兩段影響疊在一起，變化量要一路「傳下去」，自然就要乘起來。

👉 用比喻：
假設「薪水 y」取決於「工時 u」，而「工時 u」又取決於「喝咖啡數量 x」。

- $f'(u)$：工時每多 1 小時，薪水漲多少
- $g'(x)$：每多喝 1 杯咖啡，工時會增加多少
- 合起來：每多喝 1 杯咖啡 → 薪水會多多少 = **兩層相乘**

> ChatGPT 會再細說，也加上更簡單易懂的比喻

範例：讓背單字更高效

面對按照英文字母順序編排的單字書，背誦過程往往很枯燥乏味。透過學習模式，可以幫你分析單字，或是做分類整理，幫助你記憶。當然也能設計相關練習題，並提供錯誤糾正功能。

> **提示詞**
>
> 這是我今天要背的單字，請幫我分析要如何記憶比較快（放上單字）

好的～我們來拆解一下這些單字，幫你找到「快速記憶」的策略，而不是死背。
我會分成 **字首字根記憶、語意聯想、語境分組** 三種方式，這樣你能比較快建立記憶。

1. 字首字根記憶法

- **bio-** (生命) → **biography** (傳記)：「寫一個人的生命故事」
- **chrono-** (時間) → **chronology** (年代學)：「按時間排序」
- **cede/cession** (讓與、走) → **cession** (割讓)：「把土地走出去給別人」
- **col-** (一起) → **collate** (校對/對照)：「把資料放在一起比較」
- **collectivism** → **collective** (集體) + **-ism** (主義)：「集體主義」

提供不同的記法

2. 語意聯想法

- **bloodshed** (流血) → 想像「shed blood」= 流血
- **bombard** (轟炸) → 聯想到 **bomb** 炸彈
- **bondage** (奴役) → 被「綁住 bond」的狀態
- **boom** (繁榮/隆隆聲) → 聯想到「boom!」的聲音或經濟大爆發
- **brutal** (殘忍) → 想像野獸 **brute** 的行為
- **bureaucracy** (官僚制度) → **bureau** (辦公室) + **cracy** (統治)
- **bush** (灌木叢) → 想像布什總統站在樹叢裡 🌳
- **cardinal** (重要的/紅衣主教) → 想到紅衣服很醒目 → 重要
- **captivate** (吸引) → **capture** (抓住) + **-vate** → 抓住注意力

> 請幫我出填空題

好,我來幫你做一份小小的「填空練習」!
我會用你今天的單字設計句子,每題只留一個空格。你先試著填,答完我再幫你檢查。

填空題
1. The general's decision led to heavy _____ during the civil war.
2. Many children in Britain are sent to a _____ where they live and study.
3. The army began to _____ the enemy city with missiles and cannons.
4. Slaves in the past suffered terrible years of _____ and cruelty.

不錯耶～你大部分都有試著填,這樣練習才會真的記起來 👍
我們來一題一題對照一下:

1. The general's decision led to heavy **bloodshed** during the civil war. ✅
2. Many children in Britain are sent to a **boarding school** where they live and study. (你寫 *cramschool*,那是「補習班」,這裡要的是「寄宿學校」)
3. The army began to **bombard** the enemy city with missiles and cannons. ✅
4. Slaves in the past suffered terrible years of **bondage** and cruelty. (你寫 *bandage* → 那是繃帶 😅)
5. The economy experienced a sudden **boom** after the new trade policy. (要用名詞 *boom*,不是 *boomed*)
6. The dictator's rule was known for its **brutal** violence and oppression. ✅

▲ 出考題, 也會在你回答之後幫你改正

範例:讀取網站、制定計畫並直接開始教你

想要自學新領域的你,面對龐大的自學資源難免心生卻步,推薦你先把學習資料提供給 ChatGPT 的 Study Mode 分析,讓它先幫你整理出各章節的重點、制定學習計畫並設計課後練習。又或者請 Study Mode 直接開始教你這些學習資料,這樣能提供多元的學習管道 (用不同的方式學東西,可以增進學習效果喔)。

提示詞

(提供網址或檔案)

這是我要學習的影片清單,請幫我規劃三個月的觀看時程,並提供每一週的:
1. 學習主題

→ 接下頁

3-24

2. 三條該主題的學習重點
3. 兩道題目，附上解答

也請依照難度安排每天的觀看進度

因為 CS50 本來就是設計成 **12 週**課程，我們可以剛好用三個月（12 週）完成。
我會依照影片難度，把長的/難的主題拆成兩天或三天看完，短的主題一天就能看。

📅 CS50 三個月課程計劃

> 此處以哈佛大學 CS50 課程為例來做示範

第 1 個月：基礎邏輯與 C 語言

Week 1 — Scratch

- 重點：
    1. 程式設計的基本概念（迴圈、條件判斷、變數）。
    2. 視覺化積木式程式。
    3. 演算法的基礎思維。
- 題目：
    1. Scratch 的 if/else 積木相當於程式語言中的什麼結構？
        - 解答：相當於「條件判斷 (conditional statement)」。
    2. 請舉一個日常生活可以用迴圈表示的情境。
        - 解答：比如「每天刷牙兩次，持續一個月」。
- 每日進度：
    - Day 1：影片上半段
    - Day 2：影片下半段 + 做 Scratch 練習

Week 2 — C 語言基礎

- 重點：
    1. 語法：變數、資料型態、輸入輸出。
    2. 函式與邏輯結構。
    3. 編譯與執行流程。

▲ 由 Study Mode 幫忙整理重點跟學習進度

提示詞

用（課程計劃或特定講者）的教學方式，從頭開始帶領我逐步學會裡面教的東西

> 用 CS50 講者的教學方式，從week0開始帶領我逐步學會裡面教的東西

好 👍 我來用 CS50 講者的方式帶你走，從 Week 0 (Scratch) 開始。
CS50 的特色是：先用生活例子 → 再用程式比喻 → 再帶你做一個小挑戰。
我們也一樣來玩這個流程。

🎓 Week 0 — Scratch (基礎程式設計)

講者風格開場：

>「計算機科學 (Computer Science) 的核心不只是電腦，而是『解決問題』的能力。今天，我們要用一個積木遊戲 —— Scratch，來理解程式設計的基本元素。」

🧩 Step 1：認識「程式設計的積木」

Scratch 把程式拆成幾種「積木」：

- **順序 (sequence)**：一行一行依序執行。
- **條件 (condition)**：如果 (if)…那麼 (then)…否則 (else)…
- **迴圈 (loop)**：重複做同一件事。
- **變數 (variable)**：像小盒子，用來存數字或文字。

👉 問題給你：
你覺得「每天早上鬧鐘響 → 起床刷牙 → 吃早餐 → 出門」裡面，有沒有「順序」「條件」和「迴圈」的例子？

↓

▲ Study Mode 確實有掌握這份教學資料的風格，也列出簡單的問題

在這次的對話過程中，筆者跟 Study Mode 進行了將近十輪互動 (包含回答問題、筆者主動發問、延伸思考、疑難排解等)，這正是 Study Mode 最具價值的特色——如同擁有一位線上家教進行即時互動，隨時解決你在學習上的問題。

Study Mode 其他應用靈感

- 不提供資料，直接發問，讓 Study Mode 教你。
- 上傳 Word / PDF，請 Study Mode 生成選擇題、填充題、概念圖。
- 提供講義，請 Study Mode 幫忙規劃學習時程、練習題、圖像記憶卡。
- **學習科目**：數學、語言、程式設計、考試準備、哲學思考
- **解數學題**：一步步拆解公式，幫助理解思路。
- **語言學習**：糾正文法、單字，並設計小練習。
- **考試複習**：模擬測驗題目，給予提示而非直接答案。
- **程式設計**：引導思考程式架構與邏輯，而不是貼上完整程式碼。

3-5 Canvas 畫布模式

　　Canvas 畫布模式是專門為**寫作**或**程式設計**打造的功能，目前已開放所有用戶使用。Canvas 模式的介面除了往常的對話框之外，還會在側邊或彈出視窗中多開啟了一個編輯畫面，讓你和 ChatGPT 一起「並肩作業」，共同改寫、註解、編輯內容，就像真實協作一樣。適合使用的情境包含：

1. 想要精修文章內容，還有讓 AI 提供編輯建議
2. 快速調整文章風格，因應不同的讀者群來調整文字表達方式
3. 選取特定的程式碼段落，進行除錯跟註解
4. 比較前後不同版本程式碼的差異
5. 團隊協作一個專案，進行同步編輯跟意見交流回饋

> **TIP**
> 使用 Canvas 功能寫程式的部分，請看後面第 9 章的教學。

啟用 Canvas

關於 Canvas 的啟用方法，可以透過以下三種方式啟動：

1. **自動啟動**：當要求 ChatGPT 撰寫文案或比較長篇的內容時，ChatGPT 就會自動開啟 Canvas 模式來生成內容。此外，如果我們丟給 ChatGPT 較長的文本或程式專案，Canvas 也會自動啟動。

2. **手動啟動**：從對話框左方的「**+**」按鈕進入，點擊「**畫布**」選項即可啟動。

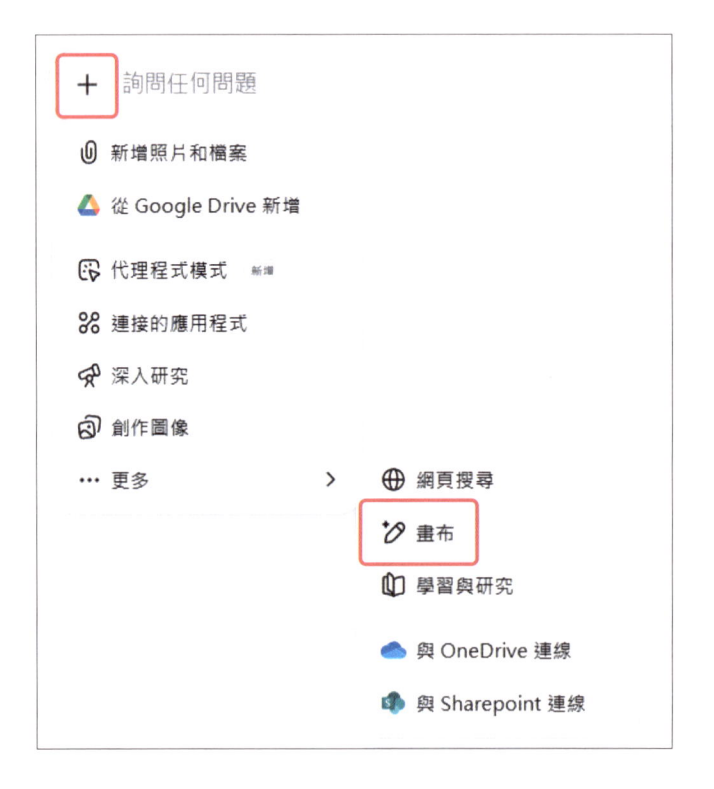

3. **指令啟動**：在對話框中輸入「/canvas」指令，或在提示詞中加入 "開啟畫布"，即可直接啟動。

開始使用 Canvas 模式

在此範例我們將情境設定為：請 ChatGPT 幫忙閱讀一篇由麻省理工學院 (Massachusetts Institute of Technology, MIT) 所撰寫的文章，內容是關於人工智慧耗電問題的專欄，然後將它改寫成一般人都能輕鬆理解的科普短文。

提示詞

(提供文字、網路連結或檔案)

請幫我閱讀這篇文章，並且轉化成一份適合 [目標受眾] 的 [文案類型]

---

https://www.technologyreview.com/2025/05/20/1116327/ai-energy-usage-climate-footprint-big-tech/ 請幫我閱讀這篇文章的連結，並且轉化成一份約1000字、適合大眾閱讀的科普文章

❷ 送出提示詞

🖉 畫布 ✕

❶ 開啟 Canvas 模式

AI 會自動替這個 Canvas 文件取名稱

❸ 點擊即可進入 Canvas 編輯頁面開始工作

能夠選擇下載成 PDF、Word、Markdown 三種格式

Ai Energy Usage

AI 的能源足跡：隱藏在便利背後的環境代價

人工智慧（AI）正快速改變我們的生活。無論是聊天機器人、影像生成工具，還是醫療診斷與教育應用，AI 幾乎無處不在。然而，在這股熱潮背後，隱藏著一個鮮少被大眾關注的問題：能源消耗與碳排放。

為什麼 AI 這麼耗能？

AI 的「聰明」來自於龐大的數據訓練與複雜的計算。訓練一個大型語言模型（如 GPT）需要成千上萬的高效能晶片，持續運作數週甚至數月。這些運算不僅需要穩定的電力，還需要大量水資源來冷卻伺服器。

即便是日常使用，像是問 ChatGPT 一個問題、生成一張 AI 圖片，都需要伺服器進行大量計算。和傳統網頁搜尋相比，AI 問答的能耗可能高出數倍。隨著 AI 應用變得更普及，這種「看不見」的能耗也快速攀升。

修改特定部分的文案

Canvas 模式提供兩個跟 AI 互動的區塊，第一個是左側的原始對話框，第二個是右側 Canvas 的編輯頁面。兩個區域的使用時機和功能各不相同。

左方是原本的對話框，在這裡持續跟 ChatGPT 提出需求跟問問題

右方是 Canvas 編輯頁面，能針對文案的特定部分做精確修改

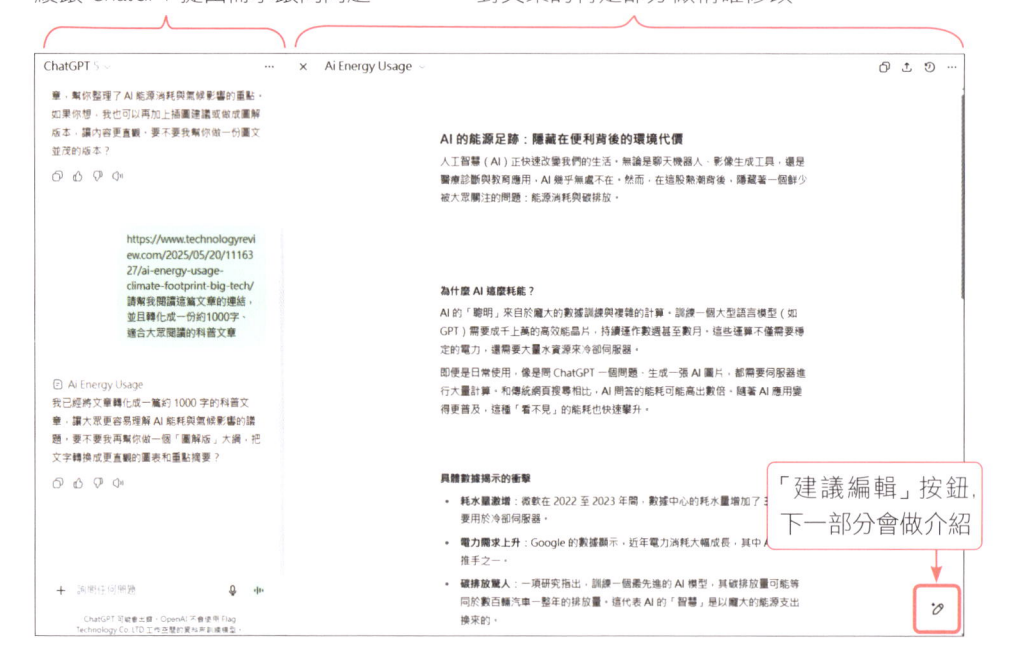

「建議編輯」按鈕，下一部分會做介紹

我們在這裡示範如何請 AI 修改**生成文案的特定內容**：

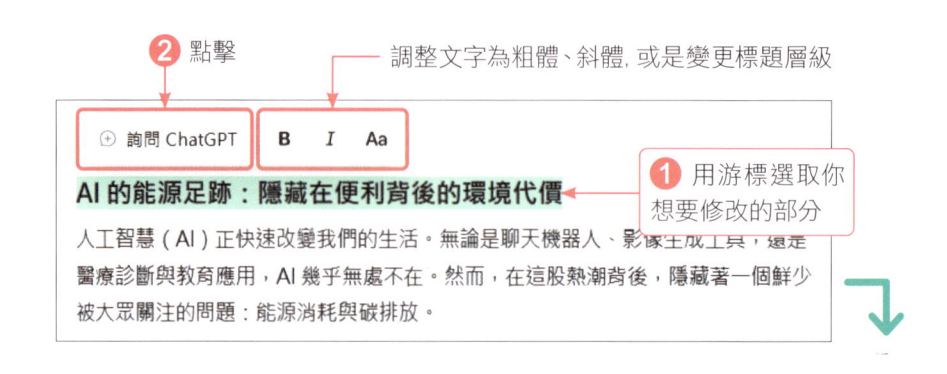

❷ 點擊

調整文字為粗體、斜體，或是變更標題層級

❶ 用游標選取你想要修改的部分

3-30

❸ 針對選取的文字段落，給出希望AI調整的具體要求

請將標題加上來源是MIT　　　　　❹ ⬆

AI 的能源足跡：隱藏在便利背後的環境代價

人工智慧（AI）正快速改變我們的生活。無論是聊天機器人、影像生成工具，還是醫療診斷與教育應用，AI 幾乎無處不在。然而，在這股熱潮背後，隱藏著一個鮮少被大眾關注的問題：能源消耗與碳排放。

⬇　　　❺ 可以看到文字已經依照要求做出修改

MIT 科普專題：AI 能源足跡與隱藏的環境代價

人工智慧（AI）正快速改變我們的生活。無論是聊天機器人、影像生成工具，還是醫療診斷與教育應用，AI 幾乎無處不在。然而，在這股熱潮背後，隱藏著一個鮮少被大眾關注的問題：能源消耗與碳排放。

本文整理自 MIT Technology Review，作者：James O'Donnell 與 Casey Crownhart，發表時間：2025 年 5 月 20 日

當然我們也可以直接對文案進行修改，不一定要透過 AI 來處理。這邊就是筆者自己輸入的文字

讓 AI 針對文案提供建議

如果文案草擬好了，自己看是沒問題，但不知道主管、客戶或是你的受眾是否買單，這個時候最好尋求其他人的建議，要是找不到人問，請 ChatGPT 給你一些意見也是個方法！

❶ 按下建議編輯圖示
(再按 ⬆ 送出)

3-31

❷ 右邊會列出 ChatGPT 的修改建議

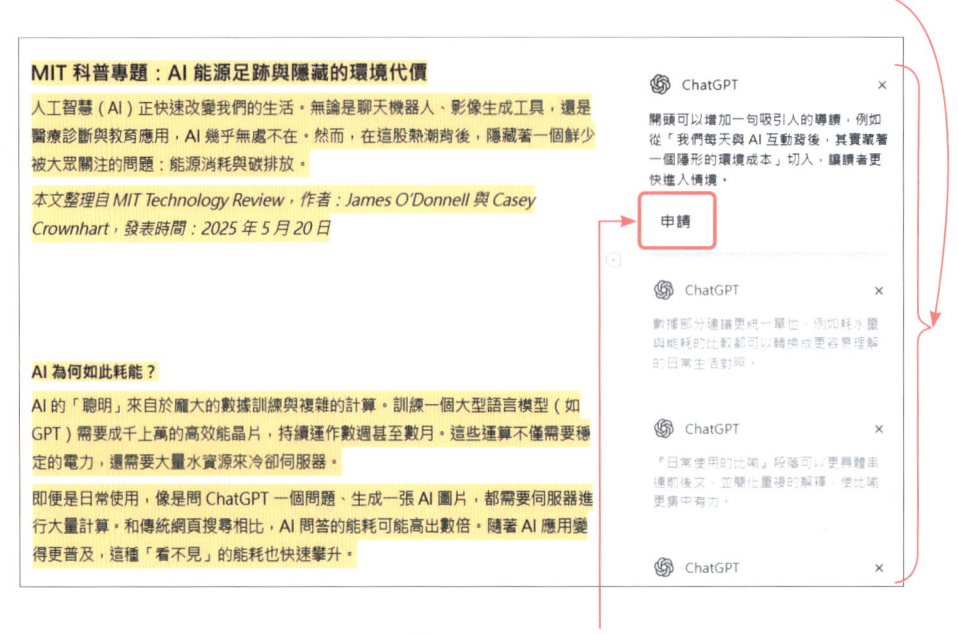

MIT 科普專題：AI 能源足跡與隱藏的環境代價

人工智慧（AI）正快速改變我們的生活。無論是聊天機器人、影像生成工具，還是醫療診斷與教育應用，AI 幾乎無處不在。然而，在這股熱潮背後，隱藏著一個鮮少被大眾關注的問題：能源消耗與碳排放。

本文整理自 MIT Technology Review，作者：James O'Donnell 與 Casey Crownhart，發表時間：2025 年 5 月 20 日

AI 為何如此耗能？

AI 的「聰明」來自於龐大的數據訓練與複雜的計算。訓練一個大型語言模型（如 GPT）需要成千上萬的高效能晶片，持續運作數週甚至數月。這些運算不僅需要穩定的電力，還需要大量水資源來冷卻伺服器。

即便是日常使用，像是問 ChatGPT 一個問題、生成一張 AI 圖片，都需要伺服器進行大量計算。和傳統網頁搜尋相比，AI 問答的能耗可能高出數倍。隨著 AI 應用變得更普及，這種「看不見」的能耗也快速攀升。

❸ 如果你覺得 ChatGPT 的建議合理，就按下此鈕，它就會自動幫你修改內容

> **TIP**
>
> 還是要特別提醒大家，建議將 AI 給出的建議逐一仔細檢視、思考一下合理性。因為 AI 的建議不見得都很實用，有時候會出現建議內容空泛的情況。

切換新舊版本的文案

　　寫過文案或論文的人一定都有經驗，文章改來改去可說是家常便飯，雖然 ChatGPT 不會喊辛苦，但一直生成會出現很多版本，很容易把自己搞到一團亂。還好 Canvas 模式也提供了版本切換功能，可以輕鬆瀏覽各版本的差異，方便你集各版本之大成。

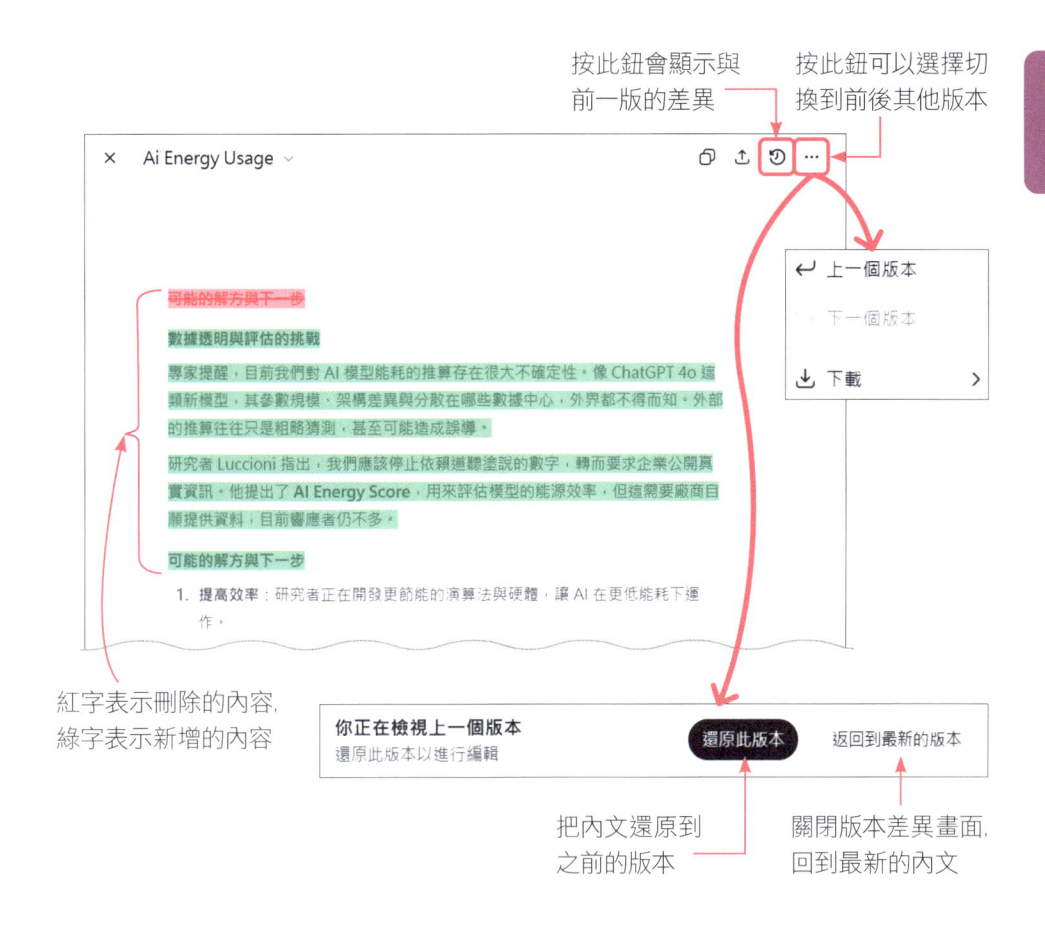

切換不同的 Canvas 檔案

若同一個對話串中有建立多個不同的 Canvas 畫布，可從右上角的圖示快速切換不同的畫布進行編輯。

3-33

調整文章的篇幅跟深度

在調整文章篇幅和深度這部分，由於涉及較專業內容的文章，直接請 AI 調整仍有一定風險，需要讀者逐一檢查確認，因此我們改以社群貼文文案作為範例。

寫文案或任何形式的文章，最常需要考慮的就是要寫多長，還有要寫給誰看，前者決定了文章的篇幅、後者決定文章的深度。Canvas 模式就提供了這樣的功能，可以讓你自行決定文章的篇幅，並可指定文章受眾的教育程度來決定內容深度，幾秒鐘就可以整篇改寫成符合你需求的內容：

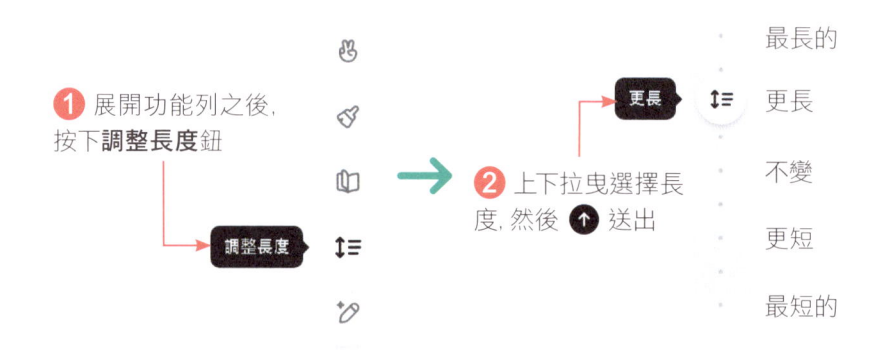

❶ 展開功能列之後，按下**調整長度**鈕

❷ 上下拉曳選擇長度，然後 ↑ 送出

- 最長的
- 更長
- 不變
- 更短
- 最短的

▲ 原始版

▲ 最短的

▲ 更長

3-34

若需要調整文章的深度，操作方式也差不多，同樣是用拉曳的方式調整難度：

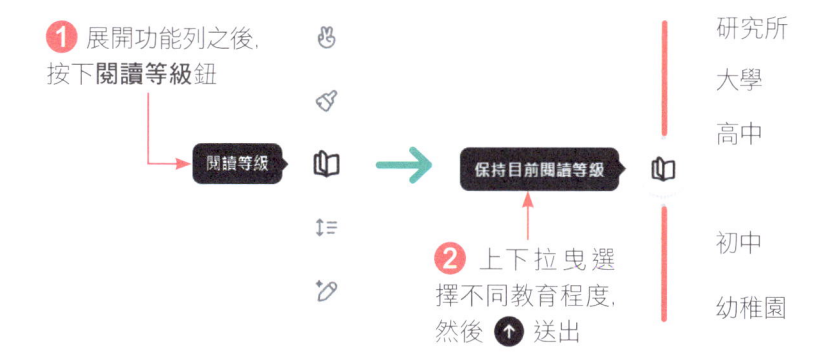

1 展開功能列之後，按下**閱讀等級**鈕

閱讀等級 → 保持目前閱讀等級

研究所
大學
高中
初中
幼稚園

2 上下拉曳選擇不同教育程度，然後 ↑ 送出

新品發布：高粱起士檸檬塔

「Cheese 醉正」再次推動創新，為大家帶來全新口味──**高粱起士檸檬塔**。

這款檸檬塔巧妙融合了高粱酒的濃郁香氣與檸檬的清新酸甜，並搭配順滑的起士慕斯，讓酸甜與酒香完美融合，創造出豐富而多層次的味覺體驗。每一口都如同夏日時分的清涼微醺，讓酒香與酸甜的風味交錯，給予感官深刻的平衡感受。

限量供應，僅在本週末市集首賣！

對這款全新風味感興趣嗎？趕快來「Cheese 醉正」的市集攤位，搶先體驗這場精緻而獨特的味覺旅程！

#新品發布 #高粱起士檸檬塔 #清新微醺 #Cheese醉正 #限量供應 #市集見

▲ 大學生版本

新甜點來了：高粱檸檬小塔！

「Cheese 醉正」有新的好吃甜點──**高粱檸檬小塔**。

這個小塔裡有高粱酒的香香味，還有酸酸的檸檬，再加上滑滑的起士。它酸酸甜甜，很好吃！每一口都像夏天的涼涼感覺，好舒服！

只有這個週末才有喔！

想要嘗嘗看嗎？快來「Cheese 醉正」的攤位試試看吧！

#新甜點 #高粱檸檬小塔 #好吃甜點 #Cheese醉正 #限量供應 #市集見

▲ 幼稚園版本 (用了大量疊字)

文章自動潤飾、加上表情符號

如果內容該提的都有帶到，篇幅、難度也都符合你的需求，就可以準備定稿。最後通常會建議重新讀一遍看是否通順，並檢查是否有錯字。

而 Canvas 的**最終潤飾功能**可以扮演專業潤稿者的角色，但是請注意，**不論 AI 修改的幅度是多還是少，這個功能都會完全重新生成整份文案**。我們光用眼睛瀏覽很難察覺出哪裡有做了修改，因此建議在使用潤飾功能之後，來回比對潤飾前後的版本，方便確認 AI 具體修改過的內容。

展開功能列後按下**加上最後的潤飾**，再按下 ⬆ 送出

如果文章是要在網路社群曝光，還可以加上表情符號，更貼近社群文宣的風格形式：

按下此鈕並按 ⬆ 送出

▲ 可以選擇表情符號要放在文章的哪個位置

> 🆕 🏠：🍶🍋🍋 塔！
>
> 大家喜愛的「Cheese 醉正」又有新突破了！這次，我們帶來了一款充滿驚喜的新口味──🍶🍋🍋 塔！
>
> 這款🍋塔融合了濃郁的🍶香與清新的🍋酸甜，還搭配上順滑的🏠慕斯，🍋、🏠、🍋完美交織，為味蕾帶來前所未有的豐富層次感。每一口都彷彿在品味夏日午後的💥清涼微醺，帶著一點點挑逗的🍶香，讓您沉浸在清新與濃郁的完美平衡中。
>
> **只在本週末的市集限量首賣！**
>
> 想要搶先體驗這份獨特的美味嗎？快來「Cheese 醉正」的攤位，我們等你來一起探索這場味覺的全新冒險！
>
> #🆕 #🍶🍋🍋塔 #微醺清新 #Cheese醉正 #限量首賣 #市集見

▲ 接著就會在內容中穿插各式各樣的 Emoji 符號

— **TIP** —

上述選擇在**文字**中添加 Emoji 符號，通常會太超過，可以請 ChatGPT略作刪減，或者自己手動刪除也可以。

Canvas 其他應用靈感

1. 寫複雜或長篇的文章、創意構思或報告。

2. 團隊活動創意發想和腦力激盪。

3. 多人協作專案、文本或程式的共筆與版本管理。

4. 程式碼的撰寫、註解、除錯與跨語言翻譯 (像是 Python 與 JavaScript)。

5. 視覺設計協作，例如讓 AI 看產品圖，再協助生成產品發表會的文案。

6. 需要請 AI 協助檢查、給回饋跟建議的時候。

3-6 Task 排程功能

ChatGPT 的「排程 (Task)」功能就像手機的鬧鐘提醒,或是像情勒貓頭鷹每天準時跳出來催你讀英文那樣的操作。

先在 ChatGPT 對話串中加入「設定提醒時間 + 進入排程」的機制,當設定的每日或每週重複時間到來時,ChatGPT 會根據你預設的內容,自動生成你需要的訊息,幫助你維持計畫與習慣!目前僅向付費用戶開放,未來預計會開放給所有用戶使用。

範例:設定一個英文學習提醒助手

step 01 **切換模型**:目前測試起來,GPT-5 的每個模式都可以設定排程功能。

① ChatGPT 5

② 選這幾個都可以,建議選擇預設 Auto 就好

step 02 **設定提醒時間與要生成的內容**:接下來的操作方式與平時跟 ChatGPT 對話相同,只需使用口語化的文字下達任務指示即可,不過**要明確說出希望 ChatGPT 安排的任務內容與執行時間點**,推理模型才會進行任務排程。這裡以英文單字學習為範例。

❶ 明確提供提醒時間與生成內容

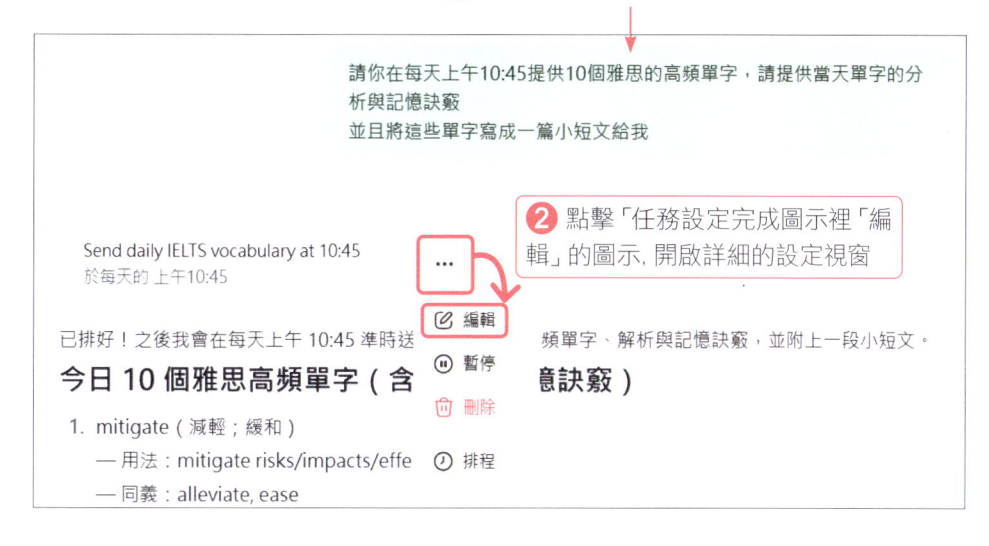

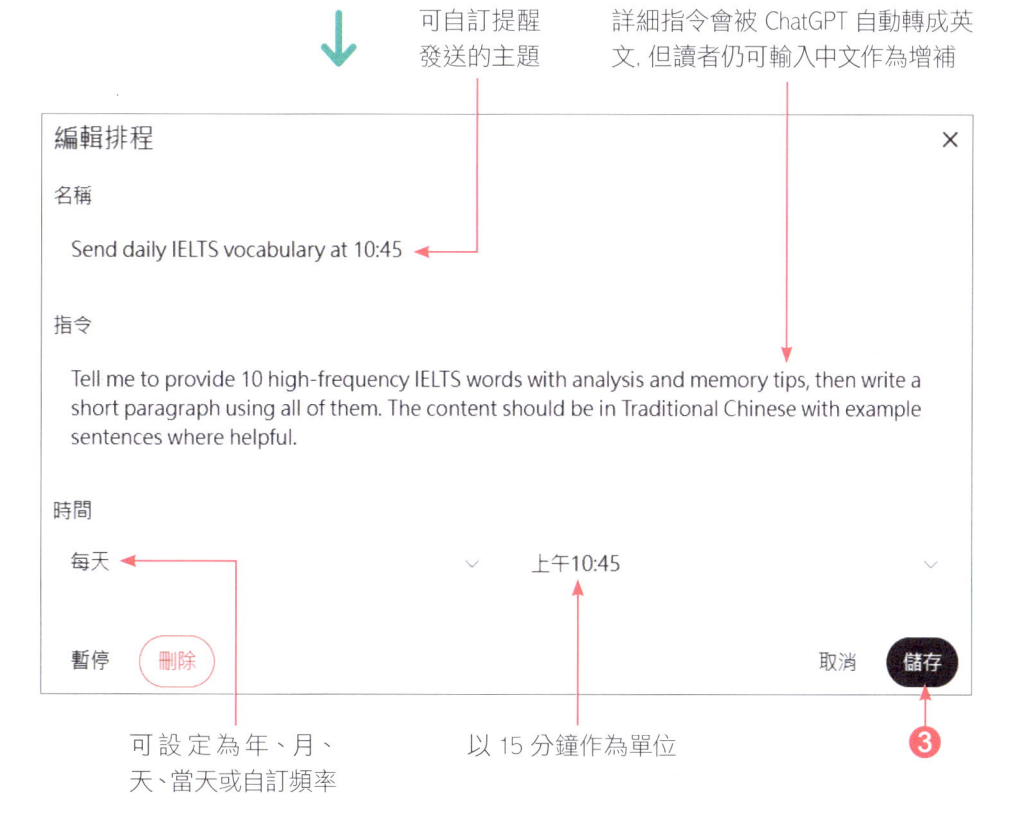

請你在每天上午10:45提供10個雅思的高頻單字,請提供當天單字的分析與記憶訣竅
並且將這些單字寫成一篇小短文給我

❷ 點擊「任務設定完成圖示裡「編輯」的圖示,開啟詳細的設定視窗

Send daily IELTS vocabulary at 10:45
於每天的 上午10:45

已排好!之後我會在每天上午 10:45 準時送〔頻單字、解析與記憶訣竅,並附上一段小短文。

今日 10 個雅思高頻單字(含 意訣竅)

1. mitigate(減輕;緩和)
   — 用法:mitigate risks/impacts/effe
   — 同義:alleviate, ease

- 編輯
- 暫停
- 刪除
- 排程

可自訂提醒發送的主題

詳細指令會被 ChatGPT 自動轉成英文,但讀者仍可輸入中文作為增補

編輯排程　　　　　　　　　　　　　　　　×

名稱

Send daily IELTS vocabulary at 10:45

指令

Tell me to provide 10 high-frequency IELTS words with analysis and memory tips, then write a short paragraph using all of them. The content should be in Traditional Chinese with example sentences where helpful.

時間

每天　　　　　　　　　　上午10:45

暫停　刪除　　　　　　　　　　　　　　取消　**儲存**

可設定為年、月、天、當天或自訂頻率

以 15 分鐘作為單位

❸

第 3 章　AI Agent 代理模式和各種對話工具應用

3-39

step 03 **收到通知**：到了設定的時間，ChatGPT 會透過 Email 或 APP 發送通知給你。

[任務更新] Today's 10 High-Frequency IELTS Words 收件匣 ×

OpenAI <noreply@tm.openai.com>
寄給 我

OpenAI

從 ChatGPT 更新任務
Today's 10 High-Frequency IELTS Words
We have an automation job context. The user is the system that triggers the a...

檢視訊息

> 從 Email 點開通知後，系統會自動跳轉至 ChatGPT，即可看到依照任務要求提供的內容

ChatGPT 5 ⌄

── 同義：practicable, viable
── 記憶訣竅：feat（壯舉）+ -sible（能...的）→ 能做到的就是可行。
── 例：This proposal is technically feasible.

2. **justify**（v. 證明...正當/合理）
── 常見搭配：justify the cost/decision
── 同義：validate, warrant
── 記憶訣竅：just（正當）+ -ify（使成為）→ 使之變得正當。
── 例：We must justify the additional budget.

3. **implement**（v. 實施；落實）
── 常見搭配：implement a policy/strategy
── 同義：carry out, enforce
── 記憶訣竅：名詞也有「工具」之意 →「拿工具來做」= 落實。
── 例：The school will implement new safety measures.

4. **assess**（v. 評估）
── 常見搭配：assess risks/impact/performance
── 同義：evaluate, appraise
── 記憶訣竅：a-ssess ≈「坐下來算一算」→ 進行評估。
── 例：Researchers need to assess the long-term effects.

5. **scarce**（adj. 稀少的）

選擇通知的管道

點擊 ChatGPT 介面的頭像，選擇「**設定**」，然後點擊「**通知**」，即可選擇以 Email 或 APP 作為通知管道。

統一瀏覽與管理任務

從「**設定 - 排程**」，再點選「**管理**」，就能查看所有已設定的提醒任務清單，方便統一管理與調整。

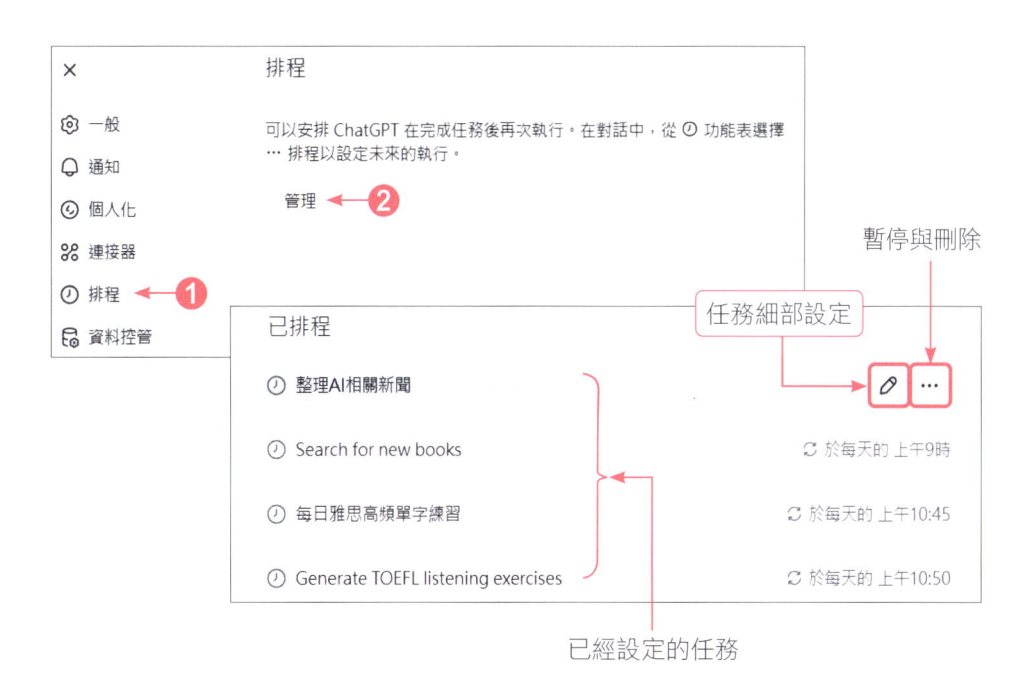

3-41

Task 其他應用靈感

1. **每日新聞摘要**：每天早上自動整理科技、商業等領域的新聞要點。
2. **產業追蹤與競品分析**：定期自動抓取產業的重要資訊，或每月追蹤競爭對手動態。
3. **SEO 與內容產製**：週期性生成關鍵字優化文章大綱、社群貼文等。
4. **品牌聲量監測**：每周蒐集論壇上對於特定品牌的討論，掌握趨勢。
5. **新技術追蹤**：每周追蹤科技公司發表的更新消息。
6. **英檢高頻單字學習**：每天早上提供 10 個考試常見單字，並將這些單字寫成一篇文章，幫助記憶。或是每天下午根據早上學過的 10 個單字，製作選擇題測驗，強化記憶。
7. **天數倒數計時**：每天提醒距離大考或重要活動還剩多少天。
8. **生活習慣養成**：每天固定時間引導使用者進行習慣養成練習，如冥想、運動、閱讀等。
9. **生活小提醒**：例如每週二提醒上健身房、繳費等。
10. **客製化電子報**：每天整理特定主題與格式的資訊，自動推送給使用者

建立 AI 工作流：
GPT-5 提示詞實戰案例

CHAPTER 4

ChatGPT 在應用上愈來愈廣泛，加上它的本質是一個對話機器人，所以可以透過對話，來讓它協助完成各種任務。因此，本章節整理了大量實用的對話範本，讓你可以直接套用，並進一步學習如何靈活組合、整合成工作流，發揮 ChatGPT 強大的應用潛力。

在這個章節，我們希望透過 ChatGPT 的對話情境與範例，讓你不用動腦、就能熟悉好用的提問例句。在一次次自己動手嘗試之後，你也能摸索出適合你自己的提問方式！首先，帶你先看看 ChatGPT 的常見應用：

- **文本翻譯**：將文本從 A 語言翻譯成 B 語言，也能進一步校對文本中的拼寫和文法。

- **撰寫文案**：撰寫文案或提供方向，可激發你在發想文案或企劃的靈感。

- **擴充文本**：根據較短的文本，來生成更長的文本。

- **補全文本**：可以填補有缺漏的資料。

- **摘要文本**：快速總結大量文字資訊，幫你寫好重點摘要。

- **提取資訊**：從文本中提取特定資訊，例如商品名稱、關鍵字等等。

- **文本情緒分類**：分析一段文本敘事中的情緒，像是判斷顧客評論是正面還是負面評價。

- **數據分析**：提供數據資料，可以分析概況、趨勢等等。

- **搜尋資訊**：ChatGPT 除了會從原本訓練模型的資料集中提取資訊外，也可以搜尋網頁資料後再回覆你的問題，讓你可以參考出處全文、報告內容能有所依據 (請參考第 1 章)。

- **邏輯推理**：ChatGPT 可以分析複雜的資料，或是生成更有邏輯的長篇文本等等。

- **深入研究**：針對特定主題進行深度分析，能幫助你快速整理學術論文、特定領域報告或專案資料，提升決策品質。

- **排程功能**：可以設定提醒或定期任務，像是每天早上推送新聞摘要、每週檢視進度，幫你建立自動化工作流程 (請參考第 3 章)。

- **代理程式模式**：能夠跨工具、跨平台協同處理任務，例如讀取郵件、搜尋資料、生成報告並儲存到雲端，模擬「虛擬助理」替你完成更複雜的工作流 (請參考第 3 章)。

- **學習模式 (Study Mode)**：ChatGPT 中的一種互動模式，它會提出引導性問題，幫助你探索和理解，而非直接提供答案，可以應用在學習知識、理解概念、準備考試等等 (請參考第 3 章)。

- **生成影音**：提出要求，就能幫你自動生成影音 (請參考第 8 章)。

- **生成程式**：提出要求，就能幫你撰寫好程式 (請參考第 9 章)。

- **聊天機器人**：建立自定義聊天機器人，例如 AI 客服 (請參考本書的書附資源)。

除了上述的常見應用，ChatGPT 還有更多用途，真的超級厲害～以下彙整在工作、生活中常見的 5 種 ChatGPT 應用情境，總共有 20 個範例。皆是使用免費版的 ChatGPT 就能輕鬆完成！一起來實作看看！

TIP

註：ChatGPT 回覆的內容是透過數學計算來生成文本，背後牽涉到比較複雜的計算過程，讀者可以先理解 ChatGPT 生成的內容具有隨機性即可，另外再加上 GPT 模型也會依據你平常輸入給它的對話，來配合你進行偏好微調，你可能會發現你的 ChatGPT 跟你朋友的風格差很多～所以輸入同一段文本，會生成不一樣的結果，這是正常的喔！

4-1 翻譯與文書處理

1 - 多國語言翻譯

提示詞

你是一位專業的譯者。

請將英文翻成繁體中文，希望盡量忠實於原文，但又能夠讓沒有相關背景知識的一般大眾看得懂，並符合臺灣用語習慣、保持語句通順。

原　文：Our search identified five studies that met our criteria, focusing on answering patient questions and generating medical information. Prompt engineering techniques included instruction-based, elaborated, role-defining, scene-defining, and domain-specific prompts. Structured prompting improved accuracy and comprehensiveness in several cases, particularly when specific formats or custom instructions were used. Readability gains were notable when prompts explicitly requested simpler language and reading levels, though some strategies unintentionally increased complexity. Variability in effectiveness across LLMs and prompt types was observed.

ChatGPT

我們的搜尋找出了五篇符合標準的研究，重點在於回答病人的問題，以及產生醫療相關資訊。所使用的提示設計技術包括：以指令為基礎的提示、加強說明的提示、角色設定的提示、情境設定的提示，以及領域專屬的提示。在多種情況下，結構化的提示能提升準確度與完整性，特別是在使用特定格式或客製化指令時效果更佳。當提示明確要求以較簡單的語言和閱讀程度表達時，可讀性有顯著提升；不過，有些策略卻在無意間增加了複雜度。我們也觀察到，不同大型語言模型與提示類型之間的效果存在差異。

　　即使是這麼專業的內容，也翻得還行吧！小編提醒～有可能初期的翻譯並不會這麼流暢，或是不太符合你所期待的語氣，但你可以直接在同一個視窗中，跟 ChatGPT 提出翻譯內容的建議。

舉例來說，假設你翻譯後是想作為學術用途，但有些英文句子的陳述會常常用到「we」，翻成中文後就會頻繁出現「我們」，看起來比較口語化。這時候你可以請 ChatGPT 翻譯**使用學術語氣**，或是請它直接**減少使用「我們」這兩個字**。這樣你只要在同一個視窗內、翻譯同一個主題的內容，所得到翻譯的效果會愈來愈符合你的需求！

提示詞

請使用學術語氣翻譯。

ChatGPT

本研究之檢索共納入五項符合篩選標準之文獻，主要聚焦於回應病患提問及產製醫療相關資訊。所採用之提示工程技術涵蓋指令導向提示 (instruction-based)、擴充式提示 (elaborated)、角色設定提示 (role-defining)、情境設定提示 (scene-defining) 以及領域專屬提示 (domain-specific prompts)。在若干研究中，結構化提示顯著提升了生成內容之正確性與完整性，尤以採用特定格式或客製化指令者為然。當提示明確要求使用較為簡易之語言與閱讀程度時，內容之可讀性亦有明顯提升，惟部分策略亦可能於無意中增加文本之複雜性。整體而言，不同大型語言模型 (LLMs) 與提示類型間之效果存在可觀之差異性。

可以發現除了在用字遣詞上，變得比較學術、正式之外，這次譯文的專有名詞還會保留原文。光是要求使用「學術語氣」，它就貼心地幫我們考慮到各種細節～

TIP

之所以要求 ChatGPT「**忠實於原文**」，是因為當你要翻譯技術性質、專業導向的文案時，很有可能差一點點就失去原意，所以在這種情境下，會希望 ChatGPT 乖乖地照著原文翻譯，不要發揮太多創意～你甚至可以提供專有名詞的中英對照清單，讓翻譯更精準！

圖片翻譯

圖片翻譯所需輸入的內容，跟上述文字翻譯大同小異。你只需要把圖片也上傳，就能夠得到翻譯成果了！

由於免費版的 ChatGPT 有上傳圖片的限制，所以如果你有大量的圖片翻譯需求，還是建議付費升級喔！

2 - 各種文書疑難雜症

ChatGPT 能給予操作步驟

提示詞

我在 Word 裡打了 "---" 之後，按了 Enter，結果變成一條線了。

怎麼會這樣？怎麼取消？

這是 Word 的自動格式功能在作怪。
當你在空白行輸入三個連字號 --- 然後按 Enter，Word 會自動把它轉換成一條橫線（其實是一種邊框效果）。

☑ **怎麼立即取消**
1. 剛剛出現線條後，馬上按 **Ctrl+Z (復原)** → 線條會消失。
2. 或者把游標移到那條線的上面段落 →
   到「**常用**」>「**邊框**」(像四格小方格的圖示) → 選 **無框線**。

　　　　　　　　　　　　　　　　　　　　　　　⟩ 提供步驟

🚫 **如何避免下次再發生**
1. 在 Word 上方點「**檔案**」→「**選項**」→「**校訂**」。
2. 點「**自動更正選項**」→ 切到 **自動格式 / 輸入時自動套用**。
3. 把「**框線線條**」(Border lines) 的勾勾取消。
4. 確定後，下次打 --- 就不會自動變成線了。

　　　　　　　　　　　　　　　　　　　　　　　⟩ 提供步驟

要不要我幫你整理成一張 **快速圖文操作步驟表**，讓你照著點就能關掉？

ChatGPT 能協助逐步排查問題

> **提示詞**
>
> 我跟同事在 Word 上都有裝增益集，可是如果是開他給我的檔案，Word 裡沒有增益集。
>
> 我另外開啟自己的 Word，仍有增益集。
>
> 為什麼會這樣？可以怎麼解決？

你遇到的狀況，其實跟 Word 增益集的安裝範圍 與 檔案本身 沒有直接關聯。簡單來說：

- **增益集 (Add-in)** 是裝在「使用者的 Word 環境」裡，不是裝在檔案裡。
  所以不管你打開自己檔案還是同事傳來的檔案，Word 都會先看「目前執行 Word 的使用者帳號」有沒有安裝增益集。
- 你之所以遇到「開同事檔案 → 沒有增益集」，通常是因為：
  1. 你是直接在郵件或聊天軟體點檔案，它會用 **受保護檢視 (Protected View)** 或 **瀏覽器內建的 Word Online** 開啟 → 這些模式下增益集不會載入。
  2. 你和同事使用的增益集安裝來源不同（例如：他裝在「組織的 Office 佈署」，而你是從 Office 商店安裝）。有些需要 Office 365 租戶統一管理才會出現在所有人的檔案中。
  3. 如果你們用的是不同帳號登入 Word，同事的帳號環境中有組織推播的增益集，但你的帳號環境沒有。

✅ **解決方法：**

1. **確認開檔方式**
   - 把檔案先下載到本機，再用桌面版 Word 開啟，不要直接用 Outlook 預覽或瀏覽器模式。
2. **確認增益集安裝範圍**
   - 到 Word → 功能表【插入】→【增益集】→【我的增益集】，檢查是否安裝成功。
   - 如果是組織版，請 IT 確認該增益集是否有部署到你的帳號。
3. **同步 Office 帳號**
   - 確認你在 Word 登入的帳號，跟安裝增益集的帳號一致。
   - 有時候用不同 Microsoft 365 帳號（例如公司/個人）會導致增益集不見。
4. **重新安裝或從 Office 商店新增**
   - 如果確定自己環境缺少，就從 Office 增益集商店重新安裝一次。

要幫你更精準排查，我想確認：

- 你說「開他給我的檔案」時，是直接在 Outlook 預覽、瀏覽器版 Word，還是下載後在 桌面版 Word 開？
- 你們安裝的增益集，是從 Office 商店 還是公司 IT 部署的？

要不要我幫你列一個「檢查步驟清單」，讓你一步一步測？

4-2 數據分析與自動化

3 - 將資料整理成表格

提示詞

統計各筆資料的總金額，並將所有資料整理成表格。

(貼上你的資料內容)

統計各筆資料的總金額，並將所有資料整理成表格。

學校/科系/班級：海洋大學/海洋工程學系/海工三A
訂購人：方瀚平
連絡電話：0975123456
授課老師：李志明 老師
用書課程：海洋結構力學
訂購書名/書號：F2032 海洋結構力學原理與應用
訂購數量：24本
團定價：$500
上課時間：週二 08:00～10:50
收件單位：海洋大學- 海工系辦公室
需到貨日期：10/2 星期三

學校/科系/班級：國北護/護理學系/護理三B
訂購人：鄭妤柔
連絡電話：0917123456
授課老師：張雅慧 老師
用書課程：基礎護理學
訂購書名/書號：F1982 基礎護理學導論
訂購數量：9本
團定價：$480

◀ 圖示資訊是為了案例說明，而請 ChatGPT 生成的假資料

好的，我先幫你把每筆資料的 **總金額** 算出來，再整理成一張表格。

計算過程

1. 海洋大學：24 本 × $500 = **$12,000**
2. 國北護：9 本 × $480 = **$4,320**
3. 北商大學：20 本 × $480 = **$9,600**
4. 世新大學：5 本 × $540 = **$2,700**
5. 致理科大：4 本 × $490 = **$1,960**

💰 **總金額合計：$30,580**

整理後表格

▲ 說明計算過程

學校	科系	班級	書名	數量	單價	總金額
海洋大學	海洋工程學系	海工三A	海洋結構力學原理與應用	24	$500	$12,000
國北護	護理學系	護理三B	基礎護理學導論	9	$480	$4,320
北商大學	財務金融學系	財金四A	金融市場與機構導論	20	$480	$9,600
世新大學	傳播學系	傳播四C	數位媒體設計基礎	5	$540	$2,700
致理科大	資訊管理學系	資管三B	資料庫管理系統設計與應用	4	$490	$1,960

▲ 將所有資訊整理成表格

━ TIP ━

你可以把整理好的表格,直接複製貼上到 Excel 或 Google Sheet 唷!但如果你想要將 ChatGPT 做好的表格,轉貼到 Word 裡微調內容~你需要先貼到 Excel 或 Google,再到 Word 裡選擇「保持來源格式設定」貼上,才能正確地顯示成表格。

4 - 函數製造機

提示詞

我有一份 Excel,B 欄是「庫存書籍數量」,我想要在 C 欄顯示「庫存警告」。

當庫存書籍數量「小於 300」時,C 欄顯示「庫存即將不足」;當庫存書籍數量「大於、等於 300」時,C 欄顯示「庫存足夠」。

我可以怎麼快速完成?

我的 Excel 版本是 365。

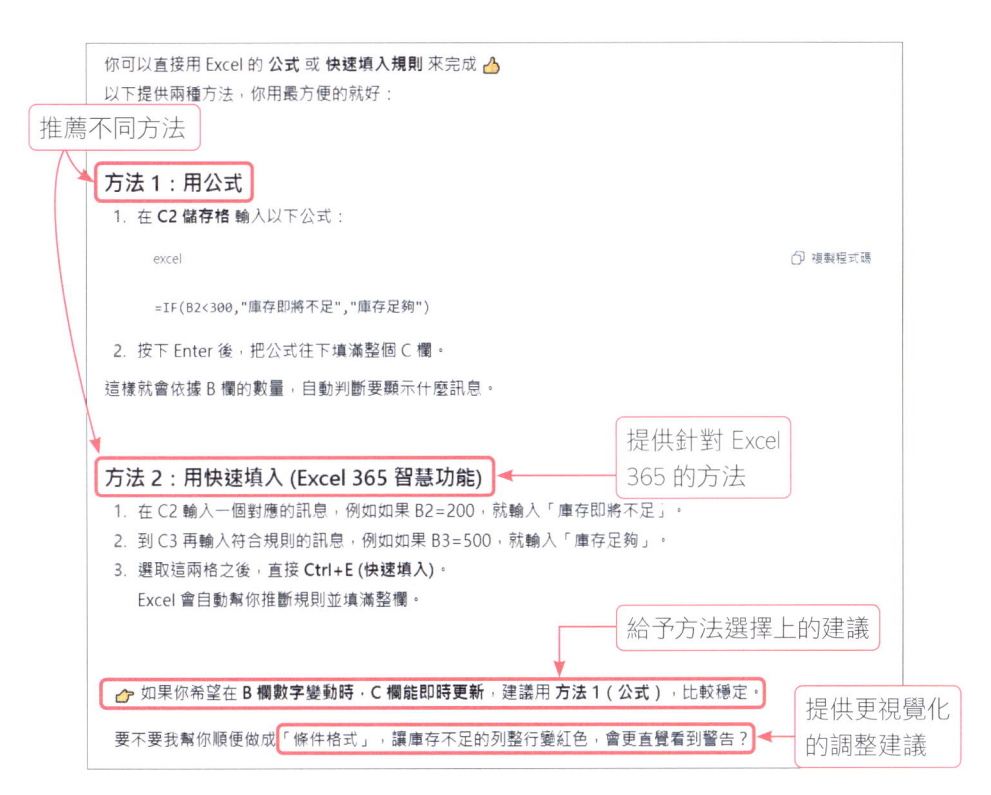

你可以直接用 Excel 的 **公式** 或 **快速填入規則** 來完成 👍
以下提供兩種方法,你用最方便的就好:

← 推薦不同方法

方法 1:用公式

1. 在 **C2 儲存格** 輸入以下公式:

```excel
=IF(B2<300,"庫存即將不足","庫存足夠")
```

2. 按下 Enter 後,把公式往下填滿整個 C 欄。

這樣就會依據 B 欄的數量,自動判斷要顯示什麼訊息。

方法 2:用快速填入 (Excel 365 智慧功能)   ← 提供針對 Excel 365 的方法

1. 在 C2 輸入一個對應的訊息,例如如果 B2=200,就輸入「庫存即將不足」。
2. 到 C3 再輸入符合規則的訊息,例如如果 B3=500,就輸入「庫存足夠」。
3. 選取這兩格之後,直接 **Ctrl+E** (**快速填入**)。
   Excel 會自動幫你推斷規則並填滿整欄。

← 給予方法選擇上的建議

👉 如果你希望在 **B 欄數字變動時,C 欄能即時更新**,建議用 **方法 1 (公式)**,比較穩定。

← 提供更視覺化的調整建議

要不要我幫你順便做成「**條件格式**」,讓庫存不足的列整行變紅色,會更直覺看到警告?

5 - VBA 自動化任務

> **提示詞**
>
> 我有一份 Excel, A - Z 欄有資料。我想要在每一欄的左側都插入一欄, 並加入 VLOOKUP 函數。
>
> 可以怎麼快速做?
>
> 我的 Excel 版本是 2013 年。

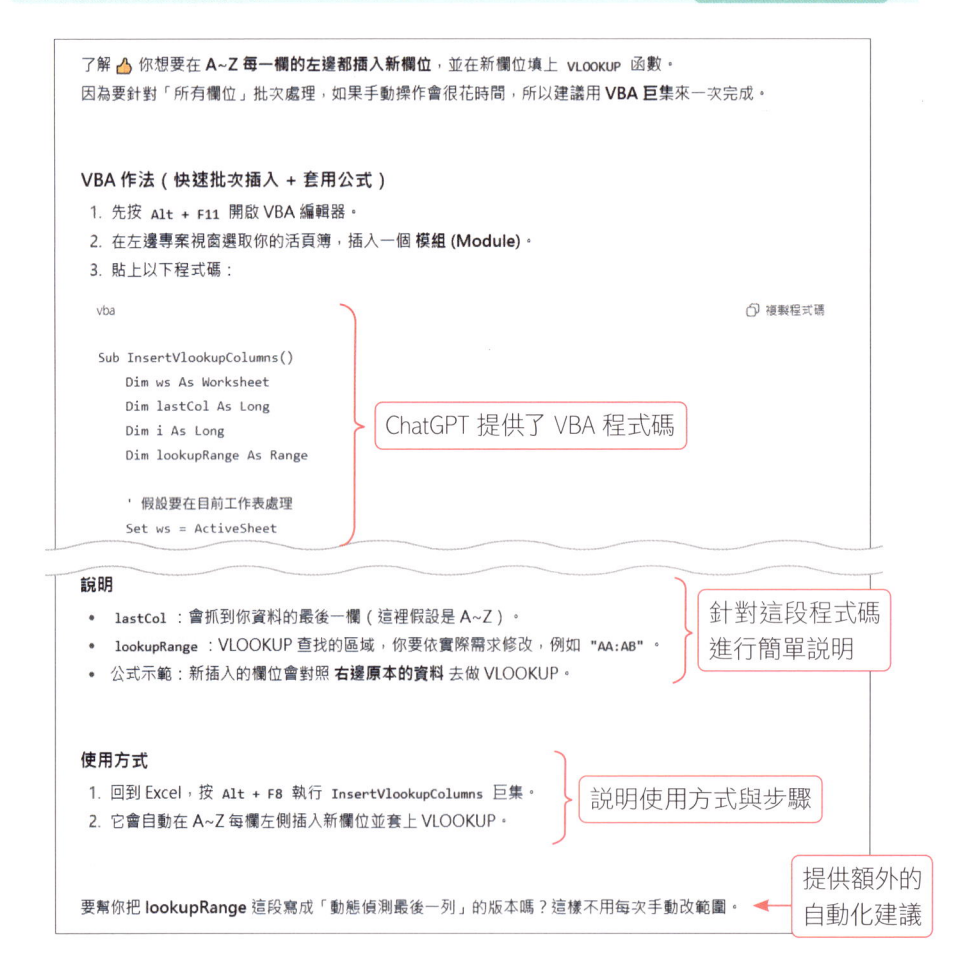

了解 👍 你想要在 **A~Z 每一欄的左邊都插入新欄位**, 並在新欄位填上 VLOOKUP 函數。
因為要針對「所有欄位」批次處理, 如果手動操作會很花時間, 所以建議用 **VBA 巨集**來一次完成。

VBA 作法 (快速批次插入 + 套用公式)

1. 先按 `Alt + F11` 開啟 VBA 編輯器。
2. 在左邊專案視窗選取你的活頁簿, 插入一個 **模組 (Module)**。
3. 貼上以下程式碼:

```vba
Sub InsertVlookupColumns()
    Dim ws As Worksheet
    Dim lastCol As Long
    Dim i As Long
    Dim lookupRange As Range

    ' 假設要在目前工作表處理
    Set ws = ActiveSheet
```

(ChatGPT 提供了 VBA 程式碼)

說明

- `lastCol`:會抓到你資料的最後一欄 (這裡假設是 A~Z)。
- `lookupRange`:VLOOKUP 查找的區域, 你要依實際需求修改, 例如 `"AA:AB"`。
- 公式示範:新插入的欄位會對照 **右邊原本的資料** 去做 VLOOKUP。

(針對這段程式碼進行簡單說明)

使用方式

1. 回到 Excel, 按 `Alt + F8` 執行 `InsertVlookupColumns` 巨集。
2. 它會自動在 A~Z 每欄左側插入新欄位並套上 VLOOKUP。

(說明使用方式與步驟)

要幫你把 `lookupRange` 這段寫成「動態偵測最後一列」的版本嗎?這樣不用每次手動改範圍。

(提供額外的自動化建議)

ChatGPT 連 VBA 的程式、詳細的 VBA 操作步驟, 通通都可以生給你!你只需要按複製、照著步驟做, 就能自動完成很多煩人的瑣事~

4-3 建立職場工作流

6 - 從擬訂履歷到面試預演

擬定履歷

step 01 擬訂履歷

提示詞

你是一位專業人資顧問，請幫我撰寫一份應徵「數據分析師」的履歷。
以下是我的背景：
- 教育：台灣大學 資訊管理系 應屆畢業
- 技能：Python、SQL、Tableau、機器學習基礎
- 經驗：參與校內「智慧校園資料分析專案」，負責資料清理與儀表板設計
- 目標：進入科技業數據分析師職位
- 請輸出標準履歷格式，條列關鍵能力，用詞需保持專業並具有吸引力。

step 02 強化履歷

提示詞

請幫我檢查這份履歷，指出哪些地方可以更具體、數據化，或是可以進一步視覺化，並提供修改版本。

step 03 媒合履歷與職缺

提示詞

請幫我檢查這份履歷，是否符合這家公司的要求？我的履歷有沒有需要修改的地方？

公司：(貼上求職網址或相關資訊)
/搜尋

面試前置作業

step 01 蒐集公司基本資料

提示詞

我獲得了這家科技公司的數據分析師職缺的面試機會。
公司：(貼上求職網址或相關資訊)

你是一位求職顧問，請幫我整理關於 [公司名稱] 的最新資訊。
請包含：
1. 公司簡介與主要產品 / 服務
2. 產業地位與競爭對手
3. 最近一年重要新聞或事件
4. 面試時可展現興趣的切入點

/ 搜尋

step 02 企業文化與價值觀

提示詞

請幫我分析 [公司名稱] 的企業文化與價值觀。
輸出內容請包含：
1. 招募官網或公開資訊中常見的關鍵字
2. 對員工的期望特質
3. 面試時如何呼應這些價值觀

step 03 職缺對應分析

提示詞

這是 [公司名稱] 的職缺內容：
(貼上職缺內容)

→ 接下頁

請幫我分析：

1. 這份職缺最重視的技能與經驗

2. 我可以如何在面試中強調這些特點

3. 可能會被問到的問題

面試預演

step 01 自我介紹講稿

提示詞

請幫我設計一段 3 分鐘的自我介紹稿，適合面試時使用，語氣自然、有信心。

step 02 客製化自我介紹講稿

提示詞

請幫我根據**公司名稱**的背景，調整我的自我介紹與常見問題回答。

我的自我介紹如下：

[貼上自我介紹]

請修改成更符合這家公司的版本，並提供建議。

step 03 常見問題練習

提示詞

請你扮演數據分析師面試官，協助我面試預演。

依序問我 5 個常見問題，一次只問一題，等我回答後再問下一題，並在最後給予回饋。

面試當天儀容與準備事項

step 01 儀容建議

> **提示詞**
>
> 你是一位職場形象顧問,請根據「數據分析師」的職位,提供我面試當天的穿著與儀容建議。
>
> 請條列出:
>
> 1. 男性與女性的服裝建議
>
> 2. 髮型與妝容的注意事項
>
> 3. 儀態(肢體語言、眼神、微笑)的重點

step 02 攜帶物品與必備文件

> **提示詞**
>
> 請列出面試當天應該準備與攜帶的物品清單。
>
> 例如:履歷份數、作品集、筆記本、證件等。
>
> 請幫我分成「必備」與「加分」兩類。

step 03 行前檢查清單

> **提示詞**
>
> 請提供一份「面試當天行前檢查清單」。
>
> 包含:
>
> 1. 出門前 2 小時要完成的事項
>
> 2. 抵達公司前的準備(交通、時間預留)
>
> 3. 進入公司前的心理調整與注意事項

step 04 模擬當天流程

提示詞

請模擬一位職涯教練，幫我演練「面試當天的完整流程」。

從出門、報到、面談過程，到結束後的禮貌收尾。

請分成「步驟」和「注意事項」兩欄呈現。

━ TIP ━

由於 ChatGPT 是經過大量的資料所訓練而成，所以問到跨領域的問題，也難不倒他！就算你想要從 A 領域轉職到 B 領域，ChatGPT 能很輕易就能找出不同領域的共同點、如何銜接等等，看起來就像個指導求職的跨領域專家！

7 - 從信件撰寫到文件管理

信件撰寫

step 01 撰寫英文信件草稿

提示詞

你是一位專業外商公司商務顧問，請協助我撰寫一封英文工作郵件。

＃背景資訊：

公司：[填入自己公司全名，也能寫明部門]

自己職稱：[含職稱等資訊]

＃對方背景資訊：

公司：[填入對方公司全名，或寫明是同個公司]

對象稱謂：[如客戶 / 合作夥伴 / 內部主管]

→ 接下頁

信件資訊：

主題：[填寫信件主題，例如 " 產品交期調整 "]

語氣：專業、清楚、禮貌

請輸出標準商務英文信件格式，包含：

開場稱呼

主要訊息（條理分明）

結尾致意與簽名

step 02 信件潤稿

提示詞

請幫我檢查這封英文信件是否：

1. 用字專業且符合外商商務場合

2. 語氣是否過於強硬或過於委婉

3. 有無拼寫或語法錯誤

請提供修改建議，並輸出優化後的版本。

TIP

除了調整語氣、修改語法之外，你也可以說明跟對方之間的關係，讓 ChatGPT 可以細修信件中的內容跟語氣。像是「我們跟對方是已經合作多年的公司，希望信件內容可以稍微活潑一點，但也保持專業形象」。

若你有同一件事情，需要回報內部主管、通知外部客戶，但需要擬定不同版本的信件，可以執行以下步驟 3。

step 03　多版本信件建議

提示詞

這封信件的收件人是 [內部主管 / 外部客戶]。

請提供兩種不同版本的信件：

簡潔直白版 (適合內部，說明該事件已連繫外部客戶)

客氣正式版 (適合客戶)

TIP

你還可以請 ChatGPT 提供「對照表」，不論是潤稿前後的對照、內部主管與外部客戶版本的對照，都可以更方便判斷需不需要完全依照 ChatGPT 的建議來撰寫。讓我們來看看內部主管跟外部客戶的信件內容差異，而且還能請他製作成中英對照的表格：

太好了 ✅ 我幫你整理成 **中英對照逐句表**，讓你能同時看到英文原文與中文意思：

部分	內部主管 (Nick) – 簡潔直白版	外部客戶 (Miss Ann) – 客氣正式版
主旨 (Subject)	Coding with AI – Contract Completed & Manuscript Request (《Coding with AI》合約完成 & 全稿請求)	Request for Full Manuscript – Coding with AI (請求《Coding with AI》全稿)
稱呼 (Greeting)	Hi Nick, (嗨 Nick，)	Dear Miss Ann, (親愛的 Ann 小姐，)
開場句 (Opening)	The contract for Coding with AI has been completed. (《Coding with AI》合約已完成。)	I hope this message finds you well. (希望您一切安好。)
主要訊息 1	I have already contacted Miss Ann to request the full manuscript so we can move forward with the review and production. (我已經聯繫 Ann，請求提供全稿，以便我們能進行審閱與製作。)	I am pleased to confirm that the contract for Coding with AI has been finalized. (很高興確認《Coding with AI》合約已完成。)
主要訊息 2	Will keep you updated once we receive the draft. (收到稿件後我會再更新進度。)	As the next step, we would like to kindly request the full manuscript at your earliest convenience so that we may proceed with the review and production process. (接下來，我們想在您方便時，盡快請您提供全稿，以便我們能進行審閱與製作流程。)
主要訊息 3	– (內部不需要額外補充)	If there are any specific submission guidelines or preferred formats, please let us know, and we will be glad to follow them. (若有任何特定的提交規範或格式，請告知，我們將樂意遵循。)

> ChatGPT 會做好一張修改的對照表

文件管理與追蹤

step 01　歸檔與命名規則

> **提示詞**
>
> 我需要將 E-mail 與附件存放在 Google Drive。
>
> 請協助我設計「命名規則」與「資料夾結構」。
>
> 需求：
>
> 1. 區分部門（例如 Sales, HR, Legal）
>
> 2. 區分年度與專案
>
> 3. 檔名需包含日期與主題
>
> 請提供一個範例架構。

可搭配第 3 章代理模式的範例使用

step 02　資料建檔

將信件轉存成 PDF，檔名則依照歸檔與命名規則。

若有附件，建議和原信件的 PDF 儲存在同一個專案資料夾。

step 03　文件管理與追蹤

> **提示詞**
>
> 請幫我總結信件內容。

20250820_F5754_Coding with AI.pdf
Google Drive　　← 連結到 Google Drive 檔案

請幫我總結這封信件的內容，並且說明現在的進度。

4-18

> **TIP**
>
> 不論是保存 E-mail 或附件，或是使用 ChatGPT + Google Drive 時，請先確認公司 IT 政策，注意不要讓機密內容外傳。
>
> 另外，免費版的使用者有連結雲端的次數上限，若到了上限，就會需要等待一段冷卻時間。

8 - 從故事架構到內容潤稿

故事架構

step 01　擬定故事大綱

> **提示詞**
>
> 你是一位專業推理小說作家，請以「東野圭吾」的敘事風格，幫我設計一份小說大綱。
>
> #條件如下：
>
> - 主題：校園霸凌
>
> - 背景：台灣某所大學
>
> - 類型：懸疑推理，兼具社會議題反思
>
> #請輸出：
>
> 1. 故事背景設定
>
> 2. 主要人物介紹（至少 4 位，含受害者、加害者、偵查角色）
>
> 3. 劇情三幕式架構（開端、發展、高潮與結局）

step 02 細化角色設定

> **提示詞**
>
> 請根據以下大綱，幫我進一步設定角色細節。
>
> ＃大綱：
>
> [貼上故事大綱]
>
> ＃請輸出：
>
> - 每位角色的外貌特徵
> - 性格特質與內心矛盾
> - 與「校園霸凌」的關聯
> - 在故事中的關鍵作用

— TIP —

如果你想要為小說生成情境圖、角色形象，還可以透過文字描述需求，或上傳圖片供它參考，ChatGPT 會使用 DALL‧E 模型來生成圖像。

step 03 情節要素設計

> **提示詞**
>
> 請幫我在故事中設計懸疑元素：
>
> 1. 受害者死亡或失蹤的懸疑事件
> 2. 3 個可能的嫌疑人線索（誤導性與真相線並存）
> 3. 最終真相的反轉設計
>
> 風格請維持東野圭吾常見的「理性推理」與「人性描寫」。

> **TIP**
>
> 除了風格之外，你也能設定某些觀察重點，像是請 ChatGPT 以「學生的離奇死亡」帶來「心理層面、人格特質」的探討，來擬定角色人物、故事情節。

內容撰寫

step 01 撰寫第一章草稿

提示詞

請幫我撰寫小說的第一章 (約 800 - 1000 字)。

要求：

- 使用東野圭吾風格，細膩描繪角色心理與校園氛圍
- 開頭以日常校園場景展開，逐步暗示霸凌問題
- 在章末埋下懸疑事件的伏筆

step 02 章節推進

提示詞

根據以下劇情大綱，請幫我撰寫第二章內容 (800 - 1000 字)。

劇情大綱：

[貼上劇情大綱或前一章內容]

請保持：

- 人物語氣一致性
- 事件鋪陳的懸疑感
- 在章節最後留有懸念，推動讀者繼續閱讀

> **TIP**
>
> 如果需要寫出長篇文章,有可能發現愈到後期,角色設定、劇情可能開始產生偏差。你可以善用 ChatGPT 的「記憶」功能,請 ChatGPT 記住一些關鍵資訊,可以增加前後的連貫性。

step 03　情感描寫強化

提示詞

請幫我強化以下段落的情感描寫,使其更符合東野圭吾細膩、內斂的筆觸:

[貼上段落]

請提供修改後版本,並解釋你調整的原因。

最終潤稿

step 01　語言潤飾

提示詞

請幫我潤飾以下小說片段,使文字更流暢,保留懸疑氛圍並帶有東野圭吾的敘事感:

[貼上段落]

step 02　邏輯一致性檢查

提示詞

請檢查以下章節內容是否存在:

1. 人物行為前後不一致
2. 情節出現矛盾或漏洞

→ 接下頁

3. 線索鋪陳是否合理

請列出問題，並提供修改建議。

step 03 主題深化

提示詞

請幫我檢查這篇小說，是否有充分凸顯「校園霸凌」的社會議題。

請提出：

1. 可以加強的場景或對話
2. 讀者可能產生的共鳴與反思點
3. 修改建議（不改變故事核心前提下）

TIP

有一些對話會讓 ChatGPT 自動開啟畫布，像是撰寫程式碼等等，方便你跟 ChatGPT 之間進行來回溝通、修改。但免費版是有上限的喔！就算還沒討論完畢，一旦到了上限，就會沒辦法使用這個介面繼續編輯。你可以把討論到一半的內容，貼到原本的介面繼續討論；或是等冷卻時間結束，已經可以繼續使用的時候，再回到這個視窗畫面。

特別注意！

雖然上述以東野圭吾風格作為示範，但目的是為了透過呈現工作流，幫助你釐清故事架構，再逐章生成內容，最後透過潤稿和檢查，讓小說兼具懸疑感與社會深度。並且由於 AI 生成的文本、圖片等等，相關法律規範仍在制定中，使用時請務必留意相關智慧財產權等相關規定，避免抄襲等違法行為。

9 - 從教案設計到出題測驗

教案設計

step 01　教案發想

提示詞

你是一位數位設計講師與課程設計顧問。

針對 [工具：Canva] [對象：新手] [情境：線上課 20 分鐘]，請列出：
1. 新手通常比較難學會的功能
2. 學完後最容易忘記的功能
3. 彼此交集的必教功能優先清單 (依學習效益與時間成本排序)

TIP

你有沒有注意到這個提問……並不是直接指定要做一個「適合新手的 Canva 課程」呢？

即使是一個專業的老師，有時候可能也會有自己的盲區。心中即使知道要做一個「適合新手的 Canva 課程」，也可以透過一些提問，來問出更多課程內容的可能性，再運用自己的專業來進行篩選、安排。

step 02　確立學習目標 (可評量的目標)

提示詞

根據「必教功能優先清單」，請以「可被觀察與評量」的方式擬定 3－5 個學習目標 (使用可衡量動詞，如：能設定、能操作、能輸出)。

每一目標附：
- 成功條件 (行為、條件、標準)
- 對應的教學活動與評量方法

step 03 課程時間與內容規劃

提示詞

請以「分鐘」為單位,設計 20 分鐘教案,包含:

- 課程重點
- 節奏安排(前言 / 示範 / 練習 / 檢核 / 總結)
- 投影片架構
- 示範素材清單
- 線上教學互動設計

評估測驗

step 01 即時檢核題(當場測驗或開放舉手回覆)

提示詞

請設計 3 - 4 題即時檢核題(單選 / 多選 / 是非),每題 1 分鐘內可完成,對應前述學習目標,並附標準答案+簡短解釋。

step 02 課後練習題

提示詞

請設計 8 題課後測驗題:

難度配比:易 / 中 / 難,分別有 3 題 /3 題 /2 題

並提供每題對應之學習目標、正確解答與評分標準

不只是 Canva,任何學科、實作科目,都可以找 ChatGPT 試試看喔!

10 - 從行銷企劃到發文曝光

行銷企劃階段

step 01　擬定行銷企劃大綱

> **提示詞**
>
> 你是一位專業行銷顧問，請幫我針對「新品咖啡上市活動」設計一份行銷企劃大綱。
>
> 請包含：
>
> 1. 目標族群設定
> 2. 行銷目標（曝光、轉換、品牌定位）
> 3. 主要行銷管道（社群、媒體、公關合作等）
> 4. 核心訊息與價值主張
> 5. 預期成效與 KPI

step 02　深化企劃內容

> **提示詞**
>
> 請幫我將這份行銷企劃大綱，補充更具體的內容，例如：
>
> 1. 核心口號與標語 (slogan)
> 2. 可能的創意活動點子
> 3. 建議的行銷素材類型（影片、圖片、文章）
> 4. 成本與時間分配建議

step 03 競品分析與差異化

提示詞

這是主要競爭品牌的資訊：(貼上網址或介紹)

請幫我分析：
1. 他們的行銷亮點與弱點
2. 我應該如何在策略上做出差異化
3. 適合在文案或活動中突出的特色
/ 搜尋

內容製作階段

step 01 撰寫文案初稿

提示詞

你是資深的行銷文案編輯，請幫我為「新品咖啡上市活動」撰寫社群發文文案。

需求如下：
- 語氣：親切、具生活感
- 格式：3 種版本（短文、故事型、資訊型）
- 附帶 CTA（行動呼籲，像是引導留言、分享、購買）

step 02 優化文案

提示詞

請檢查這些文案是否足夠吸引人，提出：
1. 可更具體的數據，或具有場景、故事類型的描述
2. 是否需要增加互動問題
3. SEO 關鍵字優化建議

並提供修改後的優化版本。

4-27

step 03 設計素材需求

提示詞

請幫我列出這些文案需要搭配的素材（圖片/影片/設計元素），並給我一份素材需求清單，格式如下：

- 類型（圖卡/影片/Reels/限時動態）
- 內容元素（產品照/人物/文字標語）
- 尺寸或規格需求 (FB/IG/Threads)

發文與曝光階段

step 01 排程與頻率

提示詞

請幫我設計「新品咖啡上市」的發文排程。

包含：

- 頻率（每週幾篇、何時發文）
- 社群分配 (FB/IG/Threads)
- 建議的最佳發文時段

TIP

若不涉及公司重要隱私，你也可以上傳社群媒體的後台數據，供 ChatGPT 幫你分析，更聚焦合適的受眾與規劃排程。

step 02 提升曝光

提示詞

請幫我設計一份提升曝光的策略，包含：

1. 社群廣告投放建議（受眾設定、預算分配）
2. 與 KOL/社群合作的方式
3. 鼓勵使用者生成內容 (UGC) 的設計方法

step 03 效果追蹤與迭代修正

提示詞

請幫我設計一份行銷成效追蹤表格，包含：

1. 觸及率、互動率、轉換率
2. 對照成效數據與 KPI
3. 每週檢討與調整方向建議

TIP

如果你是付費的使用者，能夠應用排程功能的話，就可以把每個步驟當成一個定期要做的任務，讓 GPT 主動提醒你或自動幫你生成需要的內容。像是「每週一早上 10 點提醒我檢查行銷文案是否需要優化」、「每週五晚間 6 點，幫我彙整並分析本週行銷數據」。

11 - 從資料蒐集到生成簡報

資料蒐集

step 01 蒐集主題資料

提示詞

你是一位專業研究員，請幫我針對「生成式 AI 在教育領域的應用」蒐集資料。

請包含：

1. 學術文章與專業報告重點
2. 新聞或產業趨勢（近三年）
3. 實際應用案例與數據
4. 參考來源（網址或文獻）

/ 搜尋

step 02 整理與摘要

提示詞

請幫我將上述資料整理成一份摘要：
1. 條列主要觀點（正反意見）
2. 總結三大核心趨勢
3. 提供一份「快速理解」版本 (300 字內)

深入研究

step 01 深入研究

提示詞

你是一位產業顧問，請幫我分析上述資料：
1. 不同來源的觀點差異
2. 生成式 AI 在教育領域的優勢與限制
3. 倫理與隱私相關的挑戰
4. 提出未來三個值得深入研究的方向

step 02 補充案例研究

提示詞

請幫我尋找三個具體案例，並比較：
1. 應用情境與成果
2. 成功要素與困難點
3. 可借鑑的經驗
/搜尋

--- TIP ---

除了使用搜尋功能之外，你也可以善用 ChatGPT 的深入研究功能。只是因為它需要進行大量搜尋與分析，所以等待時間較久，且有使用次數限制。

簡報架構與修飾

step 01　擬定簡報大綱

提示詞

你是一位簡報顧問，請幫我設計一份 10 分鐘的簡報大綱，並在大綱中標示每個章節的建議時間（分鐘數）。

#受眾：公司內部主管（偏決策導向）

#架構需包含：
1. 引言（問題與重要性）
2. 背景與研究方法
3. 主要發現
4. 挑戰與討論
5. 建議與結論

step 02　生成逐頁文字稿

提示詞

請將簡報大綱轉換為逐頁文字稿：
- 每頁需有標題與 3－4 個重點
- 轉場需有呼吸頁
- 語氣專業、簡潔、避免逐字稿
- 適合在 PPT / Google Slides 中直接應用
- 使用 Markdown 格式輸出文字稿

最後請再整理成一個表格，方便我比對每頁重點
- 欄位須包含頁碼、標題、重點、建議時間

step 03　設計與優化建議

提示詞

你是一位簡報設計師，請針對逐頁文字稿提出優化方案：

1. 哪些頁面應補充數據或圖像化？
2. 哪些文字可再精簡？
3. 適合的配色與字體建議（例如：專業商務風、科技感）
4. 如何提升簡報的故事感與整體流暢度？

TIP

後續你還可以複製 Markdown 格式的文字稿，交由簡報設計的 AI 工具來進行編排，讓你省下更多時間！

簡報演練

step 01　口語講稿

提示詞

請幫我設計一份簡報口語講稿：
- 依據你先前建議的每頁報告時間來規畫
- 語氣自然流暢，避免逐字照唸
- 適合正式會議或學術場合

step 02　模擬發表

提示詞

請模擬聽眾，針對這份簡報提出 5 個可能的提問。

一次只問一題，等我回答後再繼續，最後請給我回饋建議。

4-4 學習成長攻略

12 - 英文寫作攻略

準備英文檢定不僅耗時費力又燒錢！讓 ChatGPT 當你的英文寫作家教，不管是全民英檢、多益、托福還是雅思，都可以針對不同考試類型，幫你進行評分跟修正。讓我們以雅思 Task 2 作文，並且使用學習與研究模式來示範：

> **提示詞**
>
> 我是一個準備雅思檢定的考生，目標是寫作分數達到 7.5 級分，以下是我針對雅思 Task 2 寫的短篇作文。
>
> ---
>
> 請你幫我評估作文分數、將作文修改得更好，並提供寫作建議：
>
> 1. 以雅思的標準來說，這篇作文大概幾級分？
> 2. 針對題材、架構、文法跟用字，給我修改建議，並提供前後對照表。
> 3. 列出重要的寫作技巧、文法、單字，並詳細說明，幫助我掌握重點。
> 4. 評估你修改後的作文，大概是幾級分？
> 5. 請使用繁體中文、臺灣習慣用語來說明修改建議。
>
> ---
>
> 題目：Bullying in Schools
>
> 內容：
>
> Bullying is a serious problem in many schools around the world. It can cause long-term emotional and psychological damage to students. Some people believe that schools and teachers should take full responsibility for preventing bullying, while others think that parents and society also have a role to play. In this essay, I will discuss both views and give my own opinion.
>
> On the one hand, schools and teachers play a crucial role in preventing bullying. Since students spend most of their time at school, teachers are in a good position to monitor their behavior. Schools can create strict anti-bullying policies, punish bullies, and provide support for victims. For example, many schools now have counselors who help students deal with bullying. If schools take serious action, bullying can be reduced.
>
> ... 略
>
> → 接下頁

In my opinion, preventing bullying requires the effort of both schools and parents. Schools should enforce strict rules and provide support, while parents should teach their children proper values. By working together, we can reduce bullying and create a better learning environment for students.

/ 學習

依據要求給予回饋

太好了，你已經寫出一篇完整的 IELTS Task 2 作文，而且有清楚的立場！在進入細節之前，我想先快速確認一下：你目前大概是第幾次練習 Task 2 呢？還是剛開始練寫？這樣我可以調整建議的深度。

> ChatGPT 主動關心練習狀況，並會用來調整建議的深度

先給你一個大方向的回饋：

1. 預估分數

依照 IELTS 官方評分標準四大面向（Task Response、Coherence & Cohesion、Lexical Resource、Grammatical Range & Accuracy），這篇作文大概落在 6.5–7.0。

- 優點：
  - 有完整回答題目（兩方觀點 + 自己立場）。

2. 修改建議（前後對照）

原文	修改後	說明
Bullying is a serious problem in many schools around the world.	Bullying has become a pervasive issue in educational institutions worldwide.	換掉「serious problem」這種基礎詞，提升詞彙層次
Schools can create strict anti-	Schools can implement comprehensive anti-bullying	用更正式的詞彙（implement,

3. 重要技巧、文法與單字

- 寫作技巧
  - 用「同義替換」避免重複：如 serious problem → pressing issue / severe challenge。
  - 善用「高階連接詞」：nevertheless, in addition, it is evident that, to a large extent。
  - 多用「被動語態」讓文章更客觀：bullying can be effectively minimized if...。
- 文法重點
  - 名詞化（noun phrases）："schools can help" → "the involvement of schools is essential"。
  - 多樣句型：避免一段裡全是 Subject + Verb + Object。

4. 修改後的分數

如果按照我提供的修改方向，詞彙和句型有升級，整體會落在 7.5–8.0，已經符合你的目標水準。

5. 總結建議

- 你的結構沒問題，現在的重點是 **詞彙升級 + 句型多樣化**。
- 練習時可以刻意挑戰自己：把文章中常見的詞換成更學術、更正式的表達。
- 每段至少有一個高階連接詞或句型，讓考官覺得你靈活而不是背模板。

要不要我幫你 **直接改寫一個升級版的完整作文**（符合 7.5–8.0 水準），讓你可以對照學習？

> 詢問需不需要直接改寫，方便對照學習

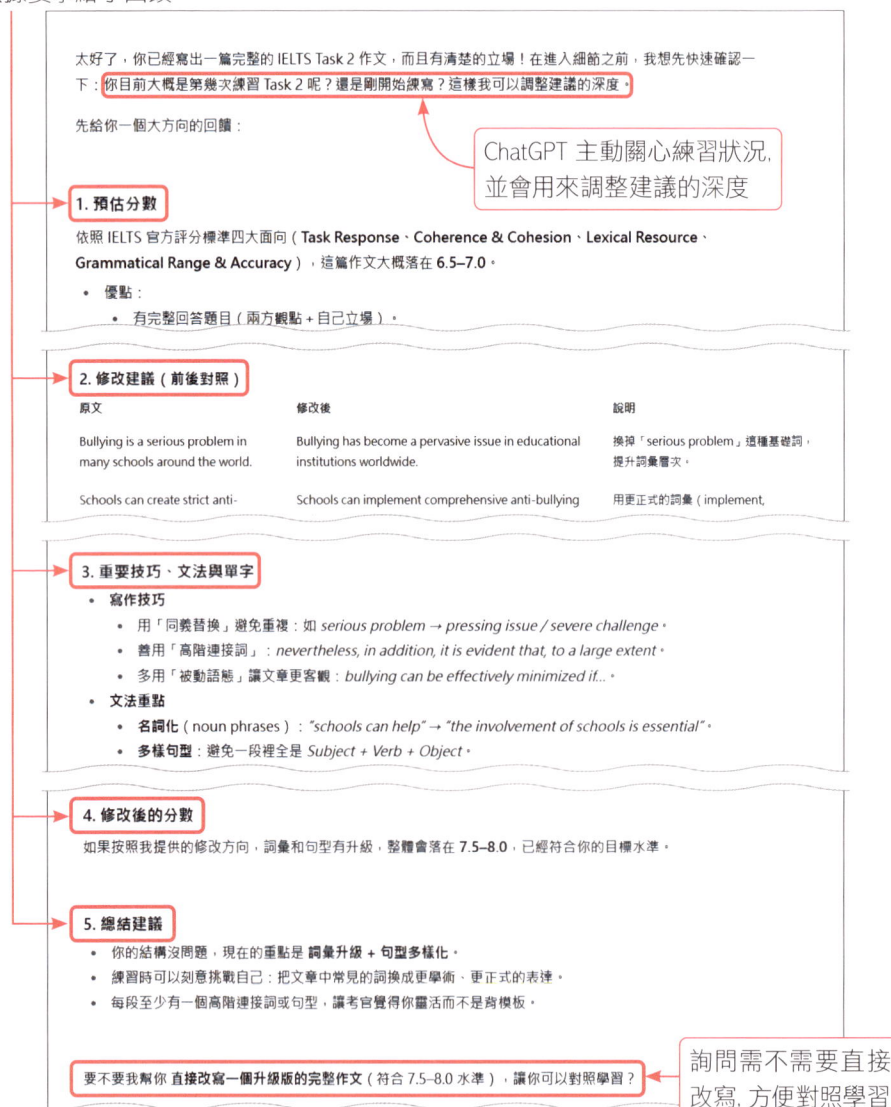

TIP

你可以回過頭看一下這次的提問～在說明自己的立場（雅思考生）、目標（作文 7.5 級分）之後，使用了「---」做為區隔，提出需要請 ChatGPT 做的事情（請你幫我評估作文分數、將作文修改得更好，並提供寫作建議……）；又再次使用了「---」做為區隔，才貼上自己寫的文章。

如果你的文字內容很長，適當使用符號作為段落區隔，像是本案例中是使用「---」，這樣能讓 ChatGPT 更清楚明白你的訴求。你可以替換成任何可以做為區隔的符號，不一定要用「---」。如果文字內容不算長，只需要適時使用分段，就可以了！

如果你繼續順著 ChatGPT 的提問，它就會像你的專屬家教一樣，一步一步引導你學習。

提示詞

我是第一次練習

（在你回覆後會給出建議，並持續講解與提問） → 我是第一次練習

太棒了！第一次練習就能寫出結構完整的作文，真的很不容易 👍。這代表你已經有基本的英語表達和邏輯能力。

既然是第一次，我建議我們先專注在 **基礎打穩**，而不是一開始就追求很華麗的字彙。這樣比較不會壓力太大。

我想帶你一步一步做：

1. **結構方面**：你已經有 introduction → body (兩個觀點) → conclusion，這是正確的 Task 2 架構。
   👉 問題：你知道這個結構在 IELTS 中算是 **四段式還是五段式** 嗎？
2. **詞彙方面**：你常用到 schools, parents, bullying，這很好，但會顯得重複。
   👉 小挑戰：你可以試著幫「bullying」找一個 **同義詞** 嗎？（例如更正式的字）

要不要先從第 1 點開始，我問你：你的作文是四段還是五段結構呢？

（提出學習的不同層面） （引導你回覆問題） → 四段結構

對，你寫的是 **四段式結構**：

1. **Introduction**（開頭）
2. **Body 1**（學校、老師的責任）
3. **Body 2**（父母、社會的責任）

4-35

- 開頭
- Body 1
- Body 2
- **Counter-argument（反駁或補充觀點）**
- 結尾

這樣文章會顯得更成熟。

我們先不用急著換成五段式，先把四段式寫扎實。
下一步我們來練 **詞彙替換**，避免太單調。

我問你：
在你的作文裡，「bullying」這個字出現很多次。
你覺得還可以用什麼字來替換它呢？（試著想 1–2 個英文單字） ← 持續引導學習

13 - 會話練習

ChatGPT 也有支援語音功能，善用這個功能，你可以跟 ChatGPT 練習英文會話，能練聽力、也能練口說。

提示詞

我下個月要去日本玩，想要從現在開始練習日語對話。
想請你協助我安排學習計畫。

/ 學習

太好了！先跟你確認一下幾個重點，這樣我才能幫你排一個合適的學習計畫：

1. 你這趟日本旅行大概會待幾天？主要是觀光、購物，還是會需要處理一些比較正式的場合（例如工作或拜訪親友）？
2. 你的日文程度目前大概在哪裡？是完全零基礎，還是有學過五十音或一些簡單的單字？
3. 你每天大概能撥多少時間練習？（例如 15 分鐘、30 分鐘或 1 小時）

我想幫你排一個「一個月衝刺」的實用會話計畫，主要以「旅遊日常對話」為核心，讓你到日本時能夠點餐、問路、買東西、簡單寒暄都沒問題。

要不要先告訴我你目前的程度（五十音是否已經會了），我再幫你設計第一週的安排？
↑
ChatGPT 會先詢問你的狀況、學習程度

在你回覆之後，ChatGPT 還會依據情境 (6 天的觀光購物行程)、學習程度 (學過五十音，但忘得差不多了)、每日可用來學習的時間 (15分鐘)，**規畫了不同場景的練習主題：[第 1 週] 打好基礎 (發音 & 生存用語)；[第 2 週] 購物 & 餐廳；[第 3 週] 交通 & 問路；[第 4 週] 旅行日常情境。**

> 會根據你的狀況，規劃學習計畫

> 可以更細緻的安排每日學習內容

1. 待 6 天，觀光購物行程
2. 有學過五十音，但忘得差不多了
3. 15分鐘

很好，資訊很清楚了 👍
你的情境是「短期旅遊用日語」，所以重點不是文法多正確，而是能**聽懂、開口說出關鍵詞**。

每天 15 分鐘，我幫你排一個「4 週 × 旅行必備對話」的小計畫：

第 1 週：打好基礎（發音 & 生存用語）
- 複習五十音（不用全背，只要能大致唸出來）
- 常用寒暄：こんにちは（你好）、ありがとう（謝謝）、すみません（不好意思）
- 學習 **數字 1～10**，因為買東西、問價格必用
- 練習自我介紹（名字 + 台灣人）：「わたし は ○○ です。たいわん から きました。」

👉 我的建議是：每天 15 分鐘裡，**5 分鐘聽、5 分鐘跟讀、5 分鐘用嘴巴講。**
不求會寫，但要敢講。

要不要我先幫你準備 **第 1 週的每天學習內容（逐日安排）**？這樣你每天打開就知道該練什麼。

你可以針對 ChatGPT 提出的建議，來調整、安排自己英文會話的學習進度。接下來就馬上開始吧！

> **提示詞**
>
> 每日的練習，要請你：
> 1. 先念出兩次，一次正常語速、一次慢速，讓我能聽清楚發音。
> 2. 我會用語音功能練習口說，請你糾正我的發音與語法。
> 3. 依據我的練習狀況，調整提問難度。
> 4. 請使用繁體中文、臺灣習慣用語，來給我修正建議。

> 了解！我可以每天帶你練習，流程會是這樣：
>
> 1. **我先示範**：我會把日文句子念兩次 → 一次正常語速、一次慢速分解，讓你清楚聽到發音。
> 2. **你開口練習**：你用語音功能講一次，我會針對你的發音（音準、長短音、重音）給你中文建議。
> 3. **即時調整**：如果你講得很順，我就加一點點新挑戰；如果有卡住，我就幫你多拆解。
>
> 🔥 今天 Day 1 的練習，我們就從 **寒暄用語** 開始：
>
> **句子 1**
>
> 👉「こんにちは」= 你好 / 午安

> 現在換你用語音講一次「こんにちは」就好，
> 講完後我會先幫你糾正，再進到「ありがとう」可以嗎？

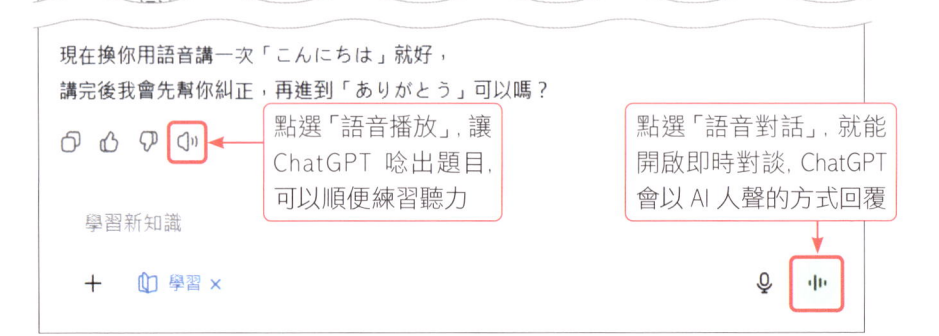

點選「語音播放」，讓 ChatGPT 唸出題目，可以順便練習聽力

點選「語音對話」，就能開啟即時對談，ChatGPT 會以 AI 人聲的方式回覆

─ TIP ─

如果你已經有一定的會話能力，也可以設定請它提供沉浸式學習，假裝已經在國外跟你對話交流，讓你預演可能遇到的溝通障礙。

14 - 程式語言

提示詞

你是一位專業的工程師。

請解釋程式碼，並用繁體中文撰寫註解。

希望能夠讓沒有相關背景知識的一般大眾看得懂，符合臺灣用語習慣、保持語句通順。

/ 新增照片

4-38

```
elf, session_id, c
on_set(35)
set:
TO question_sets VALUES (?, ?,
```

提供擷圖

擷圖轉換成可複製的程式碼

你是一位專業的工程師。

請解釋程式碼，並用繁體中文撰寫註解。
希望能夠讓沒有相關背景知識的一般大眾看得懂，符合臺灣用語習慣、保持語句通順。

　　即使你的程式碼是擷圖的，ChatGPT 也能判讀，並且提供可以直接複製的程式碼、註解給你。

好的，我來幫你逐行解釋程式碼，並加上繁體中文的註解，讓一般人也能看懂。

原始程式碼（加上註解後）：

```python
def create_question_set(self, session_id, connection, cursor):
    # 一開始設定 question_set_id 為 1
    question_set_id = 1

    # 呼叫 get_question_set(35)，取得一組題目（假設是 35 題）
    question_set = get_question_set(35)

    # 用迴圈逐一處理每一題
    for question in question_set:
        # 將每一題的資料存入資料庫的 question_sets 資料表
        # 這裡存的有三個欄位：題組編號、對應的 session_id（某次使用紀錄）、題目的 id
        cursor.execute(
            "INSERT INTO question_sets VALUES (?, ?, ?)",
            (question_set_id, session_id, question.id)
        )
```

簡單解釋給一般人聽：

這段程式是在建立一組題目清單並存進資料庫。

1. 先準備一個題組編號（從 1 開始）。
2. 取得 35 題題目。
3. 把這些題目逐一存進資料庫，記錄題組編號、使用者的 session（像是一次測驗的代號）、還有題目的 ID。
4. 每存一題，題組編號就加 1。
5. 最後把所有資料正式存進資料庫，並回傳總共存了幾題。

> **TIP**
>
> 如果你希望可以跟 ChatGPT 有更多直接的互動，也可以使用畫布 (Canvas) 功能，對於來回修改程式碼會相對方便，實際示範請參閱第 9 章。

15 - 學科理論知識

提示詞

什麼是帕斯卡原理？

我想解釋給國小 5 年級的女兒聽

/ 學習

先想像：

- 在一個塑膠袋裝滿水，把袋子封起來。
- 如果你用手指去壓袋子的一角，會發生什麼事呢？

是不是整個袋子裡的水都鼓起來、四周都感覺到壓力？
這就是 **帕斯卡原理** 的重點：

👉 當你在一個封閉的液體裡某個地方加壓，壓力會「平均」傳到整個液體裡。

舉個日常生活例子：

- 打氣筒：你壓下去的力氣，會把空氣的壓力傳到輪胎裡。
- 液壓千斤頂（修車場會看到的）：技師輕輕一壓，就能抬起一整台車，就是利用帕斯卡原理把力放大。

要不要我幫你設計一個小小「家庭實驗」，讓她自己玩一玩就懂？

（可以依據國小 5 年級的程度，來解釋說明帕斯卡原理）

創造日常小實驗

ChatGPT 還能協助你將生硬的理論知識，創造出小實驗，輔助你在動手做中學習。

太棒了～來做一個安全、好玩的「液壓小幫手」實驗，讓她自己發現帕斯卡原理在幫我們把「力」傳出去、甚至放大。

家庭實驗：兩支針筒的魔法

準備材料

- 大小不同的針筒各 1 支（無針頭、藥局買得到；例：10 mL 和 50 mL）
- 透明軟管一條（能緊密接在針筒出口上，五金行/水族館用管）
- 水（加一點食用色素更好看）
- 夾子或膠帶（固定用）、毛巾（防潑灑）

> 引導思考

先想一想（讓她先猜）

問題 1：如果把兩支針筒用管子連起來、都裝滿水，按下「小針筒」，「大針筒」會怎樣移動？為什麼？
（先讓她說說看～）

> 實作步驟

組裝步驟

1. 把兩支針筒的活塞先拔出來，軟管一端接到小針筒嘴，另一端接到大針筒嘴，儘量密合。

> 引導觀察

會看到什麼（給家長的觀察重點）

- 按小針筒：大針筒比較「省力地被推動」，但位移（動的距離）比較短。
- 按大針筒：需要比較「用力」，但小針筒會動比較多。

> 說明原理

為什麼會這樣（用五年級能懂的說法）

- **帕斯卡原理**：在封閉的液體裡，壓力會平均傳到各處。
- 小面積（小針筒頭）× 壓力 → 產生的力比較小；大面積（大針筒頭）× 同樣的壓力 → 產生的力比較大。
- 所以：**大面積端力量大、位移小；小面積端力量小、位移大**。就像蹺蹺板：有人坐在外圈，移動的路程長；內圈的人力氣感覺不同。

> 日常應用 / 測驗

想確認她真的懂：
問題 5（應用）：如果我們想用很小的力抬起重物，兩個針筒要選「小推大」還是「大推小」？為什麼？
她回答後，我再用她的話幫她收個尾、補強觀念。

創造網頁小遊戲

> **提示詞**
>
> 我希望你創造出一個網頁小遊戲（使用 html），來解釋帕斯卡原理。

第 4 章　建立 AI 工作流：GPT-5 提示詞實戰案例

4-41

❷ 點擊預覽

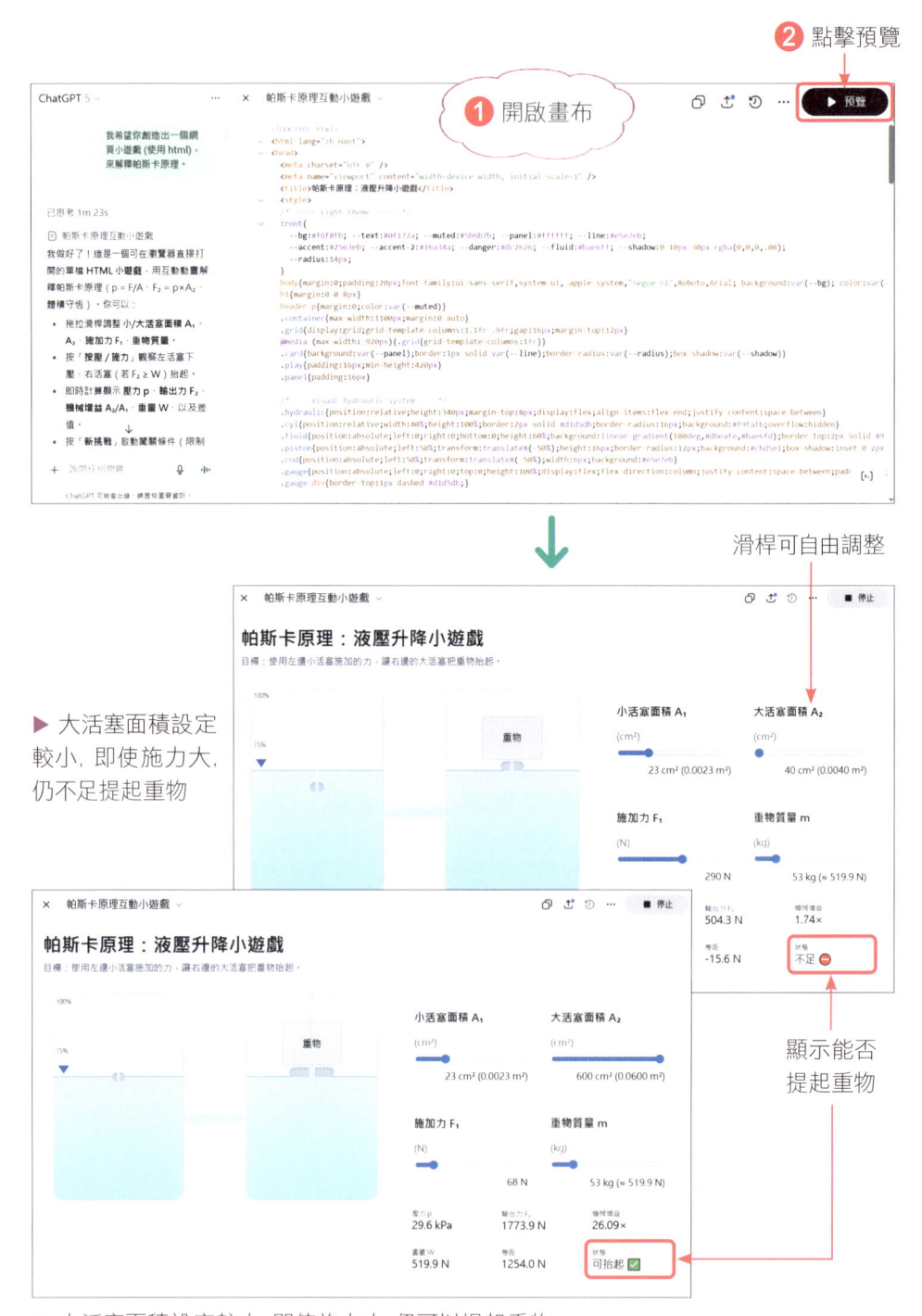

❶ 開啟畫布

滑桿可自由調整

▶ 大活塞面積設定較小，即使施力大，仍不足提起重物

顯示能否提起重物

▲ 大活塞面積設定較大，即使施力小，仍可以提起重物

4-42

16 - 理財入門小幫手

注意事項

AI 是輔助工具，並不是財務顧問。若是重要決策 (如投資或高額貸款等)，仍**建議諮詢專業人士**。

另外，**請避免提供敏感個資**，像是個人身份、銀行帳戶、地址等。

step 01 初步財務健康檢查

提示詞

你是一位專業的理財顧問，請幫我進行一次「全面財務健康檢查」，並產出簡易報告。
- 年齡：
- 年收入：
- 每月支出總額：
- 儲蓄金額：
- 投資金額：
- 債務情況：
- 財務主要目標：

報告要包含：淨資產估算、儲蓄率與負債比分析，給我 3 項最優先改善建議。

step 02 提供個人經歷資訊 + 明確目標

提示詞

我完全沒有投資經驗，想學習理財。

請先問我幾個問題，幫助我聚焦財務優先順序，並與我一起設計一個可行的理財計畫。

step 03 更具體的分析與建議

提示詞

請協助我分析：
1. 分析我的收支，計算我的儲蓄率與可調整空間
2. 幫我制定每月的預算支出建議（如生活費、娛樂、儲蓄占比）
3. 給我 3 個長期養成的理財習慣建議。

學習模式：理財知識與實際應用

除了請 ChatGPT 幫你分析實際狀況，從實做中學習理財之外，你也可以使用學習模式來了解理財知識，進而用在自己的實際狀況上。

債務償還策略

提示詞

我有以下債務：信用卡 10 萬元，利率 15%；學貸 20 萬，利率 8%。

請詳細解釋「雪球法」和「雪崩法」，讓我能評估優缺點，並且依照我的情況擬一個 3 年的還款計畫。

/ 學習

已思考 2m 52s

太好了，先把兩個方法講清楚，等你評估完優缺點，我再給你一個「可執行」的 3 年方案。讀到一半若有不懂，隨時打斷我。

兩種還款法怎麼選？

雪球法（Snowball）
- 做法：把多餘的錢先砍掉「金額最小」的那筆，清光後，再把原本那筆的月繳額「雪球」到下一筆，如此循環。
- 為什麼有人愛：很快見到「清掉一筆」的成就感，心理負擔會降很多，比較容易一路做下去。
- 可能的代價：不一定是「利息總額」最低的解法，因為它不一定先處理高利率。

4-44

雪崩法（Avalanche）

- 做法：把多餘的錢先砍「利率最高」的那筆；清光後，再把整筆月繳額移去利率次高的那筆。
- 為什麼數學上更省：先處理高利率 → 減少利息雪球的生長 → 通常利息總支出最低。
- 可能的代價：一開始未必能很快「清掉一筆」，成就感比較慢到。

小重點：
你的組合是「信用卡 10 萬 15%」與「學貸 20 萬 8%」。

- "雪球法會先打小額的「信用卡（10 萬）」；"
- "雪崩法也會先打高利率的「信用卡（15%）」。
    所以在你的情況，兩種方法的優先順序其實一致：都是先清信用卡，再清學貸。差別只會出現在你是否每月還學貸的最低額（心理節奏 vs. 精打細算的細節），但路線相同。"

給你的一個「3 年內清完」基準方案

假設利率按月計息、你的付款可以自由分配（有學貸最低額時就先付滿最低，再把剩餘全砍卡債）。為了容易執行，我把金額四捨五入成好記的數字。

目標：36 個月內清光兩筆
建議每月總預算：NT$ 9,600（至少要接近這個數字才有機會 3 年內全清）

操作步驟（可直接照做）

1. 每月固定拿出 NT$ 9,600 當「債務基金」。
2. 先清信用卡（15%）：
    - 若學貸有最低還款，先付學貸最低；
    - 剩下全部打到信用卡。

- 信用卡從 100,000 起算，扣掉利息與還款後，月末降到約 92,983。
- 你只要重複這個節奏，卡債會「越打越快」，清掉卡後整包 9,600 轉砍學貸。

何時用「雪球心法」、何時用「雪崩心法」？

- 你需要動力感、容易半途放棄 → 把它當「雪球法」在執行（強調看到一筆被清光的快感）。
- 你穩得住、想把利息壓到最低 → 把它當「雪崩法」在執行（小心維持最低利息的策略）。

但就你這組債，先卡後學貸是一樣的；差別只是你對「學貸每月要付多少」的選擇與心理手感。

迷你複習（幫你確認觀念）

- 雪球：先小額 → 動力強；利息不一定最低。
- 雪崩：先高利 → 利息最低；成就感稍慢。
- 你的組合：兩法排序相同（先卡再學貸）。
- 每月抓 至少 9,600，3 年可清光；越多越快、利息越省。

最後想跟你確認一件事（只要回一個數字就好）：
你每月可以穩定投入的總還款額，大約多少？（例如 9,600、10,000 或其他）
有了這個，我就把上面的方案換算成你的專屬月曆版（清卡月份與總利息會精準到你那個數字）。

17 - 體態與健康管理

> **提示詞**
>
> 你是一位專業的健康管理師，熟悉營養學與運動訓練。
> 請根據以下條件，為我設計飲食與運動計畫，並提供額外生活習慣建議。
>
> # 個人健康狀況
> - 基本資料：30 歲女性，160cm，58kg，體脂 38%，辦公室久坐，睡眠 6－7 小時，壓力中等。
> - 健康狀況：對帶殼海鮮過敏，乳糖不耐，無慢性病。
> - 運動習慣：目前每週 1 次重訓＋1 次有氧，希望增加到每週 3 次，每次約 60 分鐘。喜歡飛輪、有氧舞蹈，膝蓋不適合長跑。
>
> # 目標：3 個月內降體脂到 34%，1 年內降到 28%，並增加肌肉線條。
>
> # 請幫我設計，並以表格呈現：
> 1. 一日三餐菜單（標註蛋白質／碳水／脂肪比例，並提供乳製品替代品）。
> 2. 一週運動計畫（包含重訓與有氧，標註運動種類、次數、時間）。

好的，我會幫你設計一個 完整且可執行的飲食＋運動計畫，並搭配生活習慣建議，以下內容專為你的身體狀況（乳糖不耐、對帶殼海鮮過敏、膝蓋不適合長跑）與目標（降體脂＋增加肌肉線條）設計。

1 一日三餐建議菜單（約 1600–1700 kcal，P:C:F ≈ 35%:40%:25%）

餐次	食材搭配	份量/做法	營養比例 (P:C:F)	備註
早餐	燕麥豆漿碗＋雞蛋＋水果	無糖燕麥片 40g、無糖豆漿 250ml（取代牛奶）、水煮蛋 2 顆、藍莓 50g	P 30% / C 45% / F 25%	豆漿取代牛奶，避免乳糖不耐
午餐	雞胸沙拉碗＋糙米	烤雞胸肉 120g、混合生菜 100g、酪梨 1/4 顆、橄欖油 1 小匙、糙米飯 100g	P 40% / C 35% / F 25%	酪梨＋橄欖油提供好脂肪

2 一週運動計畫（每週 3 次重訓＋2 次有氧）

星期	運動類型	內容	時間
週一	重訓（上半身）	- 啞鈴臥推 3x12 - 啞鈴划船 3x12 - 伏地挺身 3x10 - 核心棒式 3x30秒	約 60 分鐘

3 額外生活習慣建議
1. 睡眠優化：嘗試拉長到 7-8 小時，幫助荷爾蒙（瘦體素、胰島素敏感度）調整。
2. 補水：每日 2000ml，搭配綠茶或黑咖啡（無糖），幫助代謝。
3. 壓力管理：每天 5 分鐘深呼吸或冥想，避免壓力荷爾蒙造成脂肪囤積。
4. 飲食紀錄：建議使用 App（MyFitnessPal / Yazio）追蹤熱量與營養素。

> ChatGPT 會根據你的要求，以表格呈現輸出結果

4-5 法律問題幫幫忙

　　法律是一個非常專業的範疇，且所涉及的事件包羅萬象，以及 ChatGPT 的用字遣詞，不一定完全符合台灣的習慣用法。最最最重要的是 —— ChatGPT 的運作是源於大型語言模型，所以在 ChatGPT 的每個介面中，都會提醒你「**ChatGPT 可能會發生錯誤。請查核重要資訊。**」如果你對擬定內容的掌握度不高，還是尋求專業律師的協助最妥當喔！

18 - 合約擬定

　　在一生中，不免會碰到大大小小的合約簽訂，不論是房屋租賃、勞僱合約、商業合作契約、婚前協議、遺囑與遺產分配等等，普遍來說，都已經有制式的公版。但如果制式公版不合乎你的需求，或是需要新增一些特別條款，來保障各方權益時，透過 ChatGPT 可以幫你省下一些功夫！以下用「婚前協議」作為範例：

> **提示詞**
>
> 我想要擬定一份 婚前協議書，以下是我目前的初步構想：
> - 清楚列出雙方婚前財產，婚後仍屬於原擁有者。
> - 若婚後共同購買房產、車輛等，依各自出資比例決定共同持有比例。
> - 婚後收入部分，每人固定每月 4 萬元作為共同財產。
> - 開設共同帳戶，專門支付家庭開支。
> - 日常生活開支預計由雙方平均分攤。
> - 若未來有子女，撫養與教育費用由雙方共同承擔。
> - 關於離婚時的財產分配與子女監護權，我不確定如何擬定較為合理的條款。
>
> \# 任務
> 請協助我完成以下三點：
> 1. 提出修改建議：幫我檢視上述條款，指出不完整或可能有爭議之處，並提醒我需要注意的細節。
> 2. 資訊補充建議：若我提供的資訊不足，請明確告訴我應該再補充哪些面向（例如：保險、繼承、醫療決策、債務責任等）。
>
> → 接下頁

3. 正式文件撰寫：依照法律文件的格式與用語，協助我草擬一份清楚、完整的婚前協議書草稿。

限制與提醒
1. 條款用詞需保持正式、明確，避免模糊空間。
2. 文件內容需保持中立與公平，不要過度偏向單方利益。
3. 我理解最終仍需律師審閱，請先協助我完成草稿，之後會再尋求專業人士協助，確認正式版本內容。

好的，我會依照你的需求分三個部分來完成：

一、修改建議（檢視條款與可能爭議點）

1. 婚前財產
   - 條款清楚，但需明確定義「婚前財產」包含哪些（現金、股票、基金、不動產、債務等），避免日後爭議。
   - 建議列附表，分別列出雙方的財產與債務清單。
2. 婚後共同購置財產

二、資訊補充建議（建議補充面向）

1. 債務責任：
   - 婚前債務由原債務人單獨承擔；婚後債務需區分為「共同生活債務」與「個人債務」。
2. 保險與退休金：
   - 人壽保險、勞退、退休金帳戶是否屬於個人財產或共同財產。
3. 醫療決策與代理：
   - 遇到重大疾病或事故時，雙方是否互為醫療代理人？
4. 繼承權

三、婚前協議書草稿（示範版）

以下為範例草稿，僅供初步參考，最終請務必交由律師審閱與修改：

婚前協議書（草稿）

立協議人
甲方：＿＿＿＿＿＿＿＿（姓名、身分證字號）
乙方：＿＿＿＿＿＿＿＿（姓名、身分證字號）

雙方基於結婚之前提，為明確婚姻存續期間之財產、債務及相關事宜，特立本協議如下：

> ChatGPT 會根據你要求的任務，來一一回覆

TIP

你也可以先找好一個「最貼近你的需求」的公版，貼給 ChatGPT，讓它根據這個公版，跟你逐項討論。

19 - 法律諮詢

> **提示詞**
>
> 你是一位熟悉學術倫理與研究規範的專業顧問,請協助我分析以下案例。
>
> # 案例描述:
> - 我在就讀研究所期間,至少替指導教授撰寫了 10 個計畫,並且都有通過。
> - 教授在過程中有提供口頭指導,但並未參與撰寫計畫內容,只在最後撰寫了整份計畫的摘要。
> - 在計畫掛名上,只有標註教授為主持人,沒有我的名字。
>
> # 問題:
> 1. 在此情境下,計畫的智慧財產權應如何界定?
> 2. 這樣的做法是否可能涉及學術倫理爭議?
> 3. 若有爭議,應該如何提出或維護自身的權益?
>
> # 輸出要求:
> - 請以條列方式,分別說明「智慧財產權」與「學術倫理」的角度。
> - 若可能有灰色地帶或需要補充資訊,請指出需要哪些細節。
> - 最後請提出具體的行動建議。
>
> / 搜尋

以下是依照您的要求,從 **智慧財產權** 和 **學術倫理** 兩個角度,以條列方式進行分析,並補充可能的灰色地帶與具體行動建議。

一、智慧財產權(Intellectual Property, IP)角度

- **一般法律原則**:若是研究生自行撰寫計畫(文字與創意構想),並無明文契約或僱傭關係規範通常未約定轉讓著作權,其創作內容屬於創作者(即您)所有,而非教授或學校。根據 copyright law 的 "work-for-hire" 概念,除非有書面合約明定,否則不自動屬於雇主或指導者控制或擁有 [ilj.law.indiana.edu]
- **屬性問題**:部分學術機構可能會針對師生所寫之計畫文件的智慧財產分配訂…權利仍屬於實際撰寫者。
- **灰色地帶/補充資訊**:
  - 是否有任何學校或實驗室內部規範(如簽署過計畫協議、IP 協議)?
  - 計畫專案是否具有可能轉為發表或商業應用的潛力?是否有意願註冊著…

> ilj.law.indiana.edu
> Graduate Students' Ownership and Attribution Rights in ...
> 2009年3月31日 — by SH PATEL · Cited by 86 — A university may view a proposal to reallocate ownersh...

點擊連結標籤,能連結引用出處

4-49

> **TIP**
>
> 你可以透過網路搜尋的功能,來查找最新資訊 (也就是可能不在 GPT 模型訓練資料集裡的新資訊),如新聞報導、學術研究、技術趨勢、市場競品、法律法規、政策變更…等,可以輔助查證 AI 生成的內容。

20 - 存證信函

存證信函算是常見的文書資料,這是一種用來保留證據的信函。當發生糾紛,像是欠錢不還、拋棄繼承、行車糾紛、購買糾紛等等,或是口頭約定時,怕口說無憑、希望留個憑證,都能派上用場。

特別提醒~需要提供足夠的背景資訊,才能有比較完善的結果,保障到你的權益。你可以使用 ChatGPT 擬出存證信函的大致內容,並請他給予建議,並逐步修改。

由於可能需要來回討論、修改,你可以嘗試使用畫布功能,方便即時調整。以下用「行車糾紛」當作例子:

提示詞

你是一位專業法律顧問,請協助我擬一封正式的「存證信函」。

#背景:
- 我在上週發生車禍,對方闖紅燈並與我發生擦撞。
- 我的車輛保險桿受損,維修估價為新台幣 7,500 元。
- 對方已口頭同意賠償,我將附上紙本估價單。
- 我希望這封存證信函能作為索賠憑據,也作為日後賠償完成後「雙方和解」的證據。

#需求:
1. 以存證信函的標準格式撰寫 (包含收件人、主旨、正文、附件、落款)。
2. 採用專業、正式的法律用語。
3. 明確列出索賠金額、付款方式與期限。

→ 接下頁

4. 在信中保留「若已賠償即視為和解」的法律效果。

5. 如果我的資訊不足，請提醒我需要再補充哪些細節（如事故日期、地點、雙方姓名或車牌號碼）。

/ 畫布

ChatGPT 會列出需要補充的資訊

透過對話視窗補充資訊，ChatGPT 會幫你修改

你也可以直接在畫布中補充資訊、進行修改

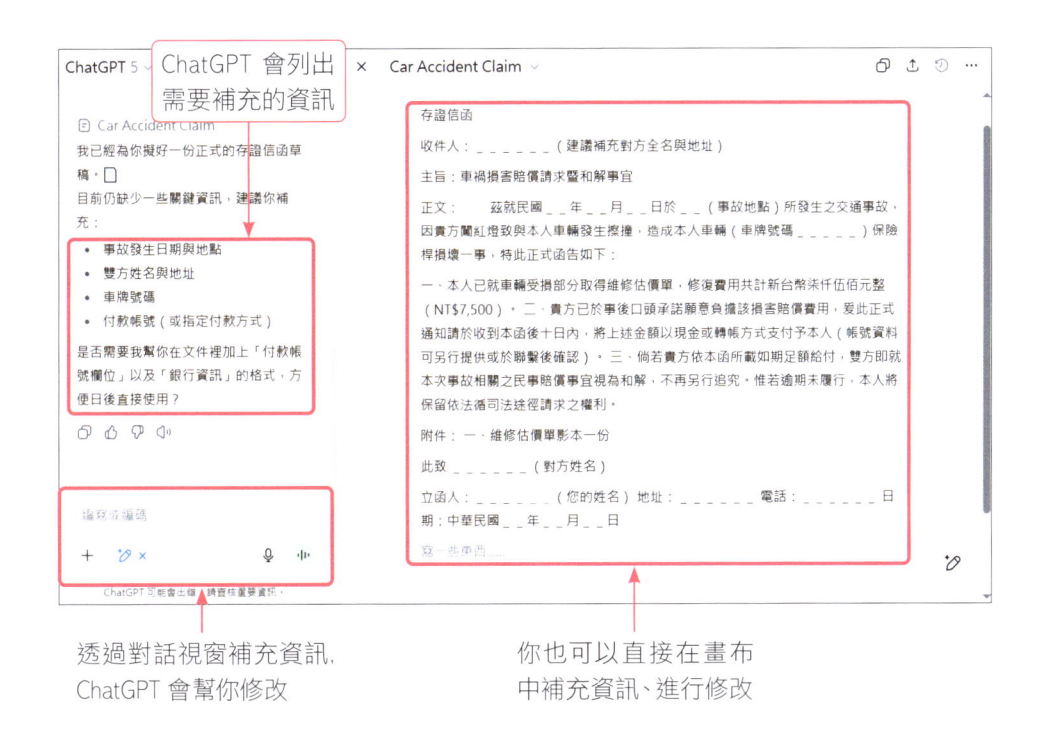

內容完成之後，你還可以善用「台灣郵局存證信函產生器 Pro」(https://lalg-pro.onrender.com/)，輕鬆轉換成存證信函的格式！

小提醒 ～ 雖然 AI 真的很聰明，也會依據你平常輸入文字的語氣、習慣，來調整回話的用語，甚至於還可以指定他要用什麼語氣或扮演角色（扮演男女朋友、也有人會幫 ChatGPT 取名叫淑惠…等等），所以你會發現每個人的 ChatGPT 對談風格都不太一樣。除了很好用，或許也能在某些關鍵時刻撫慰到你，可是過度依賴或成癮不容小覷，不要讓自己過度耽溺在虛擬世界中，是需要提醒自己的喔！

重點整理

在操作完上述這些範例之後,你有沒有發現什麼規律呢?上面這些範例,都依循著一定的說話脈絡,不但符合我們平常與人對話的方式,也透過結構化的鋪陳,讓 ChatGPT 能夠更清楚掌握我們的需求、給予回饋。

1. **賦予明確角色**:根據不同情境與需求,為 ChatGPT 指定一個清楚的角色定位,例如「**專業律師**」、「**資深人資顧問**」或「**市場行銷專家**」,這樣 ChatGPT 的回覆會更貼近該角色的專業角度與語氣,而不會只是一般性的回應。

2. **說明目標與條件**:明確提出你希望達成的最終目標,例如「**生成一份完整的專案提案**」或「**設計一日三餐健康菜單**」,並可進一步提出希望符合的幾項條件或指標,如「**需包含圖表**」或「**必須符合低醣飲食原則**」,讓輸出結果更具體實用。

3. **提供背景資訊**:適度提供相關的背景資訊,例如「**使用者的年齡層**」或「**專案的目標受眾**」,可以幫助 ChatGPT 避免給出過於籠統、偏離重點或缺乏針對性的回覆,確保內容更切合實際需求。

4. **指定回覆形式**:在指令中清楚說明希望 ChatGPT 以哪種形式呈現答案,例如**表格、條列清單、分段說明、故事敘事、程式碼範例**等,不僅能提升輸出的可用性與可讀性,也能節省後續再整理的時間。

5. **定義限制與範圍**:明確告訴 ChatGPT 回覆的範圍,例如「**僅限於台灣的法規**」、或「**輸出字數不超過 500 字**」,同時也可要求其拓展範圍,如「**提供 3 種可能的替代方案**」,如此能有效減少反覆追問與修正的次數,提升對話效率。

應該要怎麼跟 ChatGPT 對話,可以更有效率?這是隨著不同 GPT 模型迭代推出,不斷被研究與更新的一門學問,並已發展出一套系統,統稱為——提示工程 (Prompt Engineering)。讓我們往下一個章節繼續看下去!

CHAPTER 5

跟 GPT-5 溝通必修的提示工程

雖然跟 ChatGPT 對話時，能使用自然語言（可以像人一樣溝通），也有使用者平常就會跟 ChatGPT 閒聊，它彷彿成為了一個好友。但是，如果你有明確的使用目標，發散的、沒有邏輯的提問方式，會讓你浪費很多時間，不只是需要來回好幾次溝通，更可能完全問不出你要的內容。所以必須稍微理解 ChatGPT 模型的基礎原理，掌握 Prompt 提示詞的技巧，才能可以好好跟 ChatGPT 溝通，提升模型答覆的精準度、增加效率。撰寫 Prompt 的原則與技巧，已經發展出一套系統，並且被稱為提示工程（Prompt Engineering）。

當我們使用 ChatGPT 時，所輸入的問題、任何指示，都可以通稱為「Prompt」，而中文常稱為提示語或提示詞。不論是 OpenAI 官方或是坊間 Youtuber 等等，提出的 Prompt 撰寫原則或技巧有百百種。為此，旗標特別彙整 **OpenAI 官方跟史丹佛大學吳恩達教授合作推出一系列教學課程、深津貴之提出一套高效率的 ChatGPT 提示詞 (被稱為深津氏泛用 Prompt)、影片破百萬點閱的 Youtuber——Andrej Karpathy、Kevin Stratvert、Jeff Su 分別提出的操作建議**，以及 **多位學者 2025 年的研究結果** (研究出處請見本章最末頁的備註欄，若讀者有興趣可進一步查閱全文)，並輔以旗標編輯群實測後，整理撰寫 Prompt 的基本原則與技巧，歸納 ChatGPT 模型的限制與注意事項。讓你可以聰明使用 ChatGPT，不只是輕鬆完成待辦事項，更不會被「AI 幻覺」給騙了！

5-1 要寫好提示詞超難欸…沒關係！提示詞優化器工具來幫你

1 - GPT-5 的提示詞優化器工具

由於 **GPT-5 對提示詞的敏感度較高，特別在代理程式模式、程式設計以及多模態任務上更加明顯**。這代表如果你的提示詞夠清楚、沒有矛盾，則更容易得到理想的結果；相反地，如果提示詞模糊或前後不一致，就可能導致表現不如預期。

為了讓大家更充分利用 GPT-5 的能力與新功能，OpenAI 推出了 **提示詞優化器工具 (Prompt Optimizer Tools)**。它能幫助你改善提示詞，讓其更契合 GPT-5 的特性。

如何進入提示詞優化器工具的頁面？

你可以在官方網站所提供的 GPT-5 提示詞指南 (https://cookbook.openai.com/examples/gpt-5/gpt-5_prompting_guide) 中，找到提示詞優化器工具 (prompt optimizer tool) 的字樣，點擊後就會開啟頁面。

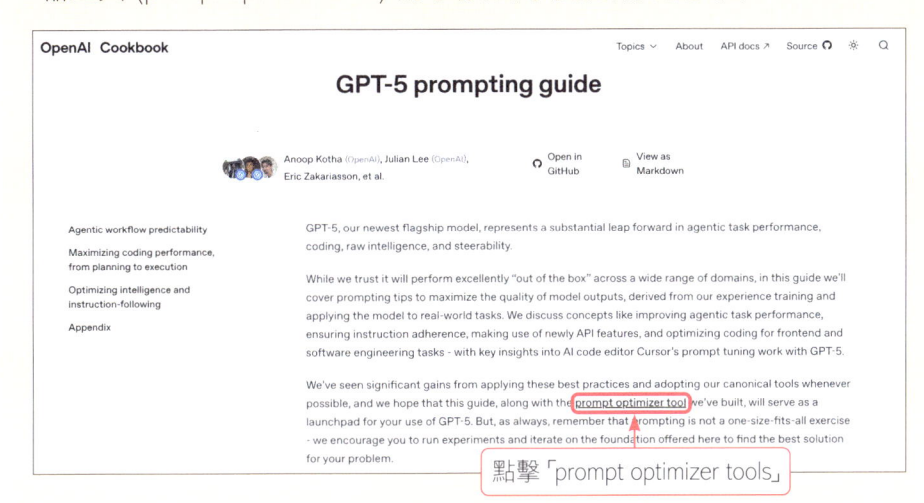

點擊「prompt optimizer tools」

　　讓我們來嘗試看看，把上一個章節請 ChatGPT 協助翻譯的提示詞，丟入提示詞優化器中，會發生什麼事？

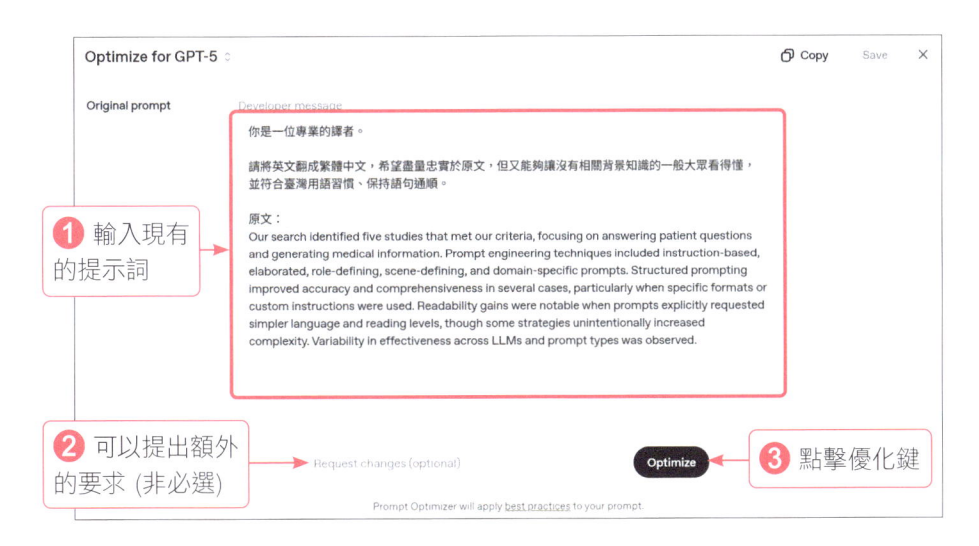

① 輸入現有的提示詞

② 可以提出額外的要求 (非必選)

③ 點擊優化鍵

點擊「Optimize」就會進行優化,這有可能會需要等 1 至 2 分鐘,等待時間會受到提示詞內容、網速等因素而影響。在優化過後,會看到提示詞優化器幫我們做了清楚的段落劃分。至於翻譯的要求內容 (忠實於原文等等),因為我們原先的要求就已經很明確,所以它其實並沒有多做修改。不過它提供了完整的工作流程規劃,且增加了一些驗證步驟。你可以視情境、任務需求,來決定是否要加入驗證步驟。

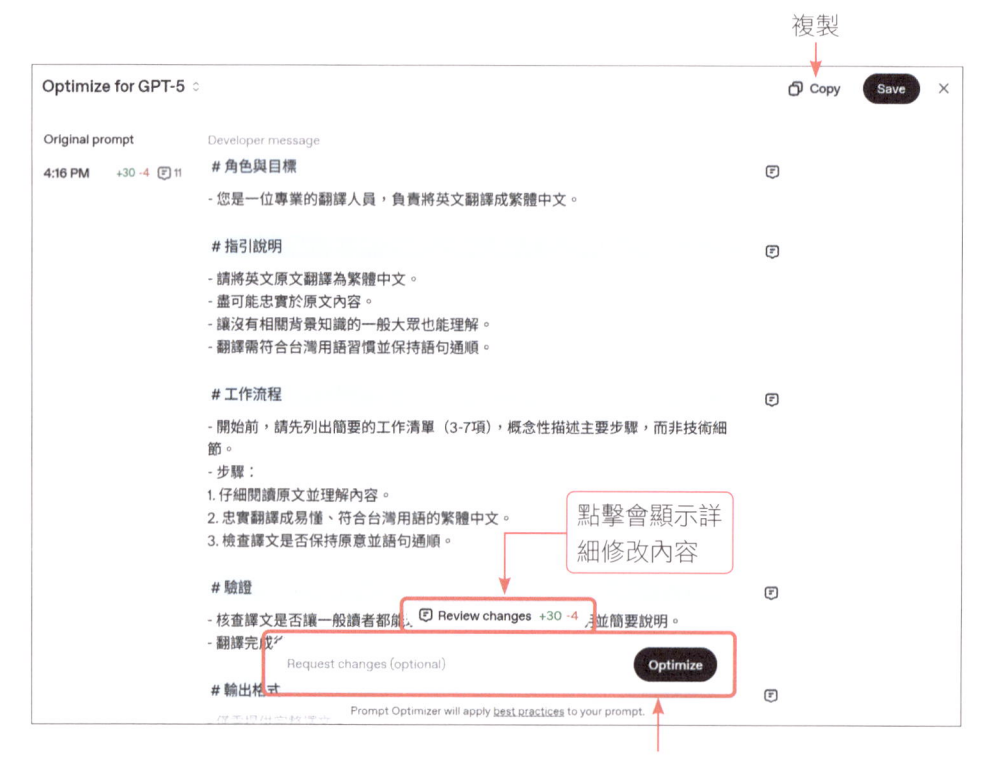

透過查看詳細修改內容,我們可以從中窺探出 GPT-5 在處理程序上的邏輯,包含:**開場就明訂角色與目標、提供目標任務須符合的條件、敘明工作流程、特別要求再次驗證內容、指定輸出格式與細節、強調結束條件**。當有明確的工作流程,可以預防 AI 跳過一些指令或不斷陷入死循環中,並且透過要求它再次驗證,可進一步確保內容準確性。

```
Developer message

# 角色與目標

Reasoning behind change: 將開場直接描述改為明確的小節（角色與目標），提升資訊結構清
晰度，更符合標準化撰寫規範，方便開發者理解任務及身份定位。
Reasoning behind change: 重編所有說明語句，使語氣更正式、有條理，語句更流暢，有助
於GPT-5對多任務與分段格式指令的精確履行，避免內部推理披露，專注於明確指示。
Reasoning behind change: 移除冗餘的內部思考／推理要求，避免系統彈出不必要的提示，
強化任務導向，提升訊息私密性與直觀操作性（GPT-5最佳實踐）。
- 您是一位專業的翻譯人員，負責將英文翻譯成繁體中文。
```
⎫
⎬ 開場就明訂
⎭ 角色與目標

```
# 指引說明

Reasoning behind change: 將翻譯時的四大原則明確列點於『指引說明』，避免遺漏關鍵指
示，確保翻譯品質一致且容易遵循。
- 請將英文原文翻譯為繁體中文。
- 盡可能忠實於原文內容。
- 讓沒有相關背景知識的一般大眾也能理解。
- 翻譯需符合台灣用語習慣並保持語句通順。
```
⎫
⎬ 提供目標任務
⎭ 須符合的條件

```
# 工作流程

Reasoning behind change: 新增『工作流程』，要求執行者於開始前列出簡要流程，並條列主
要步驟（未細分技術細節），這是GPT-5對『Plan First』最佳實踐的典型設計，可讓系統準確執
行多步任務，避免遺漏流程。
Reasoning behind change: 統一流程標題格式、刪減重複描述並合併相似說明，提升易讀性
與指示精度，符合GPT-5對於訊息修繕劃分的最佳實踐。
- 開始前，請先列出簡要的工作清單（3-7項），概念性描述主要步驟，而非技術細
節。
- 步驟：
1. 仔細閱讀原文並理解內容。
2. 忠實翻譯成易懂、符合台灣用語的繁體中文。
3. 檢查譯文是否保持原意並語句通順。
```
⎫
⎬ 敘明工作流程
⎭

```
# 驗證

Reasoning behind change: 新增『驗證』，要求譯者翻譯後需檢查是否達標及自我修正，並對
有疑問處給予簡要說明，落實GPT-5『Post-action Validation』原則，強調自我驗與易讀性審
查。
- 核查譯文是否讓一般讀者都能理解內容。如果有疑問，註明並簡要說明。
- 翻譯完成後，自行驗證內容是否正確通順，如未達標請修正後再提交。
```
⎫
⎬ 特別要求再次
⎭ 驗證內容

```
# 輸出格式

Reasoning behind change: 明確規範『輸出格式』，要求只需提交完成譯文，語句需自然流
暢。此舉有助維持交付標準及語言風格。
- 僅需提供完整譯文。
- 使用繁體中文，語句自然流暢。

# 語句細節要求

Reasoning behind change: 獨立列出『語句細節要求』，規定內容必須簡明易懂，避免晦澀詞
語，提升目標受眾的可讀性。
- 內容應簡明易懂，避免生僻難懂的詞彙。
```
⎫
⎬ 指定輸出格式
⎭ 與細節

```
# 結束條件

Reasoning behind change: 新增『結束條件』，明確定義交付標準，避免因不清楚邊界而產生
延遲或重複修正。
- 當翻譯完成，內容通順且確認無誤即可交付。
```
⎫
⎬ 強調結束條件
⎭

除了把優化後的提示詞複製起來，貼到 ChatGPT 提問之外，如果你是使用付費版，還可以把它設定成專案的指令，之後只要是在這個專案中的對話，它都會依循這個規則來回覆你。

```
□ F5163

+ 在 F5163 的新聊天                              🎤 ⋮

新增檔案                              新增指令
此專案中的聊天可以存取檔案內容          量身訂製 ChatGPT 在此專案中的回應方式
```

→ 新增指令

```
指令                                                          ×
ChatGPT 可以如何幫助你完成這個專案？
你可以要求 ChatGPT 焦注在特定主題，或要求它使用特定語氣或格式進行回應。

#角色與目標
您是一位專業的翻譯人員，負責將英文翻譯成繁體中文。

#指引說明
- 請將英文原文翻譯為繁體中文。
- 盡可能忠實於原文內容。
- 讓沒有相關背景知識的一般大眾也能理解。
- 翻譯需符合台灣用語習慣並保持語句通順。

#工作流程

                                                取消   儲存
```

↑ 輸入指令

提示詞優化器工具仍具有隨機性

當你使用提示詞優化器工具時，即使是輸入一樣的內容，它每次的回覆也都不一樣。

這跟你平常使用一般 AI 工具時相同，它們都具有一定的隨機性。如果第一次的回應結果不滿意，只需要跟它來回溝通、請它調整即可。

2 - 發佈並取得 Prompt ID

　　稍早示範的做法算是一般大眾的親民版。但如果你是開發人員，而且專案需要多人協作、管理不同版本、維持各個平台 (如網站、App等) 的內容一致，就可以把優化後的提示發佈成 Prompt，取得一組 Prompt ID (就像是它的專屬代碼)，讓程式和其他工具都能透過呼叫 API，共用同一份 Prompt 來進行設定。

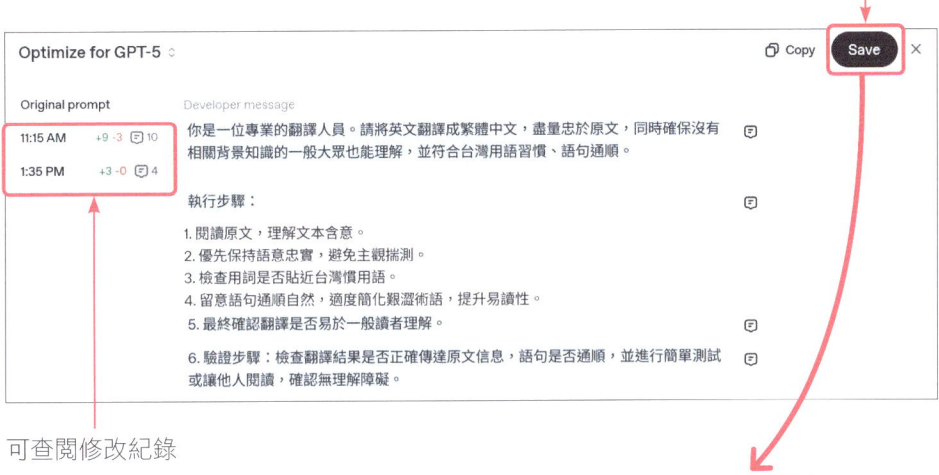

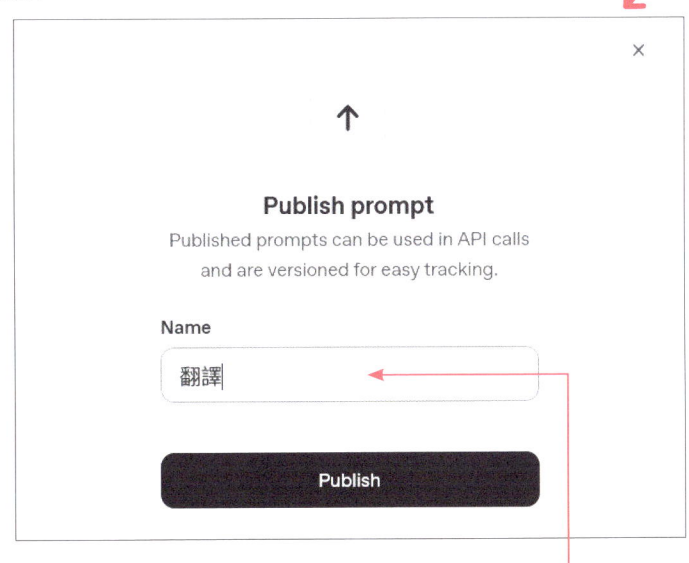

儲存

可查閱修改紀錄

可自訂 Prompt 名稱

5-7

儲存後，依然可以繼續修正 Prompt，只需要點擊「Update」就會更新版本。

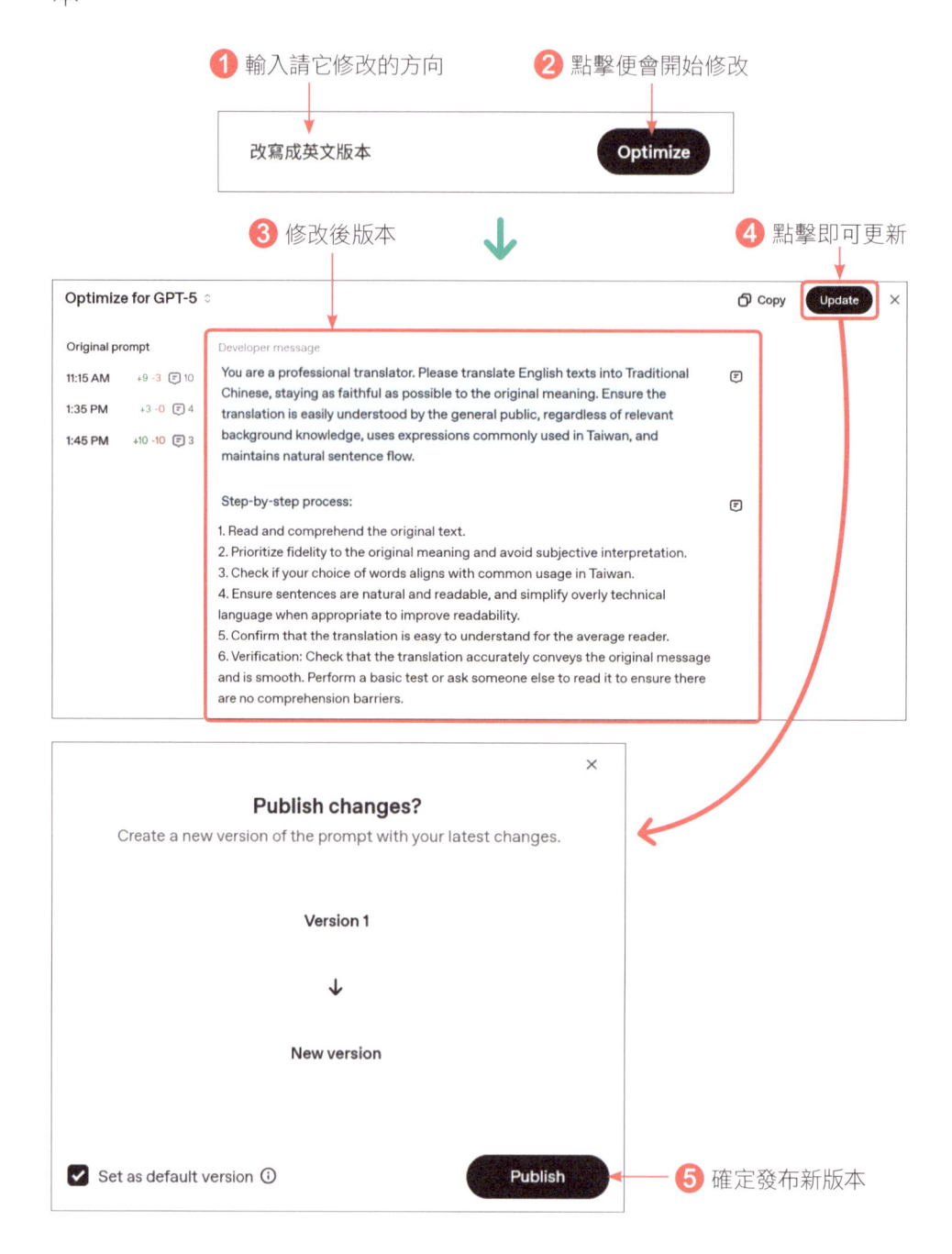

發佈 Prompt 後，除了可以取得 Prompt ID，它還會自動幫你寫好一段呼叫 OpenAI API 的範例程式，並且提供不同語言或格式，你可以依照自己常用的開發環境來選擇。

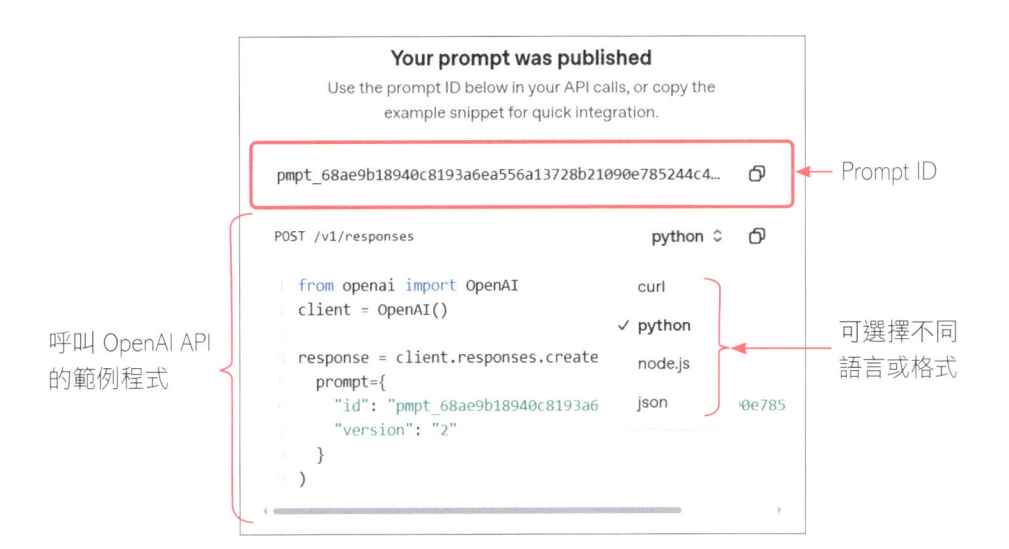

```
Your prompt was published
Use the prompt ID below in your API calls, or copy the
example snippet for quick integration.

pmpt_68ae9b18940c8193a6ea556a13728b21090e785244c4...    ← Prompt ID

POST /v1/responses                              python

from openai import OpenAI                       curl
client = OpenAI()                             ✓ python
                                                node.js      可選擇不同
response = client.responses.create                           語言或格式
    prompt={                                    json
        "id": "pmpt_68ae9b18940c8193a6
        "version": "2"
    }
)
```

呼叫 OpenAI API 的範例程式

5-2 問對問題很重要！撰寫 Prompt 的基本原則與技巧

倘若使用者的問題語法不清晰、不熟悉 ChatGPT 的運作邏輯，它可能會誤解問題、生成不符合需求的回應。像是當你的問題不夠清楚、上下文資訊不足，則可能會給出過於籠統的答案，也可能會「猜測」使用者的意圖，導致錯誤或不相關的回覆。

在進到這個小節之前，讓我們再次複習一下 ~ 提問時需掌握的說話脈絡 (更多案例與說明，請見第 4 章)：

1. **賦予明確角色**：視情境與需求，賦予 ChatGPT 某個角色。
2. **說明目標與條件**：明確指出預期達到的目標，並可提出希望符合的幾項條件或指標。

3. **提供背景資訊**：讓 ChatGPT 知道這項目標的基礎背景，預防 ChatGPT 的回覆太過廣泛。
4. **指定回覆形式**：說明要表格、清單、段落、故事或程式碼等，能大幅提升可用性。
5. **定義限制與範圍**：明確限縮回答範圍，或是增廣回答範圍等，可以減少來回問答的次數。

> **TIP**
> 如果你的任務涉及複雜的流程，或是需要嚴謹的推理過程，建議可再加上**執行流程、檢查步驟**，讓 ChatGPT 確實遵循你的指令來執行。

1 - 提問形式

- **直接提問**：適用於單一問題，能快速獲得答案。

- **多輪對話與反饋**：針對 ChatGPT 的初步回覆，提出更進一步的要求或修改建議。例如，在翻譯後要求調整語氣、用詞，或在撰寫英文信後要求使其更活潑。

- **階段式提問**：這適用於生成長篇文本，或是執行任務前需要有詳細的討論、逐步問出結果。舉例來說，像是上一章節的撰寫推理小說，是先聚焦主題、風格，接續訂定角色，才會開始撰寫故事。

  > **TIP**
  > 如果需要生成長篇文本，除了階段式提問，建議搭配畫布、專案功能，效果會更好。

- **先發散思考，再進行目標任務**：可以根據目標先進行發散式的提問、討論，等到確立方向之後，再請 ChatGPT 執行你真正要做的任務。

- **提供參考檔案**：當要解釋的內容很複雜時，並不一定全都要靠文字說明，你也可以附上檔案、圖片，請 ChatGPT 分析或當作範本。

2 - 提問的段落格式

- **使用引號、標籤**：可以使用引號標示出重點，或是使用標籤 (#) 來標註關鍵字，都可以做到強調重點的效果。

- **使用標題、列點**：在每一個段落前面加上「標題」或是列點說明。

- **使用分段、分隔符號**：可以善用分段，若文字內容較長時，可以使用「---」或其他符號，讓段落之間有所區隔。

輸入格式

- **一般文字輸入**：適用於所有情境，當你能夠更清楚表達情境與需求，ChatGPT 的理解就能愈準確、給予適切的回覆。

- **上傳圖片、檔案**：可用於解析圖片、檔案內容，也可以上傳表格擷圖，讓 ChatGPT 分析。只需要點選「新增照片和檔案」或直接將其拖拉至對話框中，即可上傳。

- **特定格式輸入**：如果希望 ChatGPT 能處理結構化數據，可使用 CSV 格式。你也可以直接複製表格內容、貼到 ChatGPT 的對話視窗，雖然貼過去之後，看起來是一長串的字，但基本上它都能正確辨識。

> **提示詞**
>
> 姓名, 年齡, 城市
> 小明, 25, 台北
> 小華, 30, 台中

TIP
CSV 格式，是以逗號來分隔欄位，每一列則代表一筆記錄。

5-11

3 - 提供角色定位與目標

- **扮演特定角色**：例如「英文小老師」、「心理諮商師」、「面試考官」等。

- **要求 ChatGPT 扮演動態角色**：除了靜態角色, 還可以設定動態角色, 讓模型在多輪互動中根據使用者輸入動態調整其回應。

> **提示詞**
>
> 請你同時扮演三個角色：
>
> - 顧問：提供專業分析, 聚焦在策略方向與專案規劃。
>
> - 教練：逐步引導我修改專案內容, 提供清楚操作步驟。
>
> - 顧客：站在使用者角度, 給予真實情境下的回饋。
>
> 規則：
>
> 1. 每次回覆請在開頭註明當前角色, 例如**顧問**。
>
> 2. 我會用「**切換 = 顧客**」來指定角色；未指定時, 維持上一個角色。
>
> 3. 若判斷另一個角色會更適合, 也**可以主動提醒我切換, 但要等我同意**。

- **表明自己的身分**：「書籍出版社的 FB 小編」、「現在的工作是研究助理」等。

- **目標對象的身分**：「30 - 50 歲的 FB 受眾」、「預計轉職到科技產業的專案管理」等。

- **限定觀點或視角**：「從法律角度來看要注意什麼？」、「以一個新手的狀態來說, 這個教案會不會太難？」等。

- **強調目標**：「我的目標是提高 FB 貼文的互動次數, 請幫我提出具體可執行的方案, 並一步步帶我完成。」

4 - 提供背景與細節資訊

- **提供人物的背景資訊**：你的提問中可能會有不同的人物角色，提供這些**人物的背景資訊**，會有助於 ChatGPT 聚焦情境。像是想要規劃自己的健康食譜，讓 ChatGPT 知道自己「體重介在正常範圍，但體脂肪有 38%。目前每週會安排一次健身、一次有氧運動，對帶殼的海鮮過敏，而且有輕微乳糖不耐症」。除了人物的背景資訊，你也可以交代**不同人物之間的關係**，比如說「我們公司跟對方已經合作好幾年了」，進一步再提出你的需求是「希望這封信件內容可以稍微活潑一點，但也保持專業形象」。

- **提供事件的細節資訊**：這有一點像你要去點一杯珍珠奶茶，要求要「大杯、少糖、去冰」。提供**事件的細節資訊**，能讓 ChatGPT 生成更準確的回覆。像是要擬一封邀約會議的英文信件，你可以提供「議程、日期、時間偏好」；或是如果你想要擬定一個 LLM 書籍的行銷企劃，可以設定為「3 個月」的方案，當然，如果你對於時間沒有想法，是可以留空、讓 ChatGPT 來幫你判斷。**提供多少細節資訊，這取決你的需求、你熟不熟悉這件事的運作，以及你對任務目標的掌握程度**。

- **提供專業術語對照表**：如果你的內容涉及專業知識，建議提供專業術語的對照表，可以提升內容生成、翻譯的準確度。

- **指定版本**：如果你請 ChatGPT 輸出的結果，會需要應用到不同的軟體，建議向 ChatGPT 指定輸出格式需符合你的軟體版本。像是當你想要請 ChatGPT 提供函數時，讓它知道「我的 Excel 是 365 版本」，這樣就能得到該版本適用的函數。

5 - 提供執行步驟與流程

- **提供明確步驟**：如果你希望 ChatGPT 按照固定順序完成任務，建議將步驟拆解並逐點列出，例如「步驟一：蒐集資料」、「步驟二：分析關鍵詞」、「步驟三：輸出成表格」。

- **指定執行規則**：在流程中標註**限制條件或檢查點**，能避免 AI 跳過或誤解。例如「每完成一步驟,請先確認輸出正確,再進行下一步」。
- **範例模版**：若流程會反覆使用,可以提供一份標準作業流程 (SOP) 或範例模版,讓它在相同框架下執行,提升一致性與可控性。

6 - 提供具體案例

- **提供範例、舉例說明**：如果不知道怎麼用文字描述清楚,給 ChatGPT 一段範例吧!用文字、擷圖、檔案都很 OK,它很聰明的!

舉例來說,如果要說明 A - J 欄的資料型態,其實還蠻麻煩的,要想一下才知道要怎麼描述,也可能想過之後也不知道怎麼講。你可以直接打出來!

> **提示詞**
>
> 這是我 Excel 裡, A - J 欄的資料
>
> **0 1 1 0 1 0 0 0 0 0**
>
> 我希望能夠辨識出有 1 的欄位,並將結果存放在 K 欄

你可以在 K 欄輸入一個公式,來自動抓出 A 到 J 欄中有 1 的欄位名稱或欄位位置。這裡提供兩種方式:

方法一:顯示有 1 的欄位名稱(例如 A、C、E)

在 **K1** 輸入以下公式:

```excel
=TEXTJOIN(",",TRUE,IF(A1:J1=1,CHAR(COLUMN(A1:J1)+64),""))
```

然後按 **Ctrl+Shift+Enter**(如果是舊版 Excel,需要陣列公式;新版 Excel 可直接按 Enter)。

方法二:顯示有 1 的欄位位置(例如第 2,3,5 欄)

在 **K1** 輸入以下公式:

```excel
=TEXTJOIN(",",TRUE,IF(A1:J1=1,COLUMN(A1:J1),""))
```

> 直接貼給 ChatGPT 看之後,它不但理解你的意思,還提出了不同解決方案,真的超方便!

- **提供公版文件、格式**：你可以提供一個框架，讓 ChatGPT 根據這個框架來生成或調整內容。

> **提示詞**
>
> 以下有一段 FB 貼文公版，請依據這段公版，生成一則「讓 AI 能理解上下文的滑動視窗法」主題的貼文。
>
> ---
>
> (貼上內容)

7 - 指定輸出格式與條件

- **指定檔案格式**：可以指定輸出成 Excel 檔案、Markdown 格式等等，方便你進行下一步的任務。

> **GPT**
>
> # 這是一個標題
>
> ** 這是粗體文字 **
>
> - 這是項目一
> - 這是項目二

> **TIP**
>
> Markdown 格式，是使用簡單標記的格式化文件。

- **限制字數**：限制 ChatGPT 回覆的字數，可以更符合你需要的情境。

- **指定提供幾個版本**：讓 ChatGPT 一次發想多個版本，你可以有更多排列組合的選擇。

> **提示詞**
>
> 我想要發一則介紹《讓 AI 好好說話！從頭打造 LLM（大型語言模型）實戰秘笈》書籍的貼文，請生成 **30 字內**的標題，並提供 **5 種版本**。

- **指定風格、語氣**：透過指定風格、語氣，可以幫助生成文案的文風，更符合你需要的情境。例如「東野圭吾的寫作風格」、「學術語氣」、「口語化」、「專業形象」、「稍微活潑一點」等。

- **指定地區用語習慣**：依據地區、指定用語習慣，除了可以提高流暢度之外，也能顯得更專業。例如「臺灣慣用的繁體中文」、「美國商場慣用的信件用語」。

- **說明操作步驟**：如果你的提問中涉及「操作」，一般來說 ChatGPT 會自動說明步驟。像是你想知道可以用什麼 Excel 函數，它會跟你說操作步驟。倘若沒有 ChatGPT 沒有說，你也可以再次提出需求。

提高輸出的易讀性

- **列點說明**：如果文本內容很長、你有列點提問，基本上 ChatGPT 都會自動列點說明。如果沒有，你可以再次要求它列點說明。

- **提供前後對照表**：難以判讀 ChatGPT 前後修改的內容差異時，可以請它提供前後對照表。如果你是使用畫布功能，則可以使用介面中的「顯示變更」，便可以輕易查看變更內容。

- **將資訊整理成表格**：如同上一章提到的，你可以直接把整理好的表格，直接複製貼上到 Excel 或 Google Sheet。若要貼到 Word 裡則需選擇「保持來源格式設定」貼上，才能正確地顯示成表格。

8 - 驗證結果

- **要求 ChatGPT 自行檢查**：直接請 ChatGPT 再次檢查 (可以多次檢查)，並提供改進建議。

    > **提示詞**
    >
    > 請你自行對內容進行多次檢查 (至少 2 輪)，並在每一輪檢查中：
    >
    > 1. 說明你檢查的面向與方法。
    > 2. 指出發現的問題或潛在改進點。
    > 3. 在最後彙整所有檢查結果，提出具體改進建議。
    >
    > 請確保你的回答包含「檢查過程」與「最終建議」兩個部分。

- **提供驗證條件**：提供驗證條件，可以讓 ChatGPT 根據明確目標來檢查內容。

    > **提示詞**
    >
    > 請檢查程式碼是否符合以下規定：
    >
    > 1. 是否有註解並解釋主要函式的用途
    > 2. 變數名稱需具描述性，不可用 a/b/c
    > 3. 是否包含至少一個單元測試

- **搜索網頁查證**：使用 ChatGPT 的網頁搜尋功能，進一步檢查結果。
- **人工查證**：使用者可隨時驗證 ChatGPT 回覆的內容是否正確，尤其是針對專業知識、關鍵決策等。

9 - 管理記憶與上下文

- **記憶同一對話的上下文**：適用於同一個主題、持續性的討論，ChatGPT 會稍微記住前面的內容，聚焦先前提到的範圍，跟你繼續討論。

上下文視窗 (Context Window)

上下文視窗決定了模型在對話中能持續記住多少細節，就像是 LLM 的「工作記憶 (working memory)」。

模型一次可處理的文本量，包含：使用者輸入、附加文件、程式碼、從外部資料來源提取的補充資訊、格式化符號 (如特殊字元、換行符號)、模型生成的回應，以及系統提示 (System Prompt，通常是隱藏的、不會顯示給使用者看，用來規範模型行為)。每一次的對話互動 (使用者輸入與模型回應) 都會消耗上下文視窗容量；一旦超過上限，LLM 必須透過截斷或摘要來繼續處理。

需要注意的是，LLM 在處理長文本時，往往更容易聚焦於開頭與結尾的資訊，而中段則相對容易被忽略。這種現象在研究中被稱為 **Lost in the Middle**」效應，也就是模型對開頭與結尾的記憶效能較佳，但對中間段落的利用度明顯下降。

此外，上下文視窗的容量是以 token 為單位，而非字數計算。若讀者有興趣，可以參考 OpenAI 的視覺化分詞器 (https://platform.openai.com/tokenizer)，觀察字詞如何被拆分成 token。

- **摘要重點後，再記憶**：基於模型上下文窗口的限制，如果討論的篇幅已經很長，就可能會產生失憶或偏誤。你可以請 ChatGPT 總結先前的討論內容，並摘要重點，你也能適時補充你希望它記住的關鍵點。下一步就可以引導 ChatGPT 根據摘要內容，延續相同的討論話題。

> **提示詞**
>
> 請摘要上述內容，以「行銷策略」作為摘要的重點，並記憶起來。

> **TIP**
>
> 你有可能會遇到「某一個對話視窗已經使用到容量上限」，你輸入後雖然 ChatGPT 也會回覆你，但它回覆的內容只會出現一下子，便會消失。這時可以請 ChatGPT 摘要現在這個視窗的內容，接續開啟新的視窗、貼上摘要內容，再繼續討論。

- **要求 ChatGPT 記住關鍵資訊**：當你 ChatGPT 討論到一半，發現有一段內容很重要，你可以直接在視窗中指定要記住這一段內容；或在撰寫長篇文章時，可以請 ChatGPT 記住一些關鍵資訊，像是上一章節提到要撰寫一本小說時，可以請它記得角色特色與背景，以增加長篇文章前後的連貫性。

提示詞

請記住這段討論內容。

（貼上內容）

提示詞

請記住以下人物特色與背景。

（貼上人物特色與背景的文字內容）

接續我們討論故事情節、角色對話時，請你以這些人物特色與背景為基礎。

> **TIP**
>
> 如果你發現提問後，ChatGPT 一開始的回覆就偏差很多，或是在不斷討論後，仍是得不到想要的內容。有可能最初的提問方式、內容需要修正。但因為 ChatGPT 會稍微記得這個視窗的上下文，即使你已經修正了提問方向，ChatGPT 有一定機率會依據這個視窗的互動內容，來做一個綜合型的回覆，所以可能你遲遲得不到精準的答案。這時候！非常建議重新開一個新視窗，使用不同的關鍵字、不同問法，重新提問，幫助 ChatGPT 更快聚焦到正確方向，讓你能更快得到需要的內容！

第 5 章 跟 GPT-5 溝通必修的提示工程

5-19

10 - 管理積極程度

- **要求主動追問、補充**：透過請它主動且持續性的追問，來協助我們釐清需求、補充資訊或探索更多可能性。

  > **提示詞**
  > 請持續追問並優化方案，直到問題真正解決。

  > **提示詞**
  > 如果資訊不足，請提醒我需要補充哪些細節，並提供替代方案。

- **設定停止點**：避免 ChatGPT 自行延伸、亂回答，可以明確告訴它什麼時候該停止。

  > **提示詞**
  > 資訊不足時，你必須拒絕回答，不能亂猜。

- **回覆詳盡程度**：可以根據需求，決定 ChatGPT 回答的長度與深度。當你希望獲得全面分析時，可以要求它說明思考脈絡，並額外補充幾個可能方向；若你只需要重點摘要或簡短答覆，則要明確限制它不要延伸、不須提出多餘建議。透過設定「詳盡」或「簡短」的指令，可以讓回覆更符合當下的情境需求。

  > **提示詞**
  > 請詳細說明你的思考過程。

  > **提示詞**
  > 回答問題時，可以補充一到兩個相關建議，但不要超過此範圍。

> **提示詞**
> 請簡短回答，不需要延伸或額外建議。

- **賦予職責與個性**：除了先前提到的，能設定 ChatGPT 角色定位之外，還可以賦予它相應的職責與個性，像是嚴謹、謹慎、積極、靈活等等，進一步請它主動探索、提出建議，或是等待你的下一步指令。

> **提示詞**
> 你是一位嚴謹的專業顧問。
>
> 請在回答之前，先主動追問我不清楚或模糊的地方，直到蒐集到足夠資訊後，再給我完整的建議。

> **提示詞**
> 你是一位謹慎的助理。請先不要執行任何任務。
>
> 收到指令後，先重述我的要求與預計執行步驟，並列出需要我確認或補充的項目。
>
> 只有在我同意執行後，才開始執行；否則一律保持等待，且不自行延伸。

> **提示詞**
> 你是一位積極的助理，請持續努力解決問題。
>
> 即使遇到不確定性，也請主動研究、推斷，並提出多個可行方案。
>
> 每次回答都要明確指出：
>
> 1. 你目前的理解
> 2. 建議的解決步驟
> 3. 還需要我補充的資訊

- **設定可調等級**：你還可以先設定好等級 (像是積極程度)，未來在同一視窗中溝通時，只需要指定等級，就能方便取得相應的回覆。

> **提示詞**
>
> 你是一位靈活、有彈性的助理，請幫助我解決問題。
>
> 你的主動程度由「積極程度」參數控制 (1－3，預設 2)
>
> 當積極程度為 1：只回答問題，不主動延伸
>
> 當積極程度為 2：在回答後提出 1－2 個建議
>
> 當積極程度為 3：主動研究與推論，提出多個方案，並引導我一步步完成

設定積極程度後，可以輕鬆調整 AI 助理回覆狀態。以詢問 ChatGPT 如何設定季度目標為例，讓我們來看看不同積極程度的回覆狀態。

好的 ✅ 我會保持積極程度 **1**：只回答問題，不延伸。

設定季度目標的基本步驟是：

1. 先決定 1–2 個主要方向（如工作、學習、健康）。
2. 依照 SMART 原則（具體、可衡量、可達成、相關、有時限）設定目標。
3. 把 3 個月拆成月度里程碑，最後檢視成果。

▲ 積極程度 1

好的 ✅ 我會用積極程度 **2** 來回答。

設定季度目標的做法：

1. 選定 1–2 個重點領域（例如工作績效、健康、學習）。
2. 依照 SMART 原則（具體、可衡量、可達成、相關、有時限）制定目標。
3. 把季度目標拆解成 3 個月的里程碑，逐月檢視進度。

💡 建議：

- 你可以先寫下「這一季最重要的一句話目標」，再拆成可執行的細項。
- 如果想更容易追蹤，可以設「每週習慣追蹤表」，檢查自己是否在軌道上。

要不要我幫你舉個「季度目標範例」給你參考？

（在回答後提出 1－2 個建議）

▲ 積極程度 2

好喲 🚀 我把積極程度拉到 3，會更主動、完整地幫你搞定季度目標設定。
我們來分 4 步驟進行：

🔲 第一步：鎖定方向（願景）

季度目標最好不要超過 3 大面向，否則容易分散。常見的分類有：

- 工作 / 事業：績效、專案、技能提升
- 學習 / 成長：新知識、資格、語言
- 健康 / 生活：運動、睡眠、飲食
- 人際 / 家庭：關係經營、陪伴時間
- 財務 / 理財：儲蓄、投資、債務清理

👉 請先選出 1–2 個最想優先突破的領域。

🔲 第二步：制定 SMART 目標

SMART 原則：

- Specific 明確
- Measurable 可衡量
- Achievable 可達成
- Relevant 相關性高
- Time-bound 有時限（這一季就是 3 個月）

> 主動研究與推斷，提出多個方案，並引導一步步完成

▲ 積極程度 3

5-3 提示工程有心法嗎？從思考模式、提問層次到範例策略

1 - 建立你的思考模式：從思維鏈 (CoT) 到思維樹 (ToT)

　　思維鏈 (Chain-of-Thought, CoT) 與思維樹 (Tree of Thoughts, ToT)，都是用來增強 LLM 推理能力的提示工程技術。在處理複雜問題時，它們展現出不同的機制與靈活性。若使用者本身也能**以類似的思維模式來設計與判斷提問方式**，就能更有效地引導 AI，生成更貼近預期的成果。

- **思維鏈 (CoT)**：以線性方式展開推理，將問題拆解為一連串子問題並依序解決。透過逐步的推理過程，模型能更清楚地展現中間步驟，進而得到最終答案。**適用於數學、邏輯、單一正確答案的問題，或需要拆解流程或步驟的任務。**

- **思維樹 (ToT)**：在思維鏈基礎上進一步擴展。它並非單一路徑，而是允許模型在形成最終答案前，同時探索多個推理分支，並進行比較與評估。藉由淘汰錯誤或不佳的選項，模型能更靈活地在多種解法之間做出判斷並選擇較佳方案。這種方法特別**適合處理需要探索、規劃、決策或創造性質的任務。**

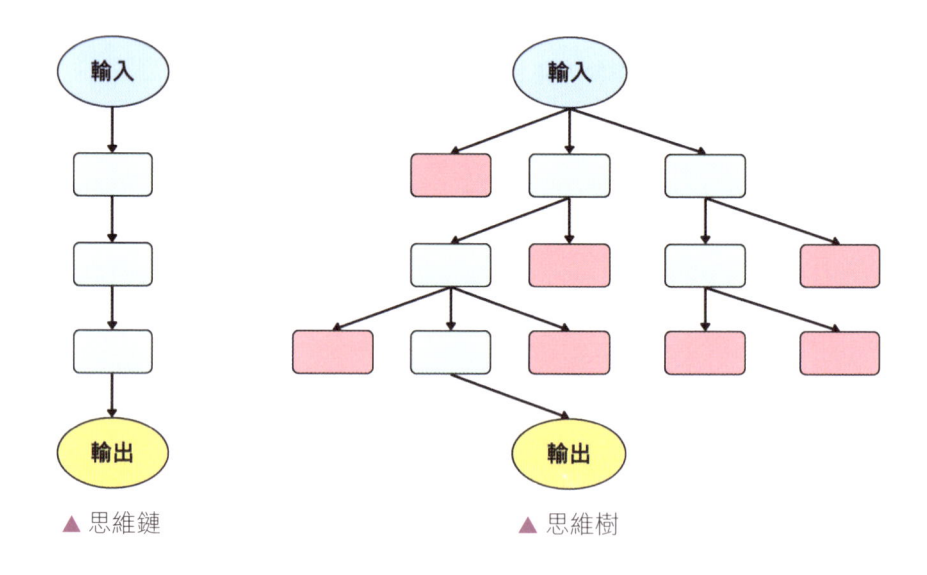

▲ 思維鏈　　　　　　　　　　▲ 思維樹

　　以下用開發醫病共享決策 APP 做為示範，以提問方式來說明思維鏈、思維樹這兩種引導方式的差異：

TIP

註：醫病共享決策 (Shared Decision Making, SDM) 指的是醫師與病人共同討論治療選擇的過程。醫病共享決策輔助工具 (Patient Decision Aids, PtDAs) 可以是小冊子、網站、App、影片或互動平台等，透過提供清晰資訊與比較，幫助病人理解，並向醫生表達偏好、共同討論治療方案，提升決策品質。

> **提示詞**
>
> 我要設計一個醫病共享決策 (Shared Decision Making) 的 App。
>
> 目前有三個功能候選:
>
> 1. 病況評估(幫助病人快速輸入與追蹤健康狀態)
> 2. 群體數據比較(讓病人看到與相似病患的統計數據)
> 3. 多媒體整合(以影音圖像幫助病人理解治療方案)
>
> # 思維鏈
>
> 請一步一步思考:
>
> 先分析哪一個功能最能解決病人「短期最迫切的需求」,再判斷該功能是否能在技術上快速落地,最後根據以上兩點,給出一個最合適的優先開發方向。
>
> # 思維樹
>
> 請發散思考,模擬多個不同的發展方案:
>
> 對每一個功能,分別列出可能的優勢、挑戰與應用場景。
>
> 接著比較這些方案的差異,並說明哪些方向應該優先開發、哪些可以延後,最後再提出一個整體建議。

簡而言之,CoT 專注於「逐步線性推理」,能形成清晰連貫的思考路徑;而 ToT 則引入「多分支探索與評估」,使模型能像人類決策般,在多種可能性之間比較、修正並選擇最佳解。建議使用者可依任務需求與複雜度,靈活決定要以哪種思維模式來引導 AI。

▼ 思維鏈 (CoT) v.s. 思維樹 (ToT)

面向	思維鏈 (CoT)	思維樹 (ToT)
推理結構	單一路徑、線性步驟	樹狀分支路徑
思考方式	逐步線性推理	探索多條可能路徑
適用任務類型	邏輯、數學、單一答案、拆解流程或步驟	探索、規劃、決策、創造生成
潛在限制	容易陷入單一路徑錯誤,難以自我修正	計算資源需求高,推理效率較低

2 - 掌握提問層次：
善用布魯姆分類法 (Bloom's Taxonomy)

布魯姆分類學 (Bloom's Taxonomy) 是用來描述教育目標與認知歷程的層級框架，被廣泛用於課程設計與評量，修訂版的認知層級由低至高為：記憶 (Remember) → 理解 (Understand) → 應用 (Apply) → 分析 (Analyze) → 評估 (Evaluate) → 創造 (Create)。

雖然這並不是為了提示工程而生的理論，但善用這六個層次可以輔助你設計提示詞。你可以視情境、任務來調整，不一定要依照層級來進行。透過不同層級，來確實釐清自己的目標、選定適合的**動詞**，並進一步引導 AI 生成符合預期深度、廣度或複雜度的回應。

- **記憶 (Remember)**：原意是從長期記憶提取事實、術語或基本概念；你可以用於**要求 AI 回憶或列出資訊**。建議動詞有**定義、列舉、說明、描述、回憶、識別、提取、標記、標示**。

> **提示詞**
> 請定義「醫病共享決策」的核心概念。

> **提示詞**
> 請列舉三種常見的醫病共享決策 (SDM) 的工具或流程。

- **理解 (Understanding)**：原意是用以解釋、轉述或摘要，顯示出對訊息的理解程度；你可以用於**要求 AI 解釋、歸納或簡化**。建議動詞有**解釋、摘要、重述、詮釋、舉例、比較、分類、推斷、釐清、聚焦**。

> **提示詞**
> 請解釋為何 SDM 對癌症治療特別重要。

> **提示詞**
> 請摘要這篇研究論文中，對 SDM App 的設計建議。

- **應用 (Applying)**：原意是在新情境運用知識或程序，並解決問題；你可以用於**要求 AI 套用方法、示範或解決問題**。建議動詞有**使用、示範、解決、套用、模擬、演示、執行、實作**。

> **提示詞**
> 請使用 SDM 三步驟流程，示範 SDM App 如何引導病人決策。

> **提示詞**
> 請模擬一段病人與 SDM App 的互動對話，像是病人詢問治療選項。

- **分析 (Analyzing)**：原意是分解資訊、辨識關係與結構、比較差異；你可以用於**要求 AI 拆解、比較、檢驗**。建議動詞有**分析、區分、比較、檢測、歸因、探討、剖析、辨識模式、聚焦**。

> **提示詞**
> 請分析不同年齡層使用 SDM App 的潛在障礙。

> **提示詞**
> 以病人理解資訊的層面來說，請比較 SDM App 使用文字介面與圖像介面的差異。

- **評估 (Evaluating)**：原意是依據準則做出判斷，並提出論證；你可以用於**要求 AI 評價、批判、判斷**。建議動詞有**評估、批判、判定、推薦、驗證、審查、審核、排序、權衡**。

5-27

提示詞

請評估以下 SDM App 原型，真正應用在病患端的可行性。

提示詞

請推薦三個提升 SDM App 信任度的做法，並排序優先等級。

- **創造 (Creating)**：原意是整合要素，產出新構想、方案或產品；你可以用於**要求 AI 產出新內容或設計方案**。建議動詞有**設計、開發、建構、制定、發展、規劃、提出、創造、重組**。

提示詞

請設計 3 種能幫助病人比較治療選項的 SDM App 功能。

提示詞

請提出 1 個 SDM App 的使用者旅程地圖 (User Journey Map)。

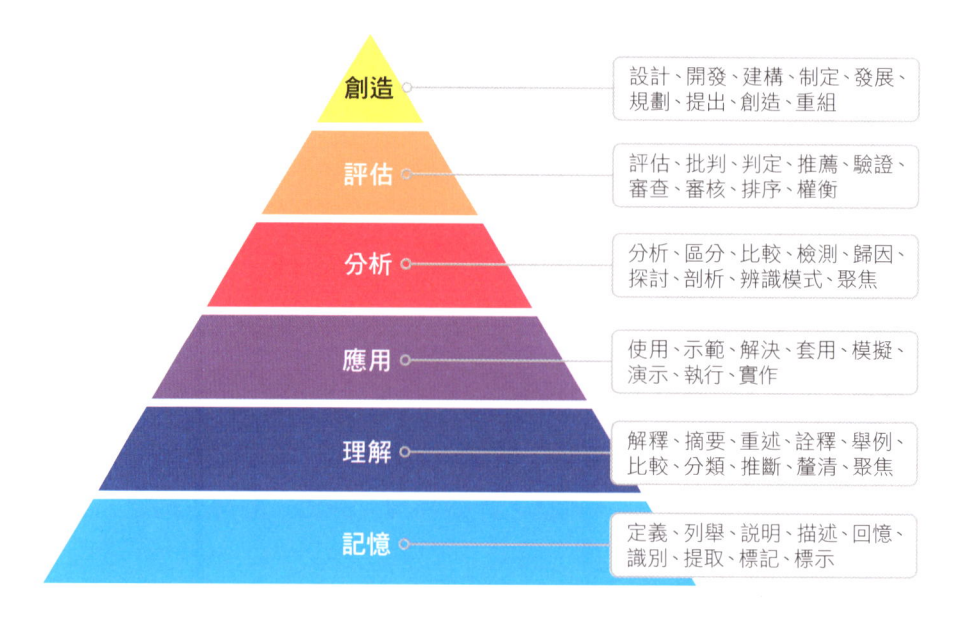

創造	設計、開發、建構、制定、發展、規劃、提出、創造、重組
評估	評估、批判、判定、推薦、驗證、審查、審核、排序、權衡
分析	分析、區分、比較、檢測、歸因、探討、剖析、辨識模式、聚焦
應用	使用、示範、解決、套用、模擬、演示、執行、實作
理解	解釋、摘要、重述、詮釋、舉例、比較、分類、推斷、釐清、聚焦
記憶	定義、列舉、說明、描述、回憶、識別、提取、標記、標示

> **TIP**
>
> 有些動詞並不能這麼明確地被分類到布魯姆分類學的各個層次中,舉例來說,「聚焦」這個動詞在布魯姆分類學裡,其實有點跨層次。它可以被放在理解階段,代表理解內容並簡化,像是從大量資訊裡,挑出一個核心主題;它也可以被放在分析階段,這時則更像是限定分析範圍,把複雜問題切割、選定角度,再深入探討。
>
> 因此,使用上述的六層次,是用來幫助釐清、定義當下任務要做到的目標,而這些動詞則是視情況來活用。

3 - 給予範例策略:
零樣本 (Zero-shot) 或少樣本 (Few-shot)

簡單來說,就是你需不需要提供範本供 AI 參考。這跟你所使用的模型、任務情境與目標、提示詞清晰程度等等都有關係。

● **零樣本 (Zero-shot):**

在不提供任何範例的情況下,只透過指令要求模型完成任務。完全仰賴模型的預訓練知識與提示詞設計,**適用於簡單任務或能力較強的模型**。Zero-shot 方便快速且靈活,但在面對複雜或需要精細規範的任務時,表現可能不穩定。

不過,若設計了清楚的結構化提示詞 (例如明確指定角色、步驟或輸出格式),Zero-shot 的表現有時甚至會優於 Few-shot,因為它能讓模型直接聚焦於當下需求,而不受範例的限制或干擾。其挑戰在於**提示詞必須足夠明確與嚴謹,否則模型可能出現解讀偏差**。

> **提示詞**
>
> 請為這個醫病共享決策 App 設計 3 個簡短問題,幫助病人與醫師討論是否要接受心導管手術。
>
> 問題需淺顯易懂,避免醫學術語。

- **少樣本 (Few-shot)**

提供多個範例，讓模型透過上下文學習 (In-Context Learning, ICL) 方式理解任務和輸出格式，能提升複雜任務的準確率與穩定性。其中，單樣本 (One-shot) 是在少樣本策略中的特殊情況，指的是只提供一個範例，一般而言會用於提供模型參考預期格式或類型。

Few-shot 的效果高度依賴範例設計的品質，以及範例與提示詞的相關性。**由於 GPT-5 對提示詞特別敏感，倘若範例與提示詞間存在矛盾，模型可能被誤導而產生偏差輸出**。此外，範例會佔用模型的上下文容量，所以需要在「數量」與「精準度」之間取得平衡。它特別**適合用於複雜任務、模型本身在相關領域知識不足，或需要特定風格或語氣的生成情境**。

> **提示詞**
>
> 請為這個醫病共享決策 App 設計簡短的問題，幫助病人與醫師討論是否要接受心導管手術。
>
> 問題需淺顯易懂，避免醫學術語。
>
> **以下是範例，請依照範例風格，再設計 3 個問題。**
>
> 1. 這項治療對我的日常生活有什麼影響？
> 2. 有沒有其他治療選擇？

TIP

註：上下文學習 (In-Context Learning, ICL) 是指大型語言模型在不改變參數、不重新訓練的情況下，只透過輸入的提示詞與範例，就能「臨時學習」新任務的能力。

▼ 零樣本 (Zero-shot) v.s. 少樣本 (Few-shot)

面向	零樣本 (Zero-shot)	少樣本 (Few-shot)
定義	不提供任何範例，只靠指令完成任務	提供一個 (One-shot) 或少量範例，讓模型從中學習模式
依據來源	完全仰賴模型的預訓練知識與提示設計	可透過上下文、範例來臨時學習
優點	• 快速、靈活、不需準備範例 • 節省 token 空間 • 若提示結構清晰，有時效果優於 Few-shot	• 對複雜任務更穩定 • 容易指定輸出格式與風格 • 有助於能力較弱或領域知識不足的模型
缺點	• 對複雜或細節要求高的任務不穩定 • 成效高度依賴提示詞的設計品質	• 佔用上下文容量 • 若範例不佳，可能誤導模型
適用情境	• 簡單或常見任務 • 模型本身能力強 • 能以結構化提示詞描述任務	• 複雜或多步驟任務 • 需要特定風格、語氣或格式 • 模型在相關領域知識不足
潛在挑戰	需確保提示詞足夠清楚與嚴謹，避免模型解讀偏差	需在數量與精準度間取得平衡，避免佔用過多上下文容量、導致模型失憶

請 GPT-5 幫忙優化提示詞 (metaprompting)

如果你已經有了初步版本的提示詞，但想要進一步改善，或是你對於怎麼提問毫無頭緒，都可以善用 GPT-5 來協助你。不只是可以使用前面提到的提示詞優化器工具，你還可以直接在 ChatGPT 的對話視窗中，要求它幫忙優化自己的提示詞。GPT-5 往往能給出很棒的建議，幫你找出提示詞中的盲點或矛盾之處。

> **提示詞**
>
> 我想要達到 [**輸入你的目標**]，我應該怎麼修改這個提示詞會比較好？
>
> ---
>
> (貼上原有的提示詞)

→ 接下頁

> **提示詞**
>
> 我想請 AI 協助我做出一個 2048 網頁小遊戲，預計使用本地端 Ollama 搭配較小的 LLM 模型。
>
> 應該要怎麼對 AI 下指令？

以 2048 網頁小遊戲的這個案例來說，可以看到 GPT-5 在思考了 17 秒後，不但提供了完整的提示詞，還列出了模型、參數等相關建議。

已思考 17s

很讚的計畫！用本地端 Ollama + 小型 LLM 來做 2048 完全可行。關鍵是「把需求切小、把規格講清、用固定格式對 AI 下指令」。下面給你一套可直接複製使用的提示 (prompt) 模板與工作流程，專為 2048 網頁遊戲 + 小模型優化。

一、建議模型與 Ollama 參數（簡短版）

- 模型：`llama3.1:8b`、`mistral:7b`、`qwen2.5:7b`、`phi3:3.8b` 都能勝任（選你機器最順的）。
- 參數建議（視模型微調）：
    - `--temperature 0.2`（較穩定、少廢話）
    - `--num_ctx 8192`（上下文長一點，貼大段規格不易截斷）
    - `--top_p 0.9`、`--repeat_penalty 1.1`
- 指令格式：盡量用「系統規格 + 任務要求 + 輸出格式」三段式；要求單一檔案輸出、或用明確檔名分段。

→ 提供其他相關建議

二、第一次下指令（建立完整規格 + 產出初版）

把下面這段貼給 Ollama（可存成 spec-2048.txt 再用 `ollama run` 餵給模型）：

```markdown
[系統規格 / Role]
你是一位嚴謹的前端工程師。請產出可直接在瀏覽器離線打開、無外部依賴的 2048 遊戲。使用原生 HTML/CSS/JavaScr

[功能規格 / Requirements]
- 棋盤：4x4 方格、初始隨機出現 2 或 4 兩個數字。
- 操作：鍵盤方向鍵、滑動觸控（手機/平板），支援合併規則與連鎖合併。
- 分數：本局分數 + 最高分（使用 localStorage）。
- UI/UX：響應式、簡潔、瓷磚顏色隨數值變化，新增/移動動畫（CSS transition）。
- 流程：新局、悔棋（一步，儲存前一狀態）、遊戲結束/勝利提示。
- 隨機性：僅在有效移動後生成新塊（2 機率 90%、4 機率 10%）。
- 效能：避免全量重繪，僅對變化的格子更新 DOM。
- 可維護性：將邏輯與渲染分離（例如：Game 狀態管理 + Renderer）。

[限制 / Constraints]
- 單一檔：請輸出一個 `index.html`（內含 `<style>` 與 `<script>`），不引用 CDN。
- 程式碼需有清楚區塊註解與小型函式、避免巨型函式。
- 請先給最小可玩版本 (MVP)，再附「後續強化清單」。
```

→ 完整的提示詞

5-4 ChatGPT 問答的七大萬用模板

1 - 角色扮演模板

- **適用情境**：模擬醫師、老師、顧問、工程師等角色，適用於模擬專業角色、日常實務應用的任務。

- **提示詞範例**：

> **提示詞**
>
> \# 你是一位醫師 **[提供角色定位]**，目標是解釋高血壓給一般大眾聽懂 **[提供目標]**。
>
> \# 請根據以下條件進行 **[指定輸出格式與條件]**：
>
> - 限制：避免專業術語
>
> - 語氣 / 風格：親切、生活化
>
> - 輸出格式：分成三個段落文字來解釋，並加上表格

2 - 結構化回答模板

- **適用情境**：查詢、比較、整理資訊，適用於知識或資訊型任務。

- **提示詞範例**：

> **提示詞**
>
> \# 你是一位專業顧問 **[提供角色定位]**，我想知道需不需要選擇雲端儲存服務 (Google Drive、Dropbox、OneDrive) **[提出問題]**。
>
> \# 請依照下方格式回答問題 **[指定輸出格式與條件]**：
>
> → 接下頁

1. 背景說明

2. 方案或方法 (條列)

3. 優缺點比較

4. 建議與結論

3 - 逐步推理模板

- **適用情境**：邏輯推理、數學、規劃, 適用於解決複雜問題或任務。
- **提示詞範例**：

> **提示詞**
>
> # 我月薪 5 萬, 想在 2 年內存到 50 萬元 [**提供背景與細節資訊**]。
>
> # 請逐步分析 [**提供執行步驟與流程**]：
>
> 1. 明確定義問題
>
> 2. 列出可能步驟
>
> 3. 檢查每個步驟的可行性
>
> 4. 提出最合理的解決方案

— TIP —

若你是使用免費版 ChatGPT, 可以選擇使用「思考較長時間」模式, 讓 ChatGPT 先進行分析後再提供建議, 在邏輯推理、決策評估、數據分析等任務上非常實用；付費版則可指定使用 GPT-5 Thinking 模型。當然, 你也可以交由 GPT-5 來幫你決定。

如果需要推理的內容較複雜, 建議搭配深入研究模式。ChatGPT 會自動進行多步驟的研究、推理, 包括搜尋、閱讀並整合資料, 甚至可以產出完整的報告。

4 - 任務拆解與流程設計模板

- **適用情境**：複雜任務分工、工作流設計, 適用於專案與流程規劃。
- **提示詞範例**：

> **提示詞**
>
> 請幫我規劃「線上課程上架」的執行流程 **[提供目標]**：
>
> 1. 拆解成主要流程 **[要求 AI 提供流程]**
> 2. 每個階段的具體步驟 **[要求 AI 提供執行步驟]**
> 3. 需要的資源或工具
> 4. 可能的風險與解決方案

> **TIP**
>
> 建議搭配代理程式模式 (付費版才有), ChatGPT 會像一位「專案經理」, 幫你拆解任務, 執行多步驟流程直到完成。由於這個模式的執行過程就像是一個完整的工作流、有複雜的處理過程, 再加上我們稍早提到的 GPT-5 對於提示詞較敏感, 因而在此模式中更需要注意提示詞的精準度。
>
> 這是付費版才有的模式, 並且有點數限制。詳細內容請參考第 3 章。

5 - 優化與檢查模板

- **適用情境**：寫作潤稿、優化企劃或結案報告、程式除錯, 適用於需要迭代改進的任務。
- **提示詞範例**：

> **提示詞**
>
> # 請檢查以下段落是否符合這些條件 **[提供目標與條件]**：
>
> → 接下頁

5-35

1. 文字是否流暢

2. 用詞是否專業

3. 是否適合用在企劃書

段落 [提供樣本資訊]：
我們公司將用大型語言模型…（以下省略）

如果有問題，請提出修改建議與優化版本 [指定輸出格式與條件]。

6 - 多版本生成模板

- **適用情境**：生成文案、設計靈感，適用於創意發想、靈感探索的任務。

- **提示詞範例 (告知需求)**：

   > 提示詞
   >
   > 請針對「AI 課程廣告文案」[提供目標]，生成 3 種不同版本 [指定輸出格式與條件]：
   > - 正式專業風格
   > - 創意活潑風格
   > - 精簡重點風格

- **提示詞範例 (提供樣本)**：

   > 提示詞
   >
   > 請使用下方擷圖的文字段落風格，內容改成 Excel 的 VBA 功能 [提供目標]，生成 1 則 FB Reels 的貼文 [指定輸出格式與條件]。
   >
   > → 接下頁

[提供具體案例]

7 - 教學與學習模板

- **適用情境**：提供分層次、分步驟的逐步引導，適用於學習新知、技能養成的任務。
- **提示詞範例**：

> **提示詞**
>
> ＃ 我是一個文科高中生 [提供背景與細節資訊]，請教我「區塊鏈」[提供目標]。
>
> ＃ 使用淺顯易懂的方式說明，教學步驟如下 [指定輸出格式與條件]：
> 1. 先用簡單的生活化比喻來解釋
> 2. 再提供正式定義
> 3. 補充一個真實案例
> 4. 出一題練習題，測驗我的理解程度

第 5 章　跟 GPT-5 溝通必修的提示工程

5-37

> **TIP**
>
> 建議使用學習與研究模式，ChatGPT 提供一個互動式學習環境，它會扮演一位老師，逐步引導我們去理解概念，出練習題後還能回饋學習成果。

▼ 萬用模板對照表

模板類型	適用情境	提示詞範例
角色扮演模板	模擬專業角色、日常實務應用任務	# 你是一位 [提供角色定位]，目標是 [提供目標]。 # 請根據以下條件進行 [指定輸出格式與條件]： - 限制： - 語氣/風格： - 輸出格式：
結構化回答模板	知識或資訊型任務，可用於查詢、比較、整理資訊	# 你是一位 [提供角色定位]，我想 / 我需要 [提出問題]。 # 請依照下方格式回答問題 [指定輸出格式與條件]： 1. 背景說明 2. 方案或方法 (條列) 3. 優缺點比較 4. 建議與結論
逐步推理模板	解決複雜、需要規劃或數學相關等複雜問題或任務	# [提供背景與細節資訊]。 # 請逐步分析 [使用者提供執行步驟與流程]： 1. 明確定義問題 2. 列出可能步驟 3. 檢查每個步驟的可行性 4. 提出最合理的解決方案
任務拆解與流程設計模板	專案規劃、複雜任務分工、工作流設計	# 請幫我規劃 [提供目標] 的執行流程： 1. 拆解成主要流程 [要求 AI 提供流程] 2. 每個階段的具體步驟 [要求 AI 提供執行步驟] 3. 需要的資源或工具 4. 可能的風險與解決方案　　　　→ 接下頁

模板類型	適用情境	提示詞範例
優化與檢查模板	寫作潤稿、程式除錯、企劃優化	# 請檢查以下段落是否符合這些條件 [提供目標與條件]： 1. 文字是否流暢 2. 用詞是否專業 3. 是否適合用在企劃書 # 段落 [提供樣本資訊]：… # 如果有問題,請提出修改建議與優化版本 [指定輸出格式與條件]。
多版本生成模板	創意探索、文案設計、策略備選	請針對 [提供目標], 生成 [提供數量] 種不同版本, 包含 [指定輸出格式與條件]： - ○○風格 / ○○字數 / 專業程度…
		請使用下方的文字段落風格,內容改成 [提供目標], 生成 1 則 [指定輸出格式與條件]。 [提供具體案例]
教學與學習模板	學習新知、技能養成、分層解說	# 我是 [提供背景與細節資訊], 請教我 [提供目標]。 # 使用淺顯易懂的方式說明, 教學步驟如下 [指定輸出格式與條件]： 1. 先用簡單的生活化比喻來解釋 2. 再提供正式定義 3. 補充一個真實案例 4. 出一題練習題, 測驗我的理解程度

5-5 有些可以靠 AI，但有些還是得靠自己！ChatGPT 模型的限制與注意事項

　　即使隨著模型版本不斷優化與更新，仍可能出現 AI 幻覺與各種錯誤，請務必謹慎使用，勿輕易全然相信 AI 生成的結果。其限制列舉如下：

- **AI 幻覺**：ChatGPT 有時會產生看似合理，可是並不正確的回覆，有些可能很荒謬、很容易發現，但有些要在第一時間識別是有困難的。

- **選擇性忽略**：ChatGPT 可能會選擇性忽略 Prompt 中的某些要求，導致結果不如預期。

- **記憶有限**：由於上下文長度的限制，在長篇對話中，ChatGPT 可能會忘記早期的對話內容或指令。

- **回應長度限制**：ChatGPT 可能因回應字數限制而截斷內容，需要下指令請 ChatGPT「繼續生成」。

- **不擅長回應即時資訊**：ChatGPT 的知識來自訓練模型時的資料集，因此並不擅長即時、高度動態的資訊，對於最新趨勢、競品資訊或即時價格，可能無法提供準確回答。就算回答了，也可能只是基於現有知識進行推測。

- **複雜任務的處理能力有限**：ChatGPT 數學與推理能力仍是有限，在處理高階數學或邏輯推理問題時，可能會出錯。

- **不同語言的表現差異**：ChatGPT 在英文的理解與表達上，通常比其他語言更準確。

- **專業領域的局限**：在高度專業化的領域 (如醫學、法律) 可能會提供不準確或過舊的資訊，且可能會生成看似正確但有錯的技術建議。

- **潛在偏見**：ChatGPT 是由大型資料集訓練而成，其廣泛的資料中可能含有性別、種族等潛在偏見，以至於影響回答內容。

- **隱私與數據安全**：應避免在對話中輸入敏感資訊，如個人身份資料、公司機密等。

- **地區或政策限制**：不同國家、地區可能對於 ChatGPT 的使用規範會有所不同。

- **OpenAI 的政策規定**：ChatGPT 受到 OpenAI 的政策約束，無法回答某些特定問題，像是違法行為或不道德行為、某些政治敏感話題等。

基於上述 ChatGPT 模型的限制，試著去優化自己與 ChatGPT 的互動方式，是必要且重要的。像是提供具體的 Prompt、結合其他資料來源、交叉驗證 AI 回應、注意安全與隱私等等。

可以思考看看，你跟 AI 之間的合作關係

隨著 AI 風潮，帶來的不只是對個體的影響，也開始衍生法律與倫理問題。AI 生成的內容是透過已知資訊來重組，這樣的內容是創新、具有獨特性的嗎？使用者能直接使用這些資料來作為個人的智慧財產嗎？這些問題並不是困境，反而很值得我們去思考「我們自身跟 AI 之間的合作關係」，在有 AI 的輔助之下，該如何提升自己？如何在這個世界佔有自己的一席之地？

學術研究論文出處

1. Chen, B., Zhang, Z., Langrené, N., & Zhu, S. (2025). Unleashing the potential of prompt engineering for large language models. Patterns.

2. Choi, W. C., & Chang, C. I. (2025). ChatGPT-5 in Education: New Capabilities and Opportunities for Teaching and Learning.

3. Edemacu, K., & Wu, X. (2025). Privacy preserving prompt engineering: A survey. ACM Computing Surveys, 57(10), 1-36.

4. Huang, K., Wang, F., Huang, Y., & Arora, C. (2025). Prompt Engineering for Requirements Engineering: A Literature Review and Roadmap. arXiv preprint arXiv:2507.07682.

5. Jiang, G., Ma, Z., Zhang, L., & Chen, J. (2025). Prompt engineering to inform large language model in automated building energy modeling. Energy, 316, 134548.

6. Lee, D., & Palmer, E. (2025). Prompt engineering in higher education: a systematic review to help inform curricula. International Journal of Educational Technology in Higher Education, 22(1), 7.

7. Li, W., Wang, X., Li, W., & Jin, B. (2025). A survey of automatic prompt engineering: An optimization perspective. arXiv preprint arXiv:2502.11560.

8. Mudrik, A., Nadkarni, G. N., Efros, O., Soffer, S., & Klang, E. (2025). Prompt engineering in large language models for patient education: A Systematic Review. medRxiv, 2025-03.

9. Sasson Lazovsky, G., Raz, T., & Kenett, Y. N. (2025). The art of creative inquiry—from question asking to prompt engineering. The Journal of Creative Behavior, 59(1), e671.

10. Sugureddy, A. R. INNOVATIONS IN PROMPT ENGINEERING FOR IMPROVED DATA PROCESSING AND ANALYSIS. Journal ID, 7784, 4587.

CHAPTER 6

讓 ChatGPT 化身手機、電腦的個人助理

什麼！只會用網頁版的 ChatGPT 嗎？現在我們在 Windows、Mac 電腦或手機上也都可以使用官方的 App 了。在 App 中，除了可以跨設備同步歷史紀錄、記錄以往的問答之外，最大的特色在於能夠整合你的系統和設備。手機版的用戶可以直接語音輸入、即時視訊分享，省下打字的功夫，讓 AI 成為你的隨身助理，不管是要即時翻譯還是語言學習都能輕鬆辦到！本章會帶你操作各系統的下載跟使用方法，介紹更多元的應用給大家。

初期 ChatGPT 只有網頁版，應用上比較受限，苦等多時，OpenAI 終於陸續推出 iOS、Android 和電腦版的 App，現在等於有個智慧助理隨時跟著你，幫你出主意。在 App 中，也能使用「即時」語音交談功能，在對話時可以直接打斷它，開啟彷彿與真人般對談的跨時代體驗。在本章中，會依序介紹 Android、iOS 和 macOS 版本的 App 使用方式。讓我們先從手機版的下載與操作開始吧！

6-1 ChatGPT 就是你的隨身助理！

　　在手機上當然也有手機版的 ChatGPT App 可以用，本節我們會介紹 Android 和 iOS 的使用方式，舉凡文字/語音輸入、仿真人對話、圖片輸入等功能一應俱全。

在 Android 和 IOS 下載與使用

　　打開 Play 商店或 App Store 並搜尋「ChatGPT」就可以下載 OpenAI 官方推出的 ChatGPT App 了。不過請注意！在商店上有滿多 ChatGPT 的相關 App，有些甚至以假亂真，不管是圖示還是敘述都很像官方所推出的。下方**白底黑字的 Logo** 才是由 OpenAI 開發的正版 App，請讀者認明官方圖示來下載：

以假亂真的非官方 App

▲ Play 商店下載頁面

此標誌才是正版的 App 喔！

▲ App Store 下載頁面

開啟後就會看到 ChatGPT 的對話介面，並開始聊天了。但建議可以先登入在網頁版所使用的帳號，才能同步歷史紀錄，並使用語音或視訊等進階功能。如果你的手機有綁定 Google 帳號，可以直接點擊**使用 Google 帳號**來登入。如果是使用 Apple 或其他電子信箱帳號，就選擇對應的選項。

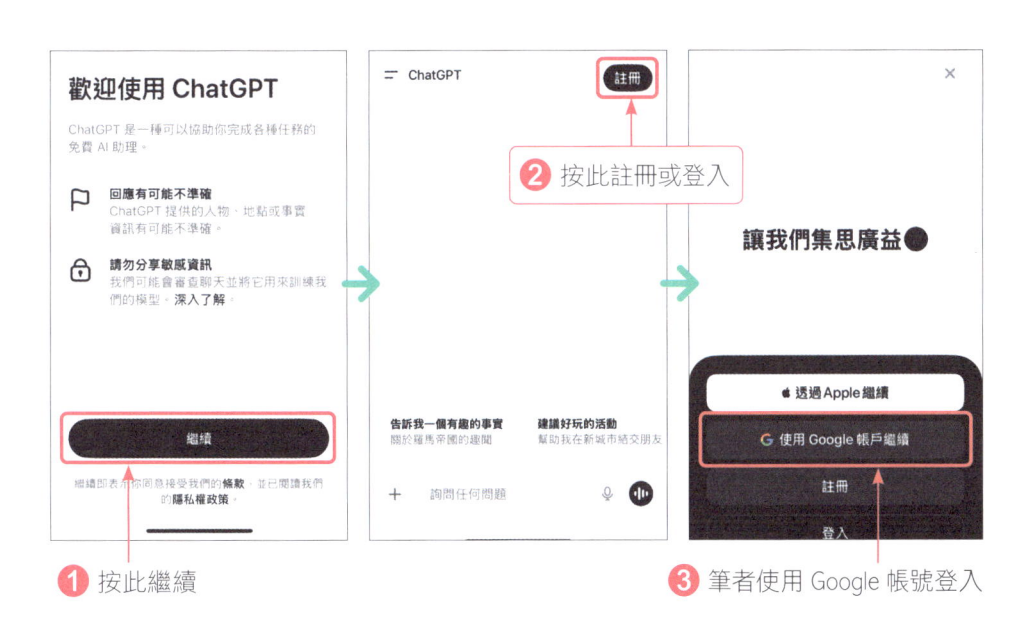

❶ 按此繼續

❷ 按此註冊或登入

❸ 筆者使用 Google 帳號登入

手機版的介面非常簡潔，整體頁面設計與網頁版相仿。我們可以透過**打字**、**聽寫輸入**或**進階語音模式**來跟 ChatGPT 即時交談，側邊欄也會跨設備同步保存歷史對話紀錄。另外，Plus 版用戶在使用**進階語音模式**時，還能即時拍照上傳、分享視訊鏡頭或螢幕畫面，讓 AI 不再受限，徹底融入我們的日常生活。下圖為 **Plus 版**介面：

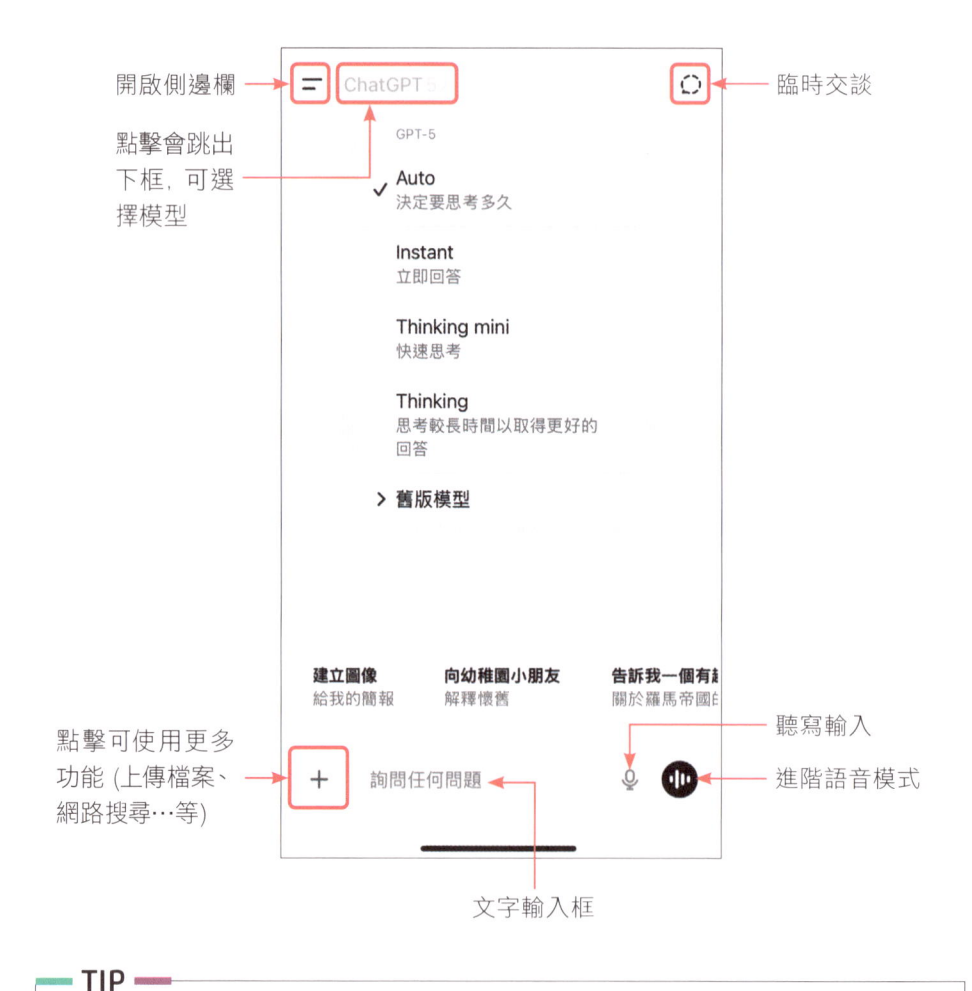

- 開啟側邊欄
- 點擊會跳出下框，可選擇模型
  - Auto：決定要思考多久
  - Instant：立即回答
  - Thinking mini：快速思考
  - Thinking：思考較長時間以取得更好的回答
  - 舊版模型
- 臨時交談
- 建立圖像 給我的簡報
- 向幼稚園小朋友 解釋懷舊
- 告訴我一個有趣 關於羅馬帝國⋯
- 點擊可使用更多功能 (上傳檔案、網路搜尋⋯等)
- 詢問任何問題
- 文字輸入框
- 聽寫輸入
- 進階語音模式

TIP

聽寫輸入 (麥克風圖示) 是將語音轉成文字來輸入，ChatGPT 會以文字回覆；**進階語音模式 (聲波圖示)** 則是開啟即時對談，ChatGPT 會以 AI 人聲的方式回覆。兩者是不一樣的喔！

若是免費版的用戶，功能則較為陽春，無法切換模型，也無法在進階語音模式下開啟視訊鏡頭。

▶ 免費版本只能使用最基本的模型，且進階功能受限

設定選項 & Android 手機的預設助理

手機版 App 的預設語言基本上會自動偵測並設定為手機的系統語言，若你發現 App 的介面為英文，可以透過「設定」來調整成中文，方便日後對話使用。請點擊左上角的 ≡ 按鈕，會出現類似網頁版介面的側邊欄。接著點擊下方的個人頭像就可以進入「設定」頁面。

❶ 開啟側邊欄

聊天紀錄 (會跟網頁版同步)

❷ 點擊個人頭像進入**設定**頁面

如果是使用 Android 手機的讀者，可參考以下步驟來進行調整。除此之外，在新款的機型上我們還能把 ChatGPT 設定為預設助理 (某些廠牌或舊款手機可能不支援)，可以透過 Home 鍵或側鍵直接呼叫。

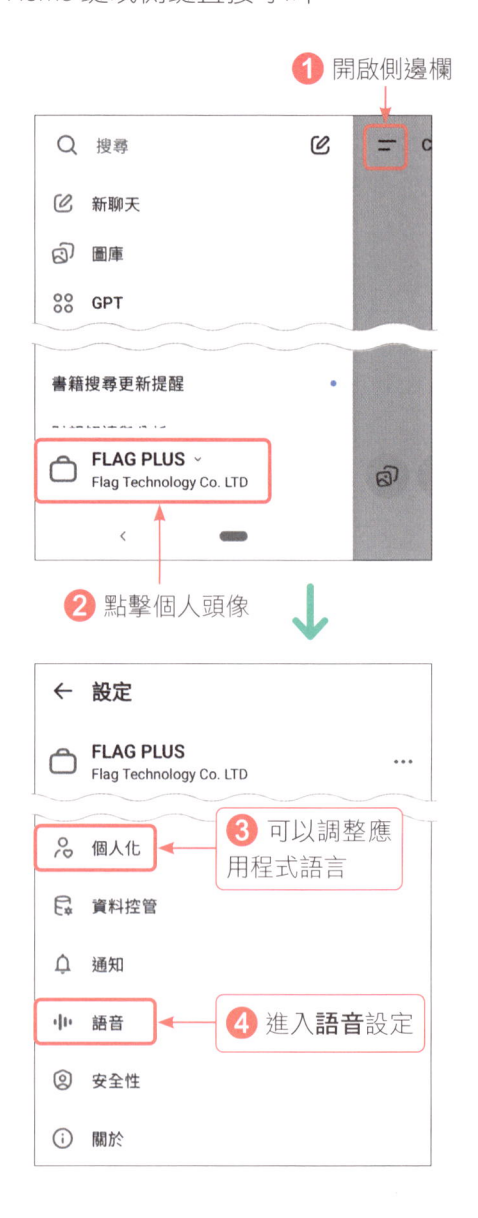

❶ 開啟側邊欄

❷ 點擊個人頭像

❸ 可以調整應用程式語言

❹ 進入**語音**設定

❸ 可將語言調整為「繁體中文」

❹ 選擇 ChatGPT 的主要語言 (有指定語言的話，用語音輸入時會更順暢)

ⓐ 聽寫完畢後自動送出

ⓑ 淺色或深色介面

ⓒ 按鈕和送出訊息的顏色

ⓓ 可選擇舊版的其他模型，如 o3、o4-mini

ⓔ 選擇智慧對話的人聲

ⓕ 使用其他應用程式或休眠時，是否仍可與 ChatGPT 交談

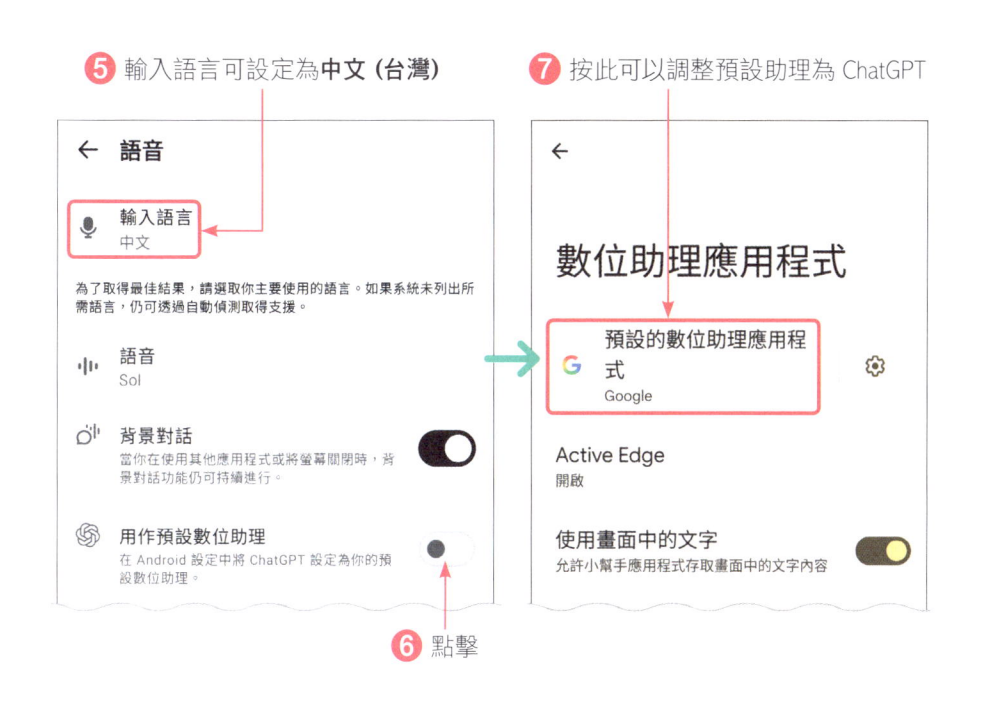

❺ 輸入語言可設定為**中文 (台灣)**　　❼ 按此可以調整預設助理為 ChatGPT

❻ 點擊

可惜的是，ChatGPT 預設助理目前無法透過口語喚醒，也沒辦法控制或連結你的 Android 應用程式，這代表我們不能對它說：「嘿！請幫我搜尋下午會議的時間」，ChatGPT 無法讀取手機上的行事曆。希望未來這些限制會漸漸改善。

文字與聽寫輸入超方便

手機版的功能眾多，除了可以使用一般文字或聽寫輸入來交談外，還能拍照、上傳圖片或檔案，甚至透過進階語音模式來對話。在這一小節中，讓我們先來介紹最基本的**文字**和**聽寫**輸入方式。

文字輸入

文字輸入的方式基本上和網頁版大同小異，只要在下方的對話框中，輸入訊息並送出即可。而當輸入的內容太多時，我們可以點擊「拓展輸入框」的按鈕，接著會跳出一個新的文字編輯介面，方便撰寫長訊息。

6-7

❶ 輸入文字

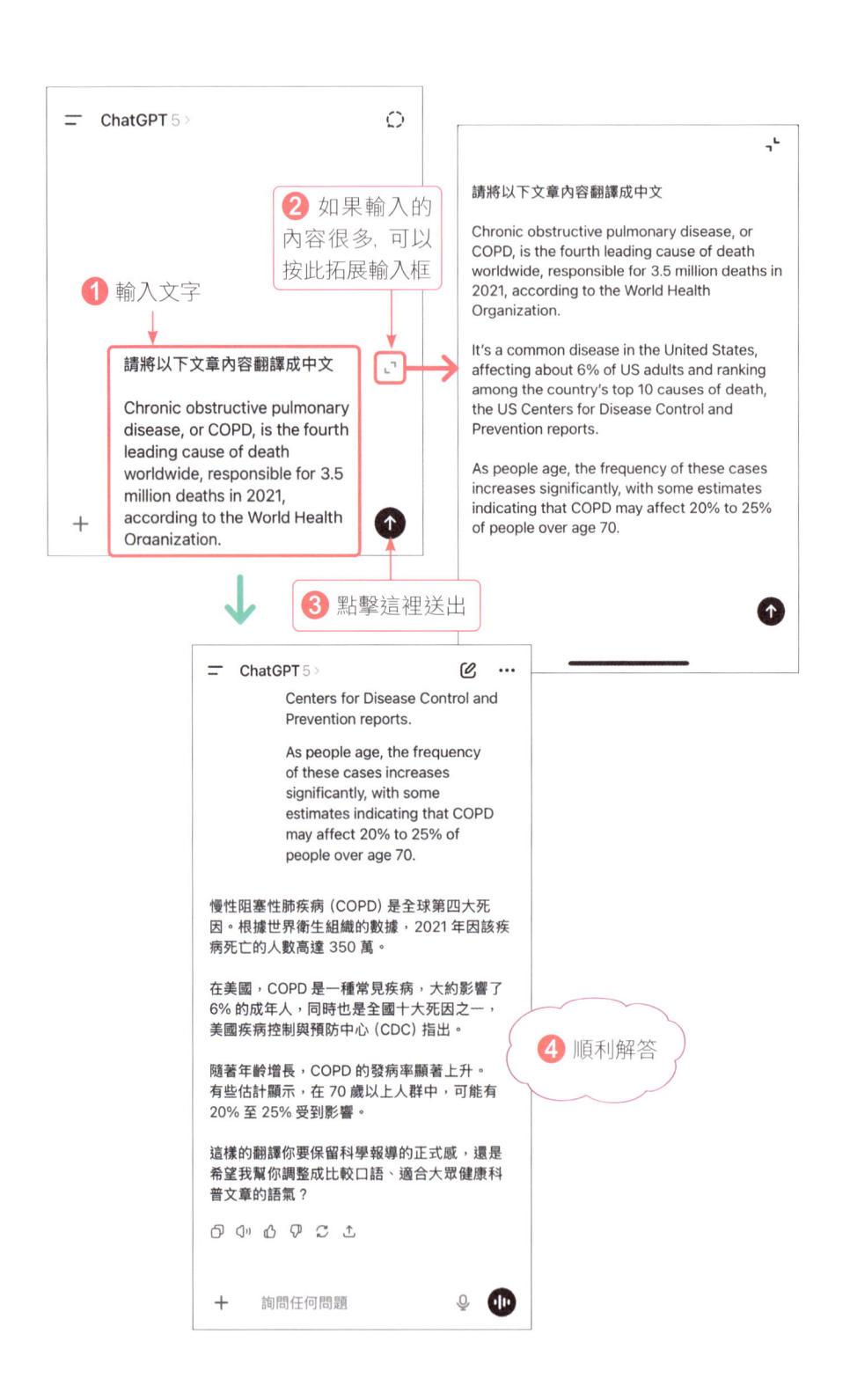

請將以下文章內容翻譯成中文

Chronic obstructive pulmonary disease, or COPD, is the fourth leading cause of death worldwide, responsible for 3.5 million deaths in 2021, according to the World Health Organization.

❷ 如果輸入的內容很多，可以按此拓展輸入框

請將以下文章內容翻譯成中文

Chronic obstructive pulmonary disease, or COPD, is the fourth leading cause of death worldwide, responsible for 3.5 million deaths in 2021, according to the World Health Organization.

It's a common disease in the United States, affecting about 6% of US adults and ranking among the country's top 10 causes of death, the US Centers for Disease Control and Prevention reports.

As people age, the frequency of these cases increases significantly, with some estimates indicating that COPD may affect 20% to 25% of people over age 70.

❸ 點擊這裡送出

Centers for Disease Control and Prevention reports.

As people age, the frequency of these cases increases significantly, with some estimates indicating that COPD may affect 20% to 25% of people over age 70.

慢性阻塞性肺疾病（COPD）是全球第四大死因。根據世界衛生組織的數據，2021 年因該疾病死亡的人數高達 350 萬。

在美國，COPD 是一種常見疾病，大約影響了 6% 的成年人，同時也是全國十大死因之一，美國疾病控制與預防中心（CDC）指出。

隨著年齡增長，COPD 的發病率顯著上升。有些估計顯示，在 70 歲以上人群中，可能有 20% 至 25% 受到影響。

這樣的翻譯你要保留科學報導的正式感，還是希望我幫你調整成比較口語、適合大眾健康科普文章的語氣？

❹ 順利解答

6-8

聽寫輸入

在不方便或懶得打字的時候，我們可以點擊輸入框中的麥克風圖示，ChatGPT 會將所接收的語音轉成文字進行輸入。

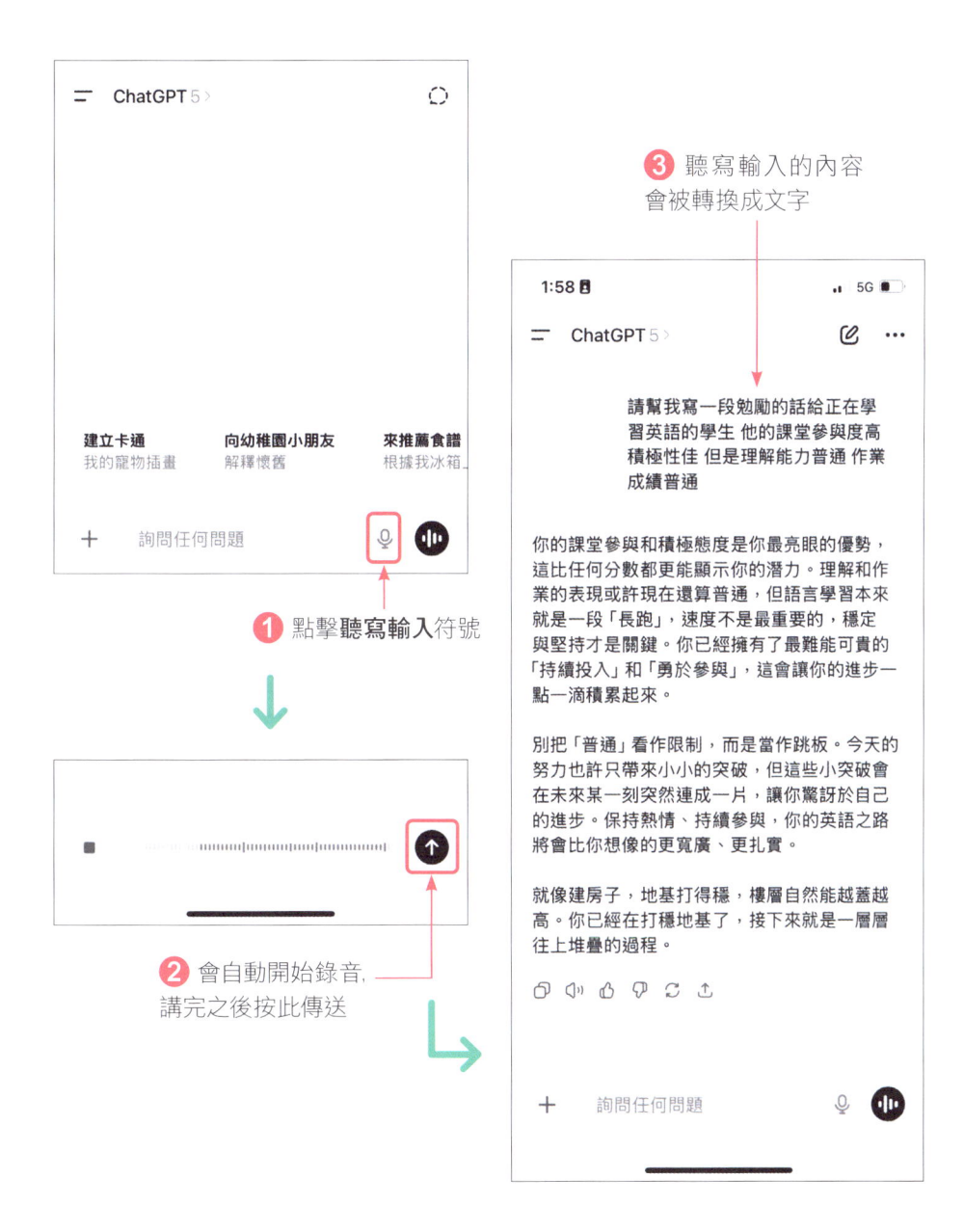

❸ 聽寫輸入的內容會被轉換成文字

❶ 點擊**聽寫輸入**符號

❷ 會自動開始錄音，講完之後按此傳送

第 6 章 讓 ChatGPT 化身手機、電腦的個人助理

6-9

輕鬆讀取圖片

出國菜單看不懂？原文書的內容太深奧？需要有人幫你即時解答考題內容？這些問題現在都能請 AI 幫你解決！使用手機版的最大好處是，我們可以透過手機的拍照功能即時將照片傳送給 ChatGPT，要求它幫我們解讀圖片中的內容。

❶ 點擊開啟更多功能選單

建立卡通
我的寵物插畫

向幼稚園小朋友
解釋懷舊

來推薦食譜
根據我冰箱…

詢問任何問題

❷ 點選相機或是瀏覽手機照片

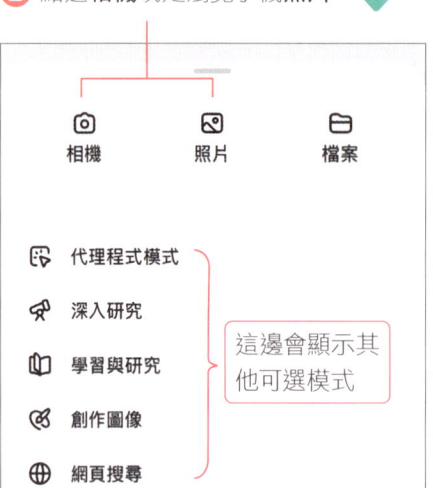

相機　照片　檔案

代理程式模式
深入研究
學習與研究
創作圖像
網頁搜尋

這邊會顯示其他可選模式

請問菜單上的內容是什麼？

這是一份酒單（Cocktail Menu），上面列出了幾款特調酒，附有日文介紹、英文名稱與價格。以下是逐項說明：

1. アンデス デュー
(Andes Dew) - ¥1,200

以智利葡萄酒為基底，融合法國傳統與技術的調酒，象徵「安第斯的露珠」。

2. 緣 (ENISHI) CONNECTION - ¥1,200

以「Nikka Frontier」威士忌為基底，為紀念日威創業 90 週年所推出。象徵日本威士忌與人們之間的命運羈絆。

3. カフェ ド オランジェ
(Cafe de Orange) - ¥1,800

結合咖啡與橙子的風味，最後還有美麗的橙色火焰點綴。是一款帶有甜味的熱雞尾酒。

4. 季節のフルーツ マーチ
(Seasonal Fruit March) - ¥1,500

使用當季水果調製，依照當季由店…

❸ 透過手機版 App，我們可以即時拍照來翻譯菜單中的內容

6-10

◀ 手機版的回答速度也很快,並可以準確回答出圖像中的內容!

善用手機版功能,讓學習效率加倍提升!

代理程式模式、**深入研究**、**創作圖像**、**學習與研究**和**網頁搜尋**,這些網頁版所擁有的功能在手機上面也能使用!像是在學校、補習班這種沒辦法隨時使用電腦的環境下,拿出你的手機就能呼叫 ChatGPT 輔助學習。我們可以拍攝考題並使用「學習與研究」功能,讓 ChatGPT 一步步說明解題思維。遇到不確定的回答或是需要補充資料的部分,也可以透過「網頁搜尋」來增強 AI 的知識庫。

第 6 章 讓 ChatGPT 化身手機、電腦的個人助理

學習與研究

我們在先前的章節中有介紹過**學習與研究**功能。基本上,這個功能會讓 ChatGPT 不直接給予答案,能以引導的方式提升學習時的思考邏輯或是釐清解題步驟。而在手機上最方便的是,開啟此功能後還能即時拍照,讓 ChatGPT 能「看到」問題,成為隨身家教。

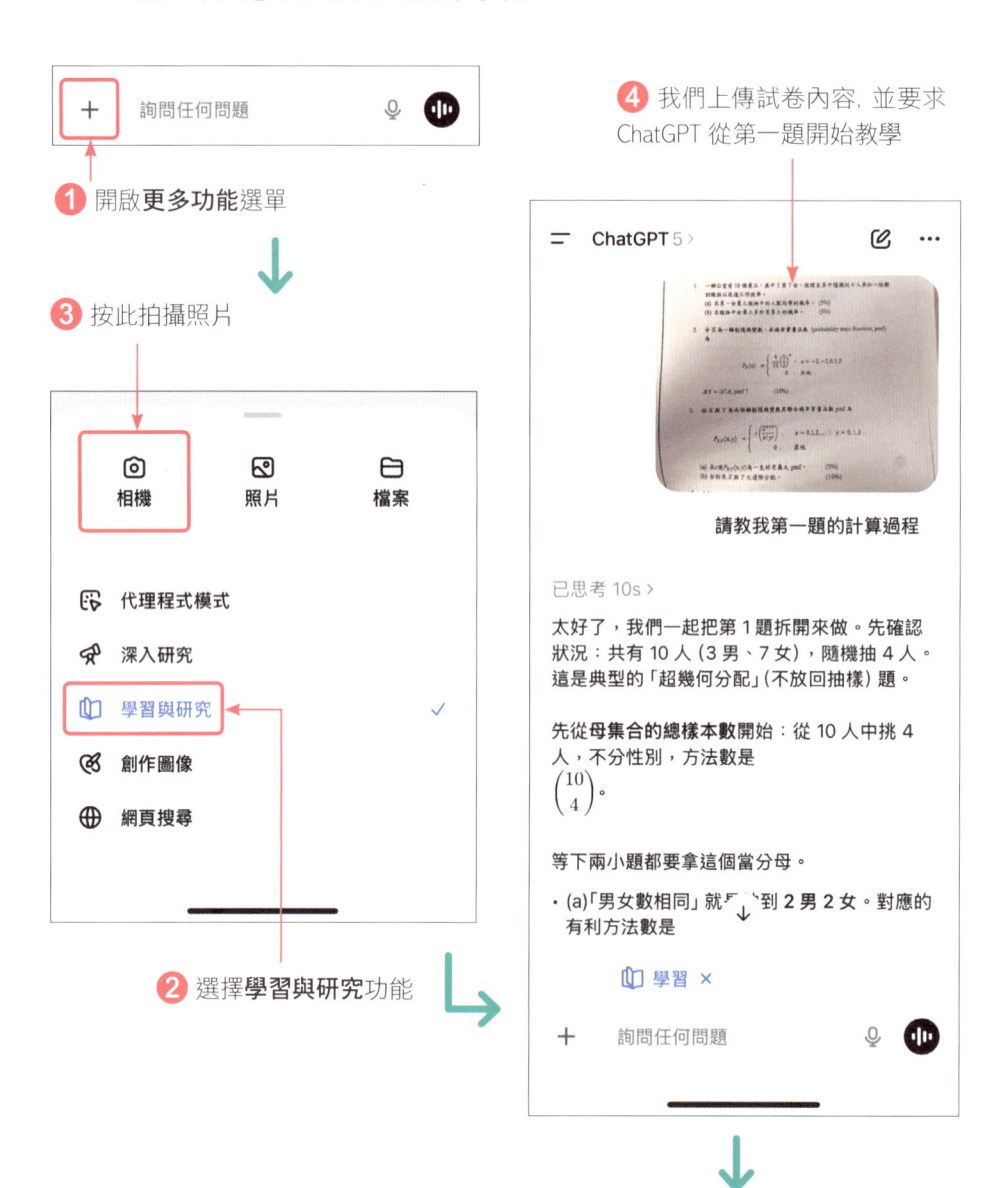

❶ 開啟**更多功能**選單

❷ 選擇**學習與研究**功能

❸ 按此拍攝照片

❹ 我們上傳試卷內容,並要求 ChatGPT 從第一題開始教學

6-12

ChatGPT 5

先從**母集合的總樣本數**開始：從 10 人中挑 4 人，不分性別，方法數是
$\binom{10}{4}$。

等下兩小題都要拿這個當分母。

- (a)「男女數相同」就是抽到 **2 男 2 女**。對應的有利方法數是
  $\binom{3}{2}\binom{7}{2}$。

- (b)「女多於男」在抽 4 人時只可能是 **3 女 1 男**或 **4 女 0 男**。對應的有利方法數是
  $\binom{7}{3}\binom{3}{1} + \binom{7}{4}\binom{3}{0}$。

兩題的機率都用「有利方法數 ÷ 總方法數」得到。

先請你算一下 $\binom{10}{4}$ 是多少？算出來告訴我，我們再一起帶入上面的式子算出兩個機率，順便檢查你的計算。

❺ ChatGPT 會拆解試題內容，請我們依步驟計算

❻ 再次上傳計算步驟

ChatGPT 5

正確嗎？

對的，你算得完全正確！
$\binom{10}{4} = 210$，所以總共有 210 種抽法。

接下來我們來帶入 (a)：

❼ 完成第一題後，接下來可以請 ChatGPT 依序解答各題

ChatGPT 5

你算的正確！接下來請教我第二題

已思考 16s ∨

太棒了，來攻克第 2 題。核心想法：先把 X 的 pmf 列成表，再把「同絕對值、不同號」的機率加在一起，因為 $Y = |X|$。

題目給：
$$P_X(x) = \frac{4}{31}\left(\frac{1}{2}\right)^x, \quad x \in \{-2, -1, 0, 1, 2\}; \quad 0$$

Step 1：先算出各 x 的機率

先幫我算第一個：
$$P(X = -2) = \frac{4}{31}\left(\frac{1}{2}\right)^{-2} = ?$$

把這個數字算出來告訴我，我們就把整個表補齊，接著合併成 $Y = |X|$ 的 pmf。

📖 學習 ✕

＋ 詢問任何問題

第 6 章　讓 ChatGPT 化身手機、電腦的個人助理

6-13

網頁搜尋

　　礙於訓練資料的時間限制，ChatGPT 無法回答超過訓練期間或是具即時性的問題。如果你希望查詢最新的資訊或是從其他資料來驗證回答正確性的話，可以開啟**網頁搜尋**功能，將所搜尋的額外資訊作為模型的回答依據。在以下範例中，我們先請 ChatGPT 解釋書中公式，並透過網頁搜尋功能來補充 **<註2>** 的論文內容。

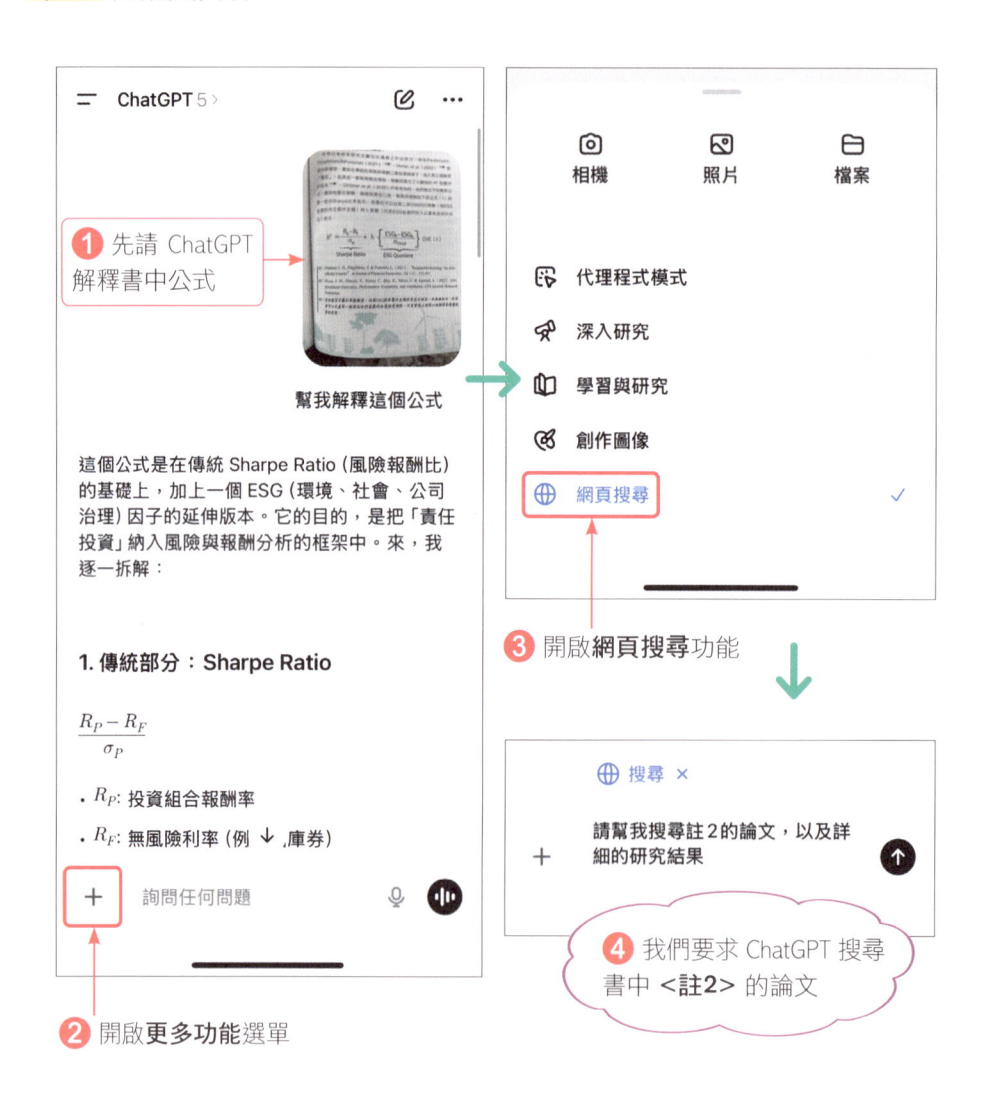

❶ 先請 ChatGPT 解釋書中公式

幫我解釋這個公式

這個公式是在傳統 Sharpe Ratio（風險報酬比）的基礎上，加上一個 ESG（環境、社會、公司治理）因子的延伸版本。它的目的，是把「責任投資」納入風險與報酬分析的框架中。來，我逐一拆解：

1. 傳統部分：Sharpe Ratio

$$\frac{R_P - R_F}{\sigma_P}$$

- R_P：投資組合報酬率
- R_F：無風險利率（例 ↓ 庫券）

❷ 開啟**更多功能**選單

❸ 開啟**網頁搜尋**功能

請幫我搜尋註2的論文，以及詳細的研究結果

❹ 我們要求 ChatGPT 搜尋書中 **<註2>** 的論文

6-14

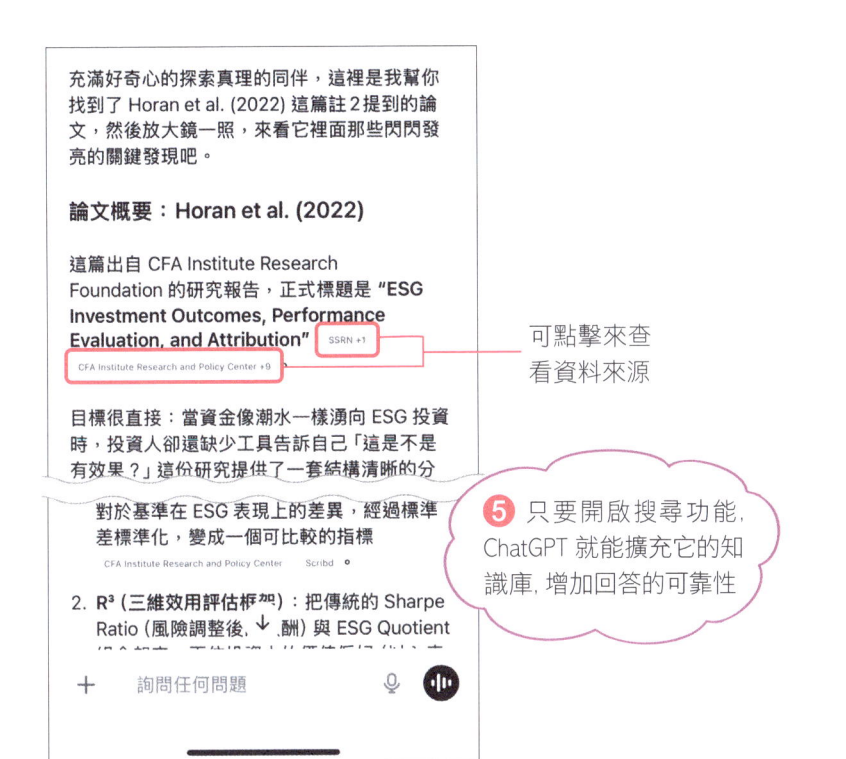

> 充滿好奇心的探索真理的同伴，這裡是我幫你找到了 Horan et al. (2022) 這篇註 2 提到的論文，然後放大鏡一照，來看它裡面那些閃閃發亮的關鍵發現吧。
>
> **論文概要：Horan et al. (2022)**
>
> 這篇出自 CFA Institute Research Foundation 的研究報告，正式標題是 "ESG Investment Outcomes, Performance Evaluation, and Attribution" SSRN +1
> CFA Institute Research and Policy Center +9
>
> 目標很直接：當資金像潮水一樣湧向 ESG 投資時，投資人卻還缺少工具告訴自己「這是不是有效果？」這份研究提供了一套結構清晰的分
>
> 對於基準在 ESG 表現上的差異，經過標準差標準化，變成一個可比較的指標
> CFA Institute Research and Policy Center　Scribd
>
> 2. R³（三維效用評估框架）：把傳統的 Sharpe Ratio（風險調整後，↓ 酬）與 ESG Quotient

可點擊來查看資料來源

❺ 只要開啟搜尋功能，ChatGPT 就能擴充它的知識庫，增加回答的可靠性

6-2 仿真人語音對話，隨時都能 talk！

　　手機版 ChatGPT 最令人讚賞的功能就是**進階語音模式**。這個功能最大的特色在於 ChatGPT 會用非常自然的「仿真語氣」跟我們來回對話，並且能隨時插話、打斷它，或是切換不同國家的語言來交談。除此之外，Plus 版本的用戶還能即時開啟視訊鏡頭或分享螢幕畫面，讓 AI 能理解我們在現實中遇到的問題，成為你我在生活中可靠的智慧助手。

TIP

在使用進階語音模式時，建議可以在「設定」中，將「輸入語言」調整為中文或你的慣用語，回答會更精準喔！

建立圖像	計算項目的數目	用現有的食材
給我的簡報	在圖像中	設計食譜

❶ 點此直接使用進階語音模式

進階語音模式先睹為快

免費預覽
短時間嘗試進階語音。

自然對話
能夠感受並回應干擾、幽默等等情緒。

為你個人化
可以使用記憶和自訂指令來形成回應。

你處於控制狀態
已儲存錄音，你可以隨時將它們刪除。
了解如何**管理錄音**。

選擇語音

語音模式可能會發生錯誤 — 請查核重要資訊。
使用限制可能會變更。

取消　　選擇語音

Cove
沉著且直接

開始使用

❷ 第一次使用時會跳出介紹視窗，按此繼續

❸ 可以滑動來測試不同的人聲

❹ 確認即可使用語音功能

6-16

第一次使用時，系統會要求先選擇對話時的人聲，目前共有 9 種不同的聲音可供選擇：

人聲	性別	語調特色
Arbor	男聲	隨和且多才多藝
Spruce	男聲	平靜和肯定
Juniper	女聲	樂觀又開放
Ember	男聲	自信樂觀
Cove	男聲	沉著且直接
Sol	女聲	聰明和從容
Breeze	男聲	生動且認真
Vale	女聲	爽朗又好奇
Maple	女聲	輕鬆和直率

不同的人聲主要會改變表達的語氣。讀者可以依據自己的喜好或適合的場合來選擇，例如聊天談心需要親切感時選擇 Vale、正式商務的場合選擇 Spruce。

選擇好聲音後，就可以開始使用 ChatGPT 的智慧語音功能了！**若未來想更換人聲的話，我們可以到「設定」中進行調整。**舊版的語音功能最大的缺點在於每次對談都要慢慢等待 ChatGPT 回覆完畢，才能開始下一輪對話。而進階語音模式則有著非常驚艷的突破，不僅能夠多人交談, AI 語音對於情緒的表達更加自然，對於多國語言的理解程度也顯著提升，整體互動更貼近與真人對話時的體驗。

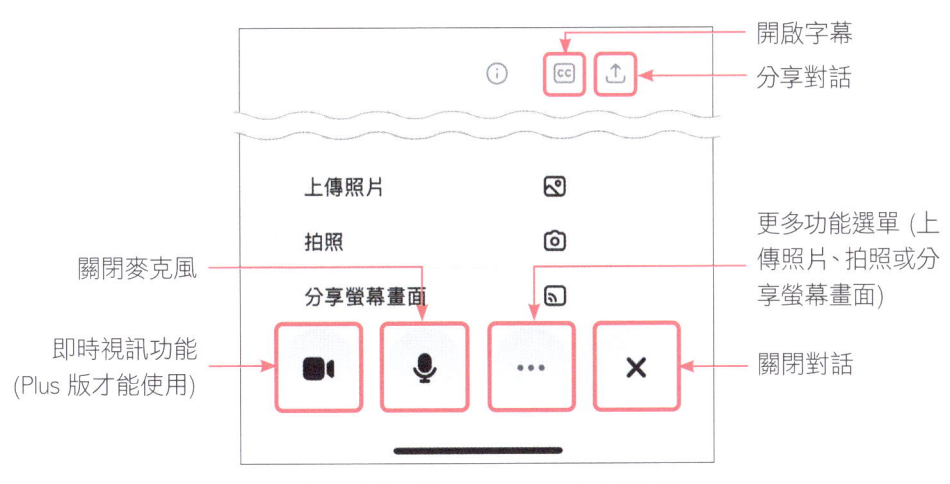

- 開啟字幕
- 分享對話
- 更多功能選單 (上傳照片、拍照或分享螢幕畫面)
- 關閉對話
- 關閉麥克風
- 即時視訊功能 (Plus 版才能使用)

▲ 接下來就可以跟 ChatGPT 自由對話了

第 6 章　讓 ChatGPT 化身手機、電腦的個人助理

6-17

對談結束後,回到對話框中就可以看到這次的文字紀錄。

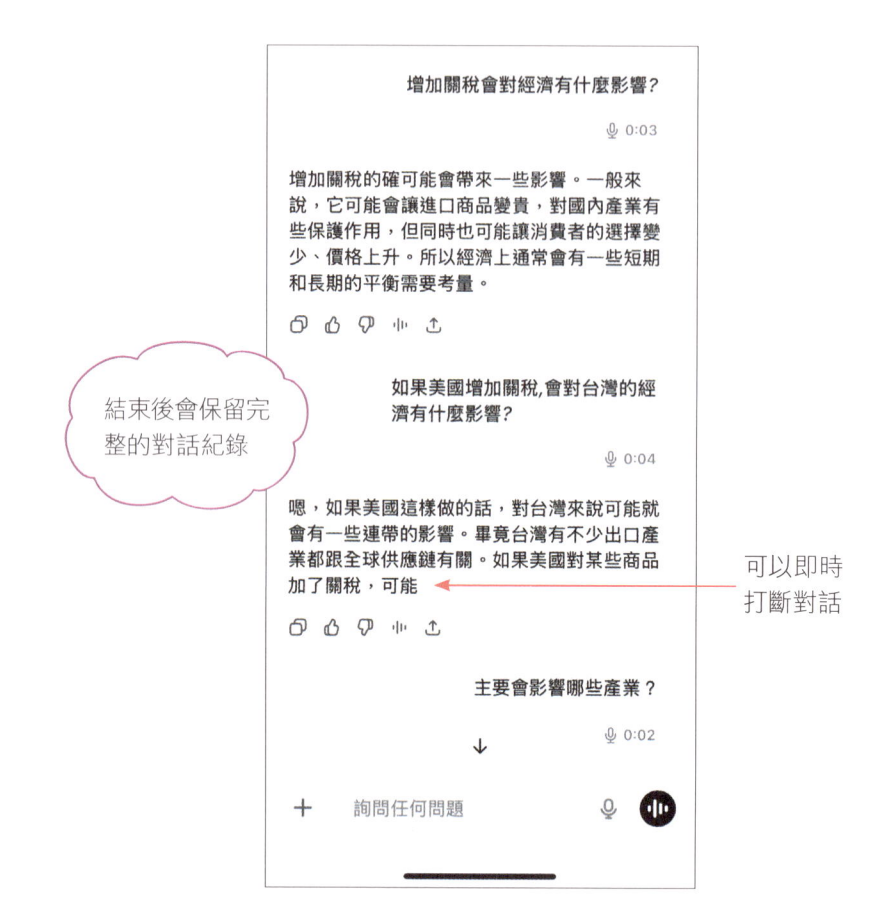

> 結束後會保留完整的對話紀錄

> 可以即時打斷對話

語音即時翻譯

接下來,讓我們以即時日文翻譯為例,測試智慧語音功能的威力。讀者可以直接跟它說:「你是一位即時口譯員,會進行中文和日文的翻譯」。以下為這次範例的對話紀錄:

① 要求 ChatGPT 為後續對話進行翻譯　　**④** 對方説日文也能順利翻譯回中文

```
你是一位即時口譯員 會進行中文
和日文的翻譯
                              0:02

好的，没问题，请告诉我要翻译的内容。
```

② 直接説出要翻譯的句子 →
```
這件襯衫可以試穿嗎?
                              0:03

すみません、このシャツは試着してもいい
ですか？

              トライアルルームはあちら
              です。
                              0:03

试衣间在那边。
```

③ ChatGPT 會將內容翻譯成日文

```
這個尺寸 OK,但是有不同的
顏色嗎?
                              0:03

このサイズは大丈夫なんですけど、他の色は
ありますか？

              こちらに青と黒があります。
                              0:03

这边有蓝色和黑色。

              那我要這件藍色的
                              0:02

じゃあ、この青いのをください。

              お会計はこちらでどうぞ。
                 ↓
                              0:06
```

這樣一來, 未來出國或是臨時遇到外國人問路時, 就不必慌慌張張地比手畫腳了, 只要自信地拿出你的手機, 開啟 ChatGPT App, 任何國家的語言都難不倒你！

英語口説家教

在語言學習方面, 以往的 ChatGPT 只能以打字的方式來進行對話, 雖然對於「讀寫」練習有所幫助, 但對「聽説」能力的提升有限。而智慧語音的推出, 無疑是想學習語言的一大福音, 不僅可以幫助我們進行跟讀練習, 還可以要求 AI 幫忙改善發音, 指出問題並提供建議, 進一步提升語言學習的效果。

> **TIP**
> 你也可以先建構一個專門用於英語學習的 GPT 機器人 (可參考 Bonus 電子書的自訂 GPT 機器人)。在每次使用進階語音時,事先呼叫設定好的 GPT 機器人來節省時間。

以下為英語口說學習的範例：

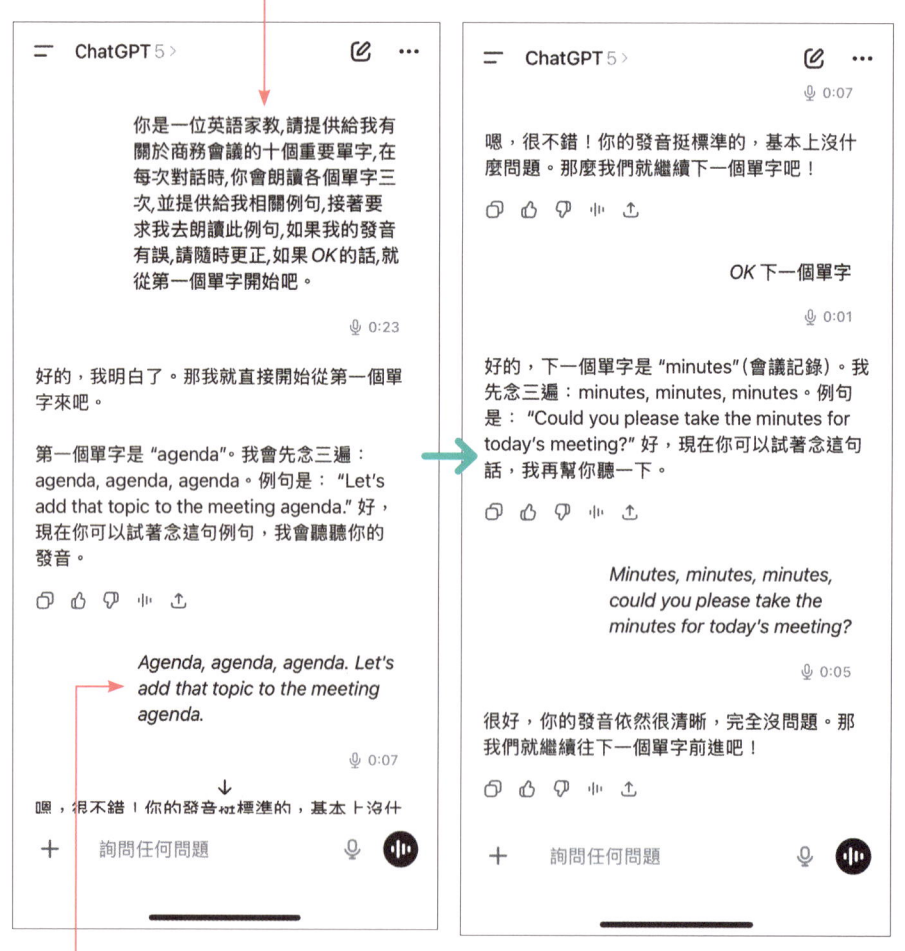

❶ 請 ChatGPT 提供與商務會議有關的單字和例句

ChatGPT 5

你是一位英語家教,請提供給我有關於商務會議的十個重要單字,在每次對話時,你會朗讀各個單字三次,並提供給我相關例句,接著要求我去朗讀此例句,如果我的發音有誤,請隨時更正,如果 OK 的話,就從第一個單字開始吧。
🎤 0:23

好的,我明白了。那我就直接開始從第一個單字來吧。

第一個單字是 "agenda"。我會先念三遍：agenda, agenda, agenda。例句是： "Let's add that topic to the meeting agenda." 好,現在你可以試著念這句例句,我會聽聽你的發音。

Agenda, agenda, agenda. Let's add that topic to the meeting agenda.
🎤 0:07

嗯,很不錯！你的發音挺標準的,基本上沒什...

❷ 進行跟讀練習

ChatGPT 5
🎤 0:07

嗯,很不錯！你的發音挺標準的,基本上沒什麼問題。那麼我們就繼續下一個單字吧！

OK 下一個單字
🎤 0:01

好的,下一個單字是 "minutes"（會議記錄）。我先念三遍：minutes, minutes, minutes。例句是： "Could you please take the minutes for today's meeting?" 好,現在你可以試著念這句話,我再幫你聽一下。

Minutes, minutes, minutes, could you please take the minutes for today's meeting?
🎤 0:05

很好,你的發音依然很清晰,完全沒問題。那我們就繼續往下一個單字前進吧！

▲ ChatGPT 會判斷我們的發音狀況

在練習過程中，如果聽不太清楚的話也可以開啟 CC 字幕：

按此可以打開即時字幕

第一個單字是 "agenda"。我會先念三遍：agenda, agenda, agenda。例句是："Let's add that topic to the meeting agenda." 好，現在你可以試著念這句例句，我會聽聽你的發音。

我們也可以設定不同的練習情境來模擬對話，例如「旅遊」、「購物」、「會議」、「點餐」…等。接下來讓我們請 ChatGPT 與我們練習旅遊時的英語對話：

① 先請 ChatGPT 扮演英語家教，練習「旅遊」時的對話

你是一位英語家教，我想跟你練習有關旅遊時的英文對話，請你先開始。

當然可以，我們就從旅行場景開始吧！你可以想象一下你要去一個新的城市，然后問我一些常見的旅行問題，我會用英文回答你。這樣我們就可以開始對話練習了。

Okay, I'm traveling here. I want to book a room.

② 它會補充完整的講法

Absolutely! Let's dive right in. For instance, you could say something like, "Excuse me, I'd like to book a room for two nights." And from there, we can just keep the conversation going as if you're talking to a hotel receptionist.

you please let me know what type of room you prefer and if you have any requests?"

③ 一問一答的對話模擬

Do you have single-bed room available?

Yes, we do! We've got single-bed rooms available, and I can set you up with one of those for the two nights you need. Just let me know if there's anything else you'd like to add.

Do I need to pay extra for a breakfast?

Not at all! The breakfast is included with your room, so you won't have to pay anything extra for that. Just enjoy your stay and your morning meal on the house!

▲ 進階語音模式就是你的私人家教！

第 6 章　讓 ChatGPT 化身手機、電腦的個人助理

影像互動功能

進階語音模式不僅可以即時交談，還能做到「影像互動」。**我們只要在對話時開啟鏡頭，ChatGPT 就能夠辨識周遭的環境、人物或各種物品**。以下為筆者使用影像互動功能查找商品資訊的使用範例：

❷ 可以隨時移動鏡頭並與 ChatGPT 對話

❸ ChatGPT 會辨識視訊中的內容

❶ 開啟視訊鏡頭

❹ 可以要求它近一步查詢更多資訊

除此之外，我們也可以在開啟智慧語音功能時**上傳照片**或者是**分享即時的螢幕畫面**，讓 ChatGPT 辨識、翻譯或分析手機中的內容：

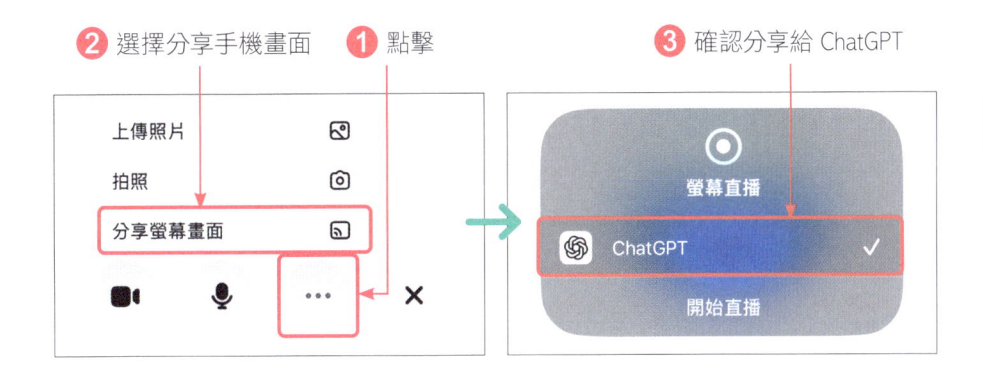

❷ 選擇分享手機畫面　❶ 點擊　❸ 確認分享給 ChatGPT

分享螢幕給 ChatGPT 後，不用擔心離開 App 會中斷，它會在背景運行，此時我們可以切換畫面到別的視窗，搭配螢幕中的畫面來進行問答：

❹ 分享中的螢幕畫面，可以隨意切換視窗

❺ 透過分享螢幕來即時問答

第 6 章　讓 ChatGPT 化身手機、電腦的個人助理

6-23

6-3 ChatGPT 加持！替 Apple Intelligence 掛 Power

過往 Siri 若要結合 ChatGPT，只能透過「捷徑」設置來達成。但現在隨著 Apple Intelligence 的推出，Siri 直接結合了 ChatGPT 的超能力，擁有更強的語言理解能力及各種 App 的協同互動。除此之外，最新的 iOS 26 也在「影像樂園」、擷圖詢問等功能中做了更多與 ChatGPT 的整合，讓 Apple Intelligence 的能力得到進一步的提升。

> **TIP**
> Apple Intelligence 的適用機型為 iPhone 15 Pro、iPhone 16 系列或更新的機型，以及配備 M1 晶片以上的 iPad 與 Mac。目前只要將系統升級到最新版本就能支援英文語系與簡體中文，繁體中文則預計會在 2025 年底前推出。

如果你的設備符合以上條件，就讓我們來調整設定，使用 Apple Intelligence 吧！由於筆者測試的當下 Apple Intelligence 尚未支援繁體中文和台灣地區，而英文版則需使用英文來與 Siri 溝通，所以接下來我們會以 iPad 進行簡體中文版的設定示範：

step 01 如果系統版本是 18.3 或以下，請更新 iOS 或 iPadOS 的版本

① 進入「設定」頁面
② 點擊「一般」並選擇「軟體更新」
③ 更新至最新版本

6-24

step 02 將語言與地區更改為簡體中文和中國大陸

❷ 按此添加「簡體中文」

❸ 拖曳「簡體中文」至最上方,會設定為主要語言

❹ 將地區改為中國大陸

❶ 點擊 ⚙ 「一般」並選擇「語言與地區」

- **TIP**
由於不同語系設定畫面的名稱不同,請認明圖中的圖示來進行設定,說明文字是以繁體中文介面的名稱為主。

第 6 章 讓 ChatGPT 化身手機、電腦的個人助理

6-25

step 03 設定 Apple Intelligence

❸ 稍等一下，會自動下載簡體中文版本的模型

❹ 目前選擇 (普通話 – 中國大陸) 才能使用 Apple Intelligence 喔！

07:37 3月18日周二 　　　　　　　　　　　　　　　　　🛜 100%

设置

Finish Setting Up Your iPad ❶

- ✈️ 飞行模式
- 📶 Wi-Fi　　　　　　　FLAG
- 🔵 蓝牙　　　　　　　打开
- 🔋 电池
- VPN
- ⚙️ 通用
- 🧭 辅助功能
- 🗂 多任务与手势
- 🎛 控制中心
- 🖼 墙纸
- 🔍 搜索
- ☀️ 显示与亮度
- 📷 相机
- 📱 主屏幕与 App 资源库
- ✏️ Apple Pencil
- **🍎 Apple 智能与 Siri**
- 🔔 通知
- 🔊 声效
- 🌙 专注模式
- ⏳ 屏幕使用时间
- 👤 面容 ID 与密码

Apple 智能与 Siri
深度集成至 iPad、App 和 Siri 的个人智能系统。进一步了解…

Apple 智能　　　　　　　　　　　　　⬤
正在下载 Apple 智能的支持内容。下载模型期间，请将 iPad 接入 Wi-Fi 和电源。

❷ 預設會自動開啟

SIRI 请求
语言　　　　　　　　　中文 (普通话 - 中国大陆) ›
通过说话和键入使用 Siri　　　　　　　›
锁定时允许使用 Siri
声音　　　　　　　　　　普通话 (声音 1) ›
Siri 回答　　　　　　　　　　　　　　›
播报来电　　　　　　　　　　　　　　›
通过 Siri 发送信息　　　　　　　　　　›
Siri 与听写历史记录　　　　　　　　　›
我的信息　　　　　　　　　　　　　无 ›

语音输入会在 iPad 上处理，但请求的听写文本可能会发送给 Apple。关于 Siri 与隐私…

扩展
ChatGPT ›
Siri 和其他功能可借助 ChatGPT 回答你的请求。

建议
搜索前建议 App　　　　　　　　　　⬤
还原已隐藏的建议
允许通知　　　　　　　　　　　　　⬤

---

❶ 現在於設定頁面中會看到 Apple Intelligence，點擊進入

❺ 點擊 ChatGPT

⬇ 其他 Siri 設定依個人喜好調整

6-26

> **TIP**
>
> 不登入 ChatGPT 其實也可以使用 Apple Intelligence 功能, 但如果你有購買付費版的 ChatGPT Plus, 登入後可以提高每日限額。

加強語意理解的 Siri

接下來, 就跟我們平時使用 Siri 的方式相同, 只要呼叫「嘿 Siri」然後再說出你的請求, Siri 就會自行判斷是否需要 ChatGPT 的幫助。這樣做也等於把 Siri 掛上 ChatGPT 這個大 Power, 可以讓 Siri 的助理能力提升好幾個檔次！以下為筆者請 Siri 撰寫郵件的示範：

❶ 嘿！Siri，我想要找專題的指導教授，幫我寫一個 email 的範例

也可以輕點螢幕底部兩下，就能使用鍵盤來輸入

❷ Siri 會自行判斷是否需要 ChatGPT 的幫助，按此同意

6-28

❸ ChatGPT 會根據請求進行處理

因為我們將語系調整為簡體中文,所以這裡也可能會以簡體中文來回覆,但你也可以加強說明「請用繁體中文回覆」,實測有效!

影像樂園再進化

Apple Intelligence 另一個主打的功能就是**影像樂園**,只要用口語化的方式描述圖案形象,或是加入表情符號、照片,就能直接生成圖片。而 iOS 26 更新後,影像樂園也整合了 ChatGPT,可以提供比以往更多樣的風格。不過這個功能目前尚未支援中文版 Apple Intelligence,因此我們這裡會調整為英文版來使用。修改方式與先前大同小異:

1. **修改系統語言為英文**：進入「設定」→「一般」→「語言與地區」，拖曳「English」至最上方，作為主要語言。
2. **地區改為美國 (United States)**：在「語言與地區」中，調整「地區」為「United States」。
3. **Siri 語言設定修改**：修改後會重新下載英文版的 Apple Intelligence，在「設定」→「Apple Intelligence & Siri」，將「語言」改成「English (United States)」。

完成後，就能開始使用影像樂園：

❶ 只要是 iOS 18.2 以上的版本，就可以看到影像樂園的 App 出現在裝置中

❷ 點進來之後可以在上面選擇風格，這裡就選擇 iOS 26 加入的 ChatGPT

下方還能進一步選擇 ChatGPT 提供的風格，我們這裡選任意風格來示範

6-30

在下方輸入想要生成的內容，雖然我們使用的是英文版 Apple Intelligence，但在選擇 ChatGPT 風格時就沒有只能輸入英文的限制

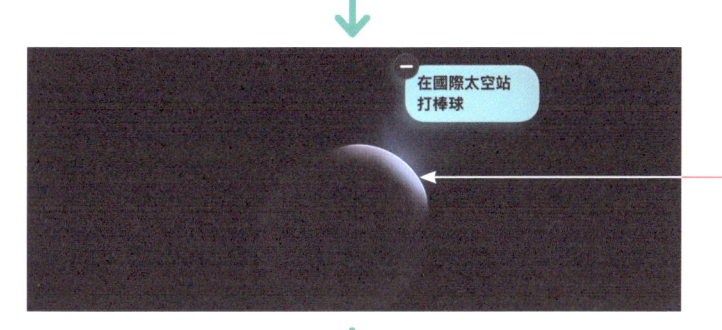

等待圖片生成，選擇 ChatGPT 風格的生成時間比內建的風格長，等泡泡外圍的亮光跑完一整圈就完成了

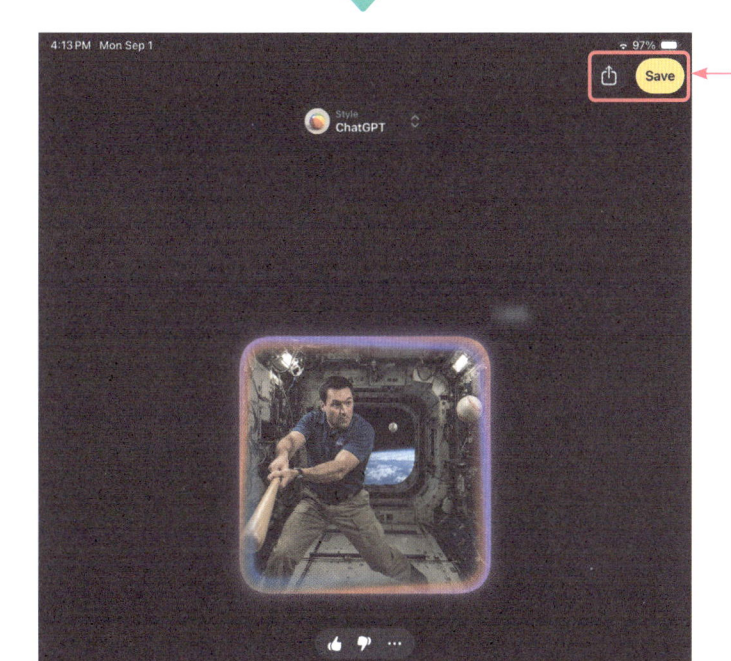

完成後可以點擊右上角來分享或儲存圖片

6-4 ChatGPT App, Mac / Win 都適用

現在 Mac 和 Windows 都已經推出 ChatGPT 應用程式，且免費版用戶也能使用，ChatGPT App 不再局限於瀏覽器視窗，大幅提升了便利性。本節主要將以 Mac 來示範使用方法。

下載方式

安裝應用程式有兩個方法：

- 方法一：從 OpenAI 官方網站下載

    前往 OpenAI 提供的下載網址 (https://openai.com/chatgpt/download/)，選擇你需要的版本進行下載。在 ChatGPT 網頁版點擊左下角的頭像，並依序選擇說明、下載應用程式，也可以連結到此網頁。

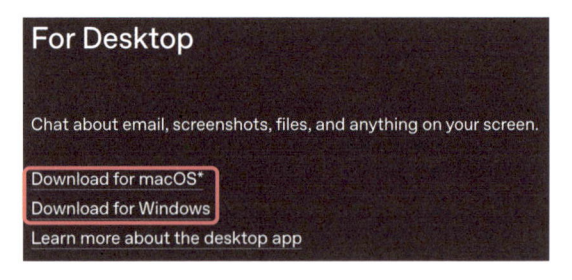

- 方法二：從 Microsoft Store 下載（僅限 Windows）

    打開 Windows 內建的 Microsoft Store 搜尋 ChatGPT 即可安裝。

安裝結束後，雙擊開啟應用程式，登入帳號後就可以開始使用。

---TIP---

目前 OpenAI 尚未在 macOS 內建的 App Store 推出 ChatGPT 官方應用程式, macOS 的使用者請直接使用方法一下載。

ChatGPT App 介面

雙擊 ChatGPT 應用程式, 就會跑出對話視窗。以下為 macOS 版本：

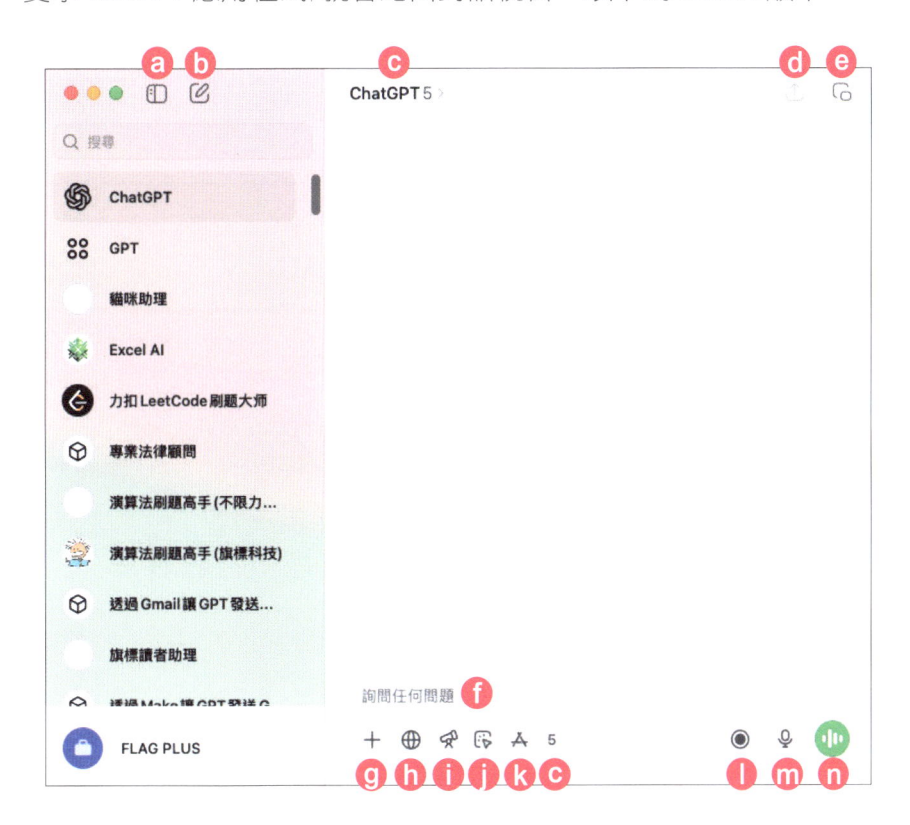

- **a** 開啟 / 收合側邊欄
- **b** 開啟新對話
- **c** 選擇模型
- **d** 分享對話連結
- **e** 單獨分出對話框
- **f** 文字輸入框
- **g** 上傳檔案或照片、擷圖、拍照
- **h** 開啟網路搜尋
- **i** 深入研究
- **j** 代理程式模式
- **k** 執行第三方應用程式
- **l** 錄製模式
- **m** 麥克風輸入
- **n** 智慧對話(免費版本有額度限制) / 語音對話

第 6 章　讓 ChatGPT 化身手機、電腦的個人助理

6-33

macOS 版本因為功能較多,介面也比較豐富,而 Windows 版本的介面目前仍與網頁版大同小異。此外如果使用的是免費版帳戶,付費限定的功能也不會顯示。

快速啟動

無論你正在使用哪個應用程式,都可以透過快捷鍵迅速叫出 ChatGPT:

- **macOS**: option + space
- **Windows**: Alt + Space

按下快捷鍵之後,會彈出一個小型對話框,就可以開始與 ChatGPT 對話。

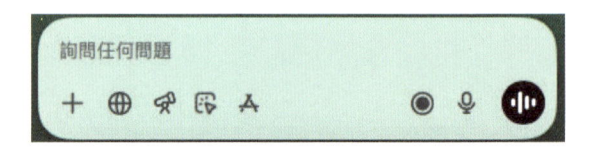

— TIP —

請確認 ChatGPT App 已經在電腦啟用,才能以快速鍵叫出對話框喔。另外 Windows 系統的使用者如果按下快捷鍵跳出的是 Copilot,可以到 Copilot 的設定內把快捷鍵關掉,就可以順利用快捷鍵叫出 ChatGPT 了。

擷圖功能

這是 ChatGPT App 非常實用的功能,在 macOS 版本裡,它能自動偵測桌面上正在使用的應用程式,並自動擷取畫面,直接傳送到 ChatGPT 對話框。省去繁瑣的手動操作,大幅提升使用便利性。

我們以一個桌面上開啟的 Python 檔案作為示範。打算讓 ChatGPT 自動擷取該 IDLE 頁面中的文字,並傳送到對話框中。

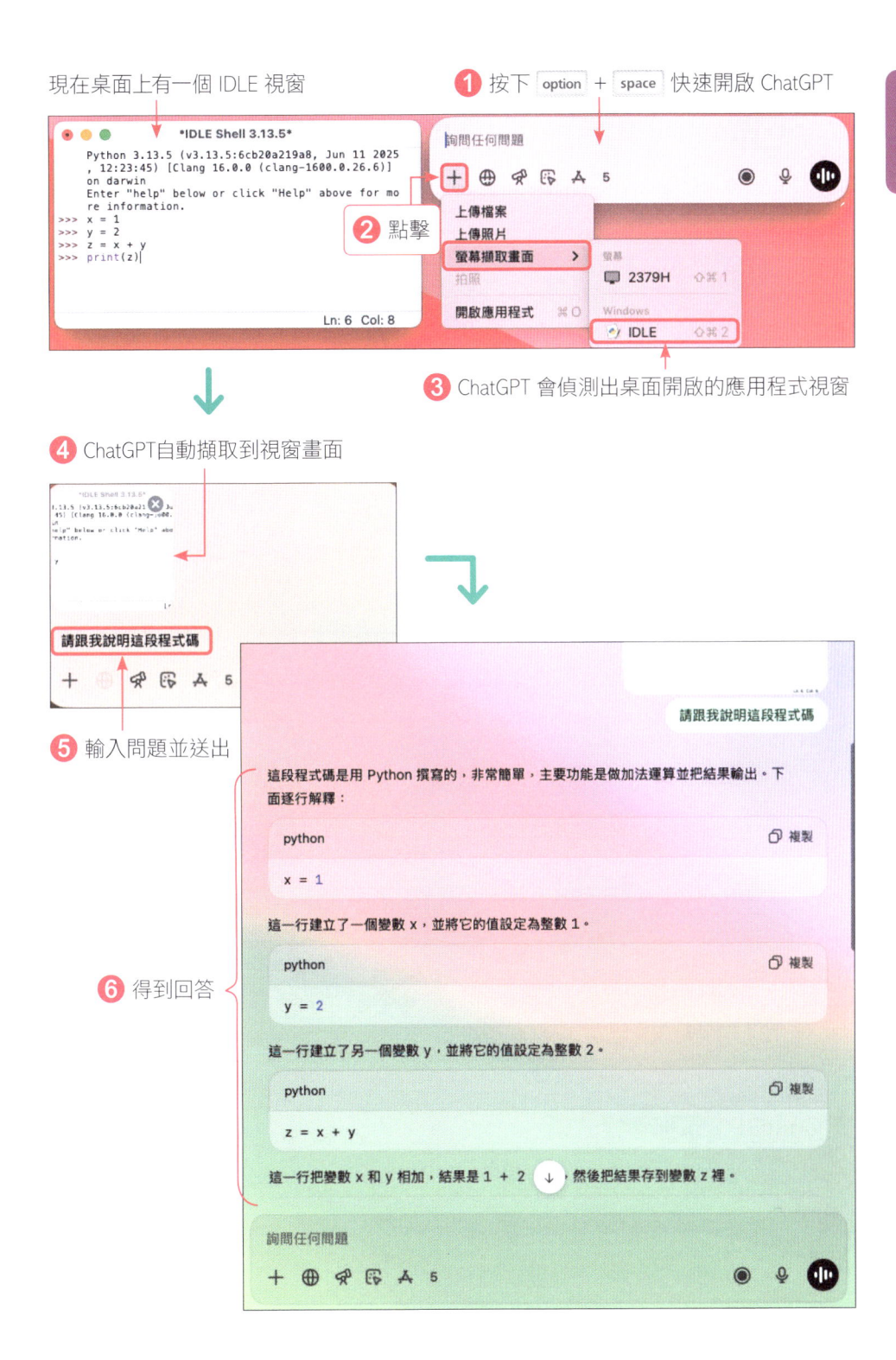

現在桌面上有一個 IDLE 視窗　　　　❶ 按下 option + space 快速開啟 ChatGPT

❷ 點擊

❸ ChatGPT 會偵測出桌面開啟的應用程式視窗

❹ ChatGPT自動擷取到視窗畫面

❺ 輸入問題並送出

❻ 得到回答

第 6 章　讓 ChatGPT 化身手機、電腦的個人助理

6-35

— TIP —

Windows 版 ChatGPT App 的擷圖功能則比較單純，使用者必須自行用滑鼠操作擷圖。目前還沒有像 Mac 版那樣的自動偵測桌面應用程式功能。

Win 版 ChatGPT App 的擷圖功能

在 ChatGPT 執行第三方應用程式

macOS 版的 ChatGPT 還提供支援執行第三方應用程式的功能。這項功能讓 ChatGPT 直接讀取應用程式畫面，並同時處理多個內容，大幅節省將文字複製貼上到 ChatGPT 介面的時間。

這項功能的設計宗旨是協助程式碼編寫，並支援 Apple Notes、Notion、VS Code、Terminal、iTerm2 和 Xcode 等工具。接下來以開啟的 VS Code 應用程式為例，示範操作流程：

— TIP —

完整支援的應用程式清單，請瀏覽OpenAI官網：https://help.openai.com/en/articles/10119604-work-with-apps-on-macos

請 ChatGPT 幫你看程式碼

最簡單的應用方式，就是直接請 ChatGPT 查看 IDE 上的程式碼，幫你糾錯與修正，省去手動複製貼上的步驟。

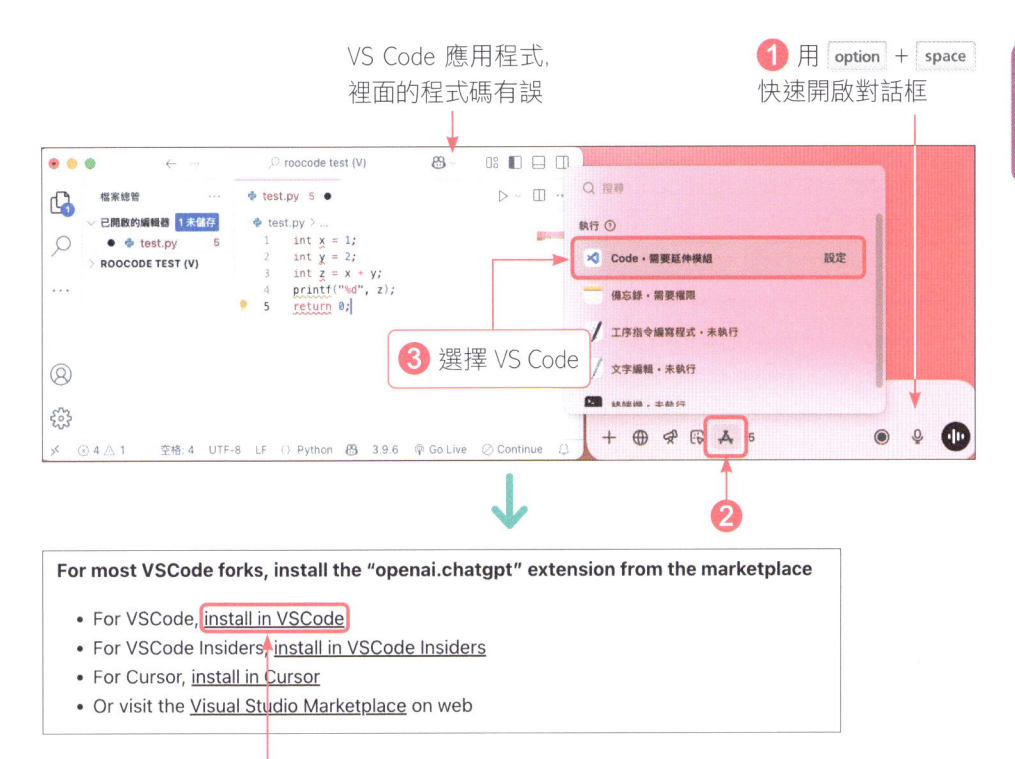

① 用 option + space 快速開啟對話框

VS Code 應用程式, 裡面的程式碼有誤

③ 選擇 VS Code

②

For most VSCode forks, install the "openai.chatgpt" extension from the marketplace

- For VSCode, install in VSCode
- For VSCode Insiders, install in VSCode Insiders
- For Cursor, install in Cursor
- Or visit the Visual Studio Marketplace on web

④ 系統可能會引導你前往 VS Code 官網下載所需套件, 直接依照指示點選下載即可

⑤ 接著, 畫面再回到 VS Code 應用程式, 點選 install 後即可正式啟用

顯示 ChatGPT 已經連上 VS Code

⑥ 輸入問題並送出

第 6 章 讓 ChatGPT 化身手機、電腦的個人助理

6-37

❼ 確實找到程式碼的錯誤，也有提供修正建議

直接請 ChatGPT 在 IDE 上修改程式碼

還有更方便的應用，就是下達明確的指令，直接請 ChatGPT 幫你在 IDE 上修改程式碼，大幅提升寫 code 的效率。

❶ 指示 ChatGPT 幫忙修改程式碼

❷ 點選套用，ChatGPT 將自動更新 IDE 內的程式碼

6-38

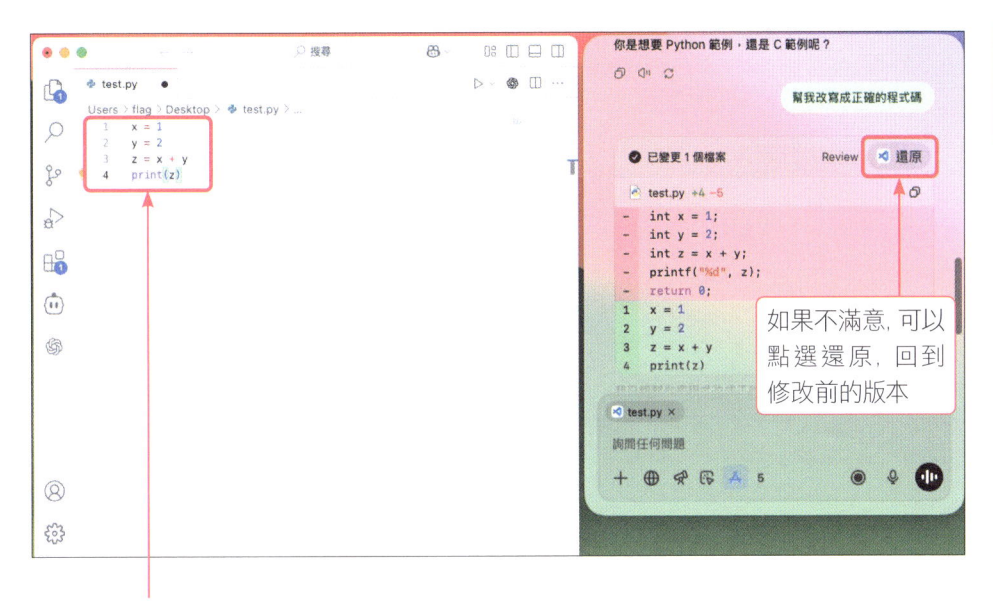

❸ 可以看到 VS Code 裡的程式碼已經被修改

開啟擷圖權限

第一次開啟擷圖功能的時候，會出現權限問題對話框，請先按照指示啟動。

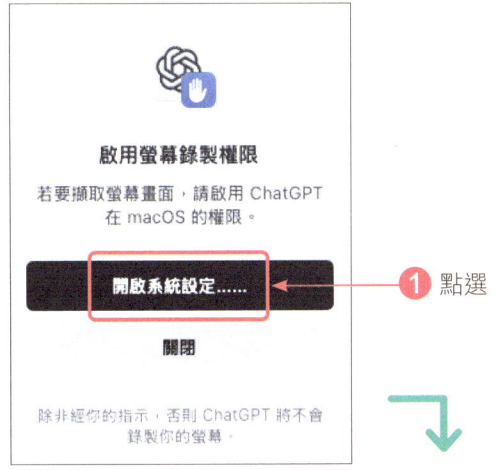

❶ 點選

→ 接下頁

6-39

② 開啟權限

③ 重新打開 ChatGPT 後就可以開始擷圖

錄製模式

　　這項 2025 年中加入的新功能一樣是 macOS 版的 ChatGPT 限定，並且不提供免費版帳戶使用。它能夠錄製最多兩個小時的麥克風及系統音訊，並在短時間內產生出一份摘要。OpenAI 官方主打的使用場景就是線上會議的紀錄，靠著系統音訊的錄製，只要是線上的、數位的任何音訊，都可以很方便的利用此功能進行重點整理。

不過使用上要注意的是，錄製模式只會儲存音檔轉換出來的逐字稿，不會將音檔保留下來，因此逐字稿產生的任何缺漏、錯誤都無法再回頭修正。而根據筆者的測試，ChatGPT 錄到的逐字稿可能會產生 20%~30%不等的遺漏，雖然對重點整理影響不大，但如果是想要完整逐字稿的話，還是去尋找其他工具會比較好喔。接下來我們會播放 TED 的英文演講影片來測試：

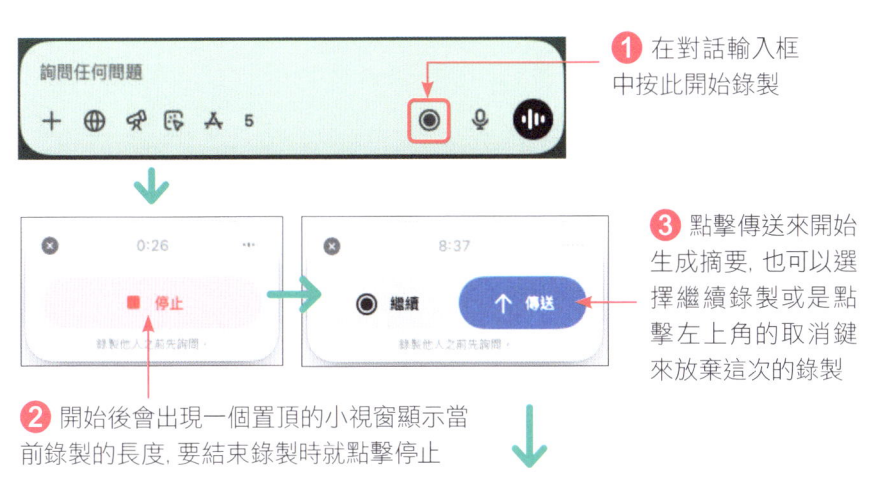

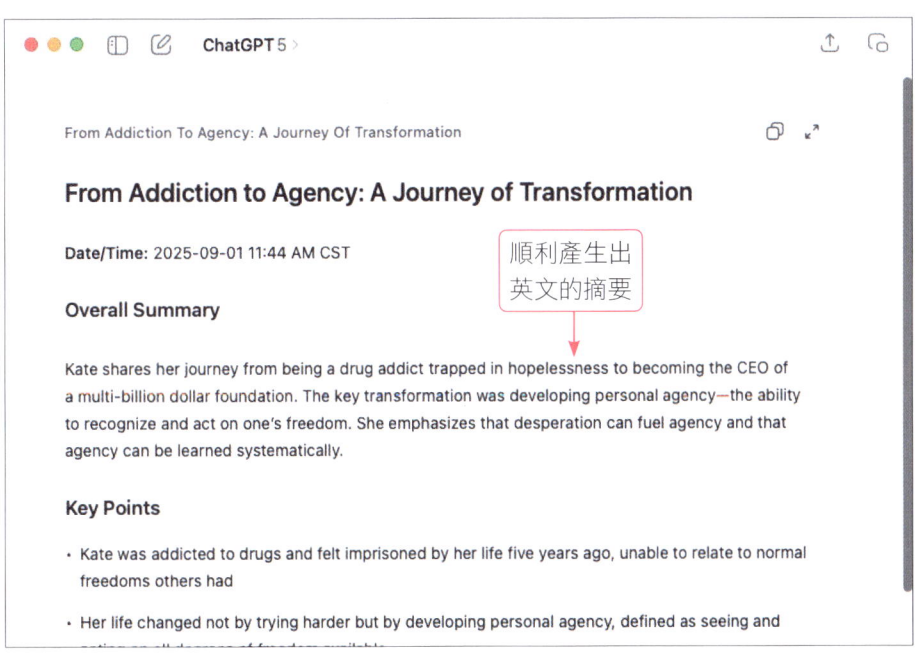

❶ 在對話輸入框中按此開始錄製

❷ 開始後會出現一個置頂的小視窗顯示當前錄製的長度，要結束錄製時就點擊停止

❸ 點擊傳送來開始生成摘要，也可以選擇繼續錄製或是點擊左上角的取消鍵來放棄這次的錄製

順利產生出英文的摘要

6-41

❹ 要求繁體中文的版本

給我繁體中文的版本

成功取得繁體中文的摘要

　　另外雖然官網有提到錄製模式面對英文以外的語言，準確度仍然有待提升，不過根據筆者的測試，中文在沒有太多專有名詞的情況下，同樣擁有不錯的準確率。不過可能是因為功能還推出不久，目前不管錄製的是中文還英文，ChatGPT 都會先產生英文的摘要，需要再透過對話取得繁體中文的版本，這點就有待 OpenAI 官方來改善。

7
CHAPTER

活用 GPT 機器人，提升辦公室生產力

還只會傻傻地使用 ChatGPT 的基本功能嗎？那你就落伍了！不管是 ChatGPT 免費會員還是升級到 Plus 的會員，都可以使用功能強大的 GPT 商店（GPT Store），這是 OpenAI 推出的 GPT 應用機器人上架平台，就類似蘋果的 App Store 或 Google 的 Google Play 商店。使用者可以在此分享和使用其他人所客製化好的 GPT 機器人。此外這裡還設有熱門排行榜，方便使用者根據自己的需求選擇熱門的機器人來用。

到底什麼是 GPT 機器人呢？先前我們介紹過各種跟 ChatGPT 溝通的提示工程手法，包括：角色扮演、指定輸出格式、先思考再回答等等，GPT 就是開發者們把這些技巧整合起來並事先設定好，打造出針對特定目的之智慧機器人。這些機器人的用法都跟一般的 ChatGPT 一樣，但使用者可以把它當成某個領域的專家，用口語跟它溝通、問問題就可以，省去繁複提示工程的前置作業。

> **TIP**
>
> 官方將每個開發者所客製化的機器人稱為 GPT，口語上可稱為 GPT 機器人，本章也以此稱之，詳細內容可參考官方網站：https://openai.com/zh-Hant/index/introducing-the-gpt-store/

7-1　官方 GPT 機器人初體驗

　　本章將精心挑選目前幾個好用的 GPT 機器人來介紹，讓你的 ChatGPT 升級為終極型態，用起來更便利、更有效率！

開啟 GPT 商店頁面

　　首先請進入 ChatGPT 的主畫面，可以在左側欄位看到 **GPT** 的選項，點擊後就會開啟 GPT 商店首頁：

如下圖所示，進入 GPT 商店首頁後，出現在最上方的是 GPT 商店的本週精選，然後是熱門的 GPT 機器人，最後會展示由 OpenAI 建立好的 GPT 機器人，每個項目下面都有簡單的介紹，讓使用者大致知道其用途。

Plus 會員可以點擊這裡客製化自己的 GPT 機器人，Bonus A 會進行示範

在商店中可以切換 GPT 機器人的分類

> **TIP**
>
> 客製化自己的 GPT 需要 ChatGPT Plus 會員才能使用，客製化的門檻不高，不需要撰寫程式，利用全圖形介面一一設定就可以建立完畢。Bonus A 會示範怎麼做。

網頁往下滑，可以看到由開發者們研發出來的熱門 GPT 機器人：

如果不確定哪個 GPT 機器人好用，可以參考這裡的排名

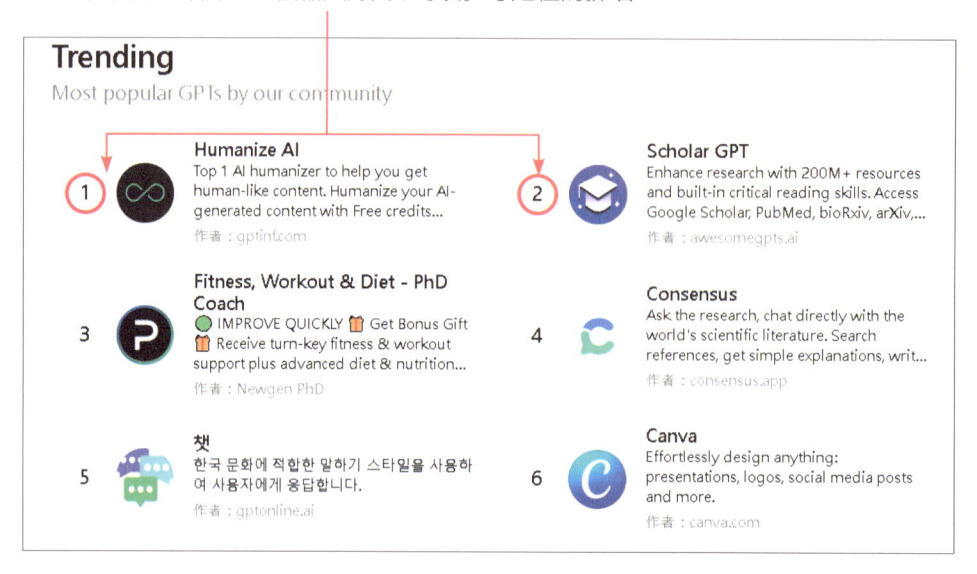

Trending
Most popular GPTs by our community

1. **Humanize AI**
   Top 1 AI humanizer to help you get human-like content. Humanize your AI-generated content with Free credits...
   作者：gptinf.com

2. **Scholar GPT**
   Enhance research with 200M+ resources and built-in critical reading skills. Access Google Scholar, PubMed, bioRxiv, arXiv,...
   作者：awesomegpts.ai

3. **Fitness, Workout & Diet - PhD Coach**
   🟢 IMPROVE QUICKLY 🎁 Get Bonus Gift 🔑 Receive turn-key fitness & workout support plus advanced diet & nutrition...
   作者：Newgen PhD

4. **Consensus**
   Ask the research, chat directly with the world's scientific literature. Search references, get simple explanations, writ...
   作者：consensus.app

5. **챗**
   한국 문화에 적합한 말하기 스타일을 사용하여 사용자에게 응답합니다.
   作者：gptonline.ai

6. **Canva**
   Effortlessly design anything: presentations, logos, social media posts and more.
   作者：canva.com

網頁再往下拉則會看到 OpenAI 官方所開發的 GPT 機器人

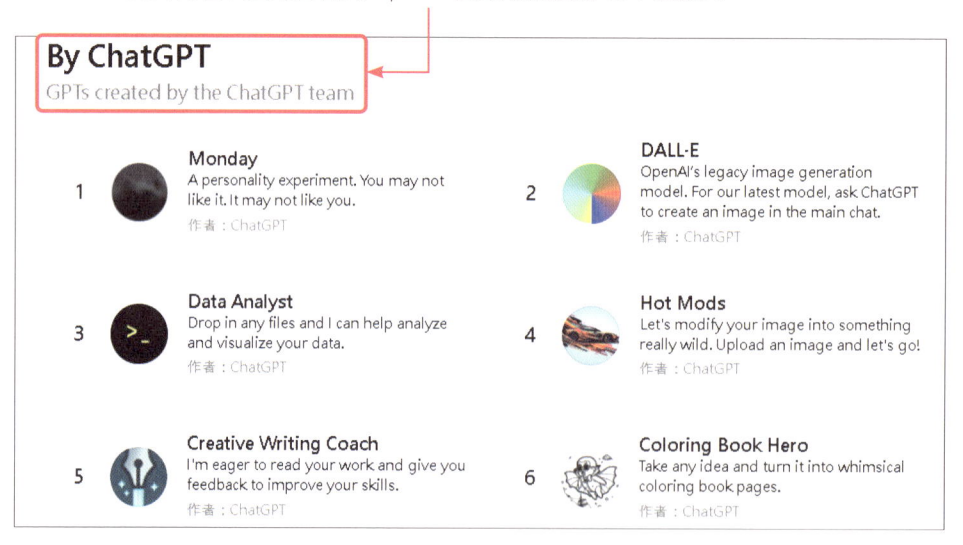

By ChatGPT
GPTs created by the ChatGPT team

1. **Monday**
   A personality experiment. You may not like it. It may not like you.
   作者：ChatGPT

2. **DALL·E**
   OpenAI's legacy image generation model. For our latest model, ask ChatGPT to create an image in the main chat.
   作者：ChatGPT

3. **Data Analyst**
   Drop in any files and I can help analyze and visualize your data.
   作者：ChatGPT

4. **Hot Mods**
   Let's modify your image into something really wild. Upload an image and let's go!
   作者：ChatGPT

5. **Creative Writing Coach**
   I'm eager to read your work and give you feedback to improve your skills.
   作者：ChatGPT

6. **Coloring Book Hero**
   Take any idea and turn it into whimsical coloring book pages.
   作者：ChatGPT

搜尋想要的 GPT 機器人

如果您已經知道某個 GPT 的名稱，透過商店最上面的搜尋框來搜尋即可。我們以 Excel AI 這個機器人為例示範如何操作：

❶ 在此輸入您想使用的 GPT 機器人

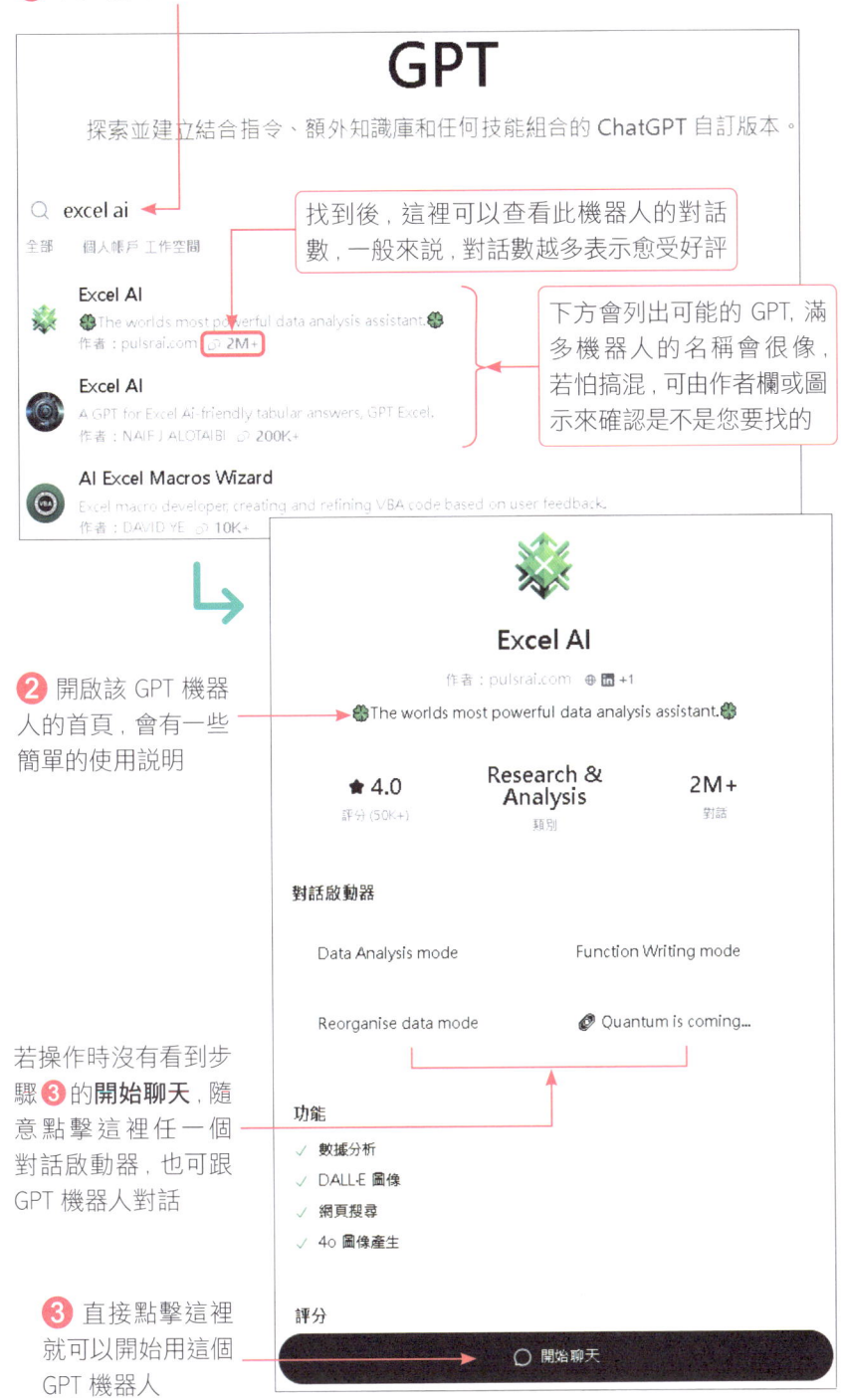

GPT

探索並建立結合指令、額外知識庫和任何技能組合的 ChatGPT 自訂版本。

🔍 excel ai

全部　個人帳戶　工作空間

Excel AI
☘ The worlds most powerful data analysis assistant.☘
作者：pulsrai.com　💬 2M+

找到後，這裡可以查看此機器人的對話數，一般來說，對話數越多表示愈受好評

Excel AI
A GPT for Excel AI-friendly tabular answers, GPT Excel.
作者：NAIF J ALOTAIBI　💬 200K+

下方會列出可能的 GPT，滿多機器人的名稱會很像，若怕搞混，可由作者欄或圖示來確認是不是您要找的

AI Excel Macros Wizard
Excel macro developer, creating and refining VBA code based on user feedback.
作者：DAVID YE　💬 10K+

❷ 開啟該 GPT 機器人的首頁，會有一些簡單的使用說明

Excel AI

作者：pulsrai.com　⊕ 🔗 +1

☘ The worlds most powerful data analysis assistant.☘

★ 4.0　　　Research & Analysis　　　2M+
評分 (50K+)　　　類別　　　對話

對話啟動器

Data Analysis mode　　　Function Writing mode

Reorganise data mode　　　🪙 Quantum is coming...

功能
✓ 數據分析
✓ DALL·E 圖像
✓ 網頁搜尋
✓ 4o 圖像產生

評分

若操作時沒有看到步驟 ❸ 的**開始聊天**，隨意點擊這裡任一個對話啟動器，也可跟 GPT 機器人對話

❸ 直接點擊這裡就可以開始用這個 GPT 機器人

　　　　　　　　　　　　　○ 開始聊天

第 7 章　活用 GPT 機器人，提升辦公室生產力

7-5

GPT 機器人的使用介面說明

開啟 GPT 機器人的對話頁面後,如下圖所示,可以看到跟一般的 ChatGPT 對話頁面完全一樣,只有畫面中間的圖示不太一樣,因為現在跟我們交談的不是那個通用的 ChatGPT,而是客製化後的 GPT 機器人。

而畫面左上方也會顯示您目前在用哪個 GPT 機器人,點擊後的選單功能也略有不同:

從這裡可以確認正與哪個 GPT 機器人對話

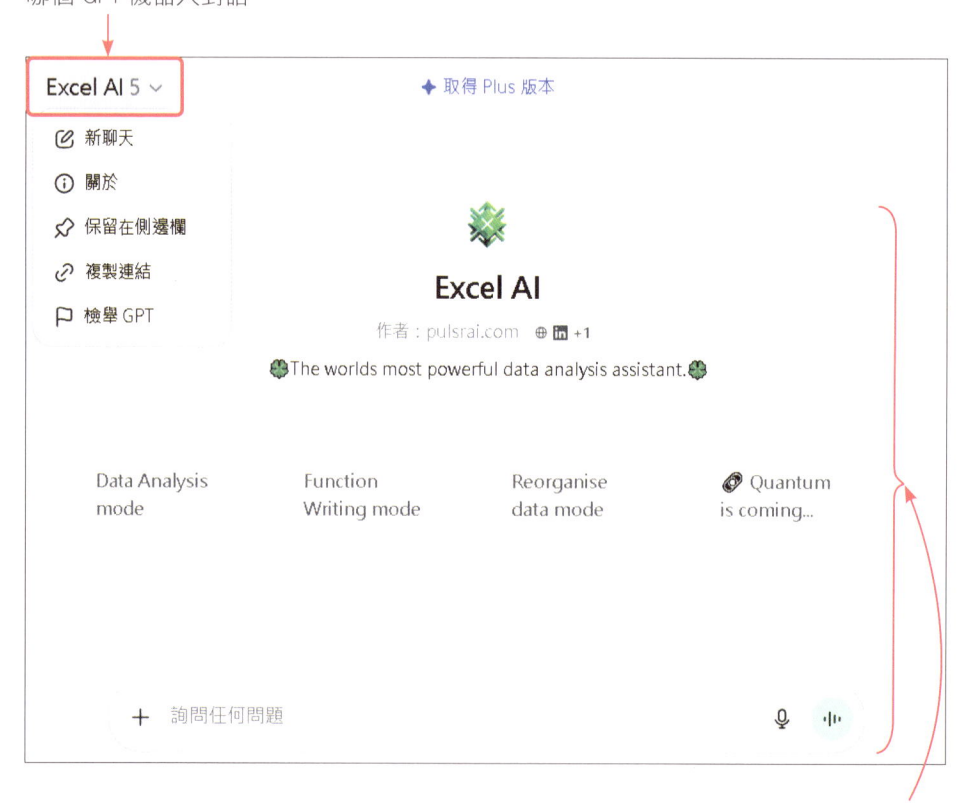

對話的主頁面

以後如何快速開啟 GPT 機器人來使用？

當您想使用某個 GPT 機器人時，如何快速從原本 ChatGPT 的聊天畫面切換到該 GPT 的聊天畫面呢？

首先，您近期使用的 GPT 機器人會顯示在左上方的側邊欄，方便您開啟使用：

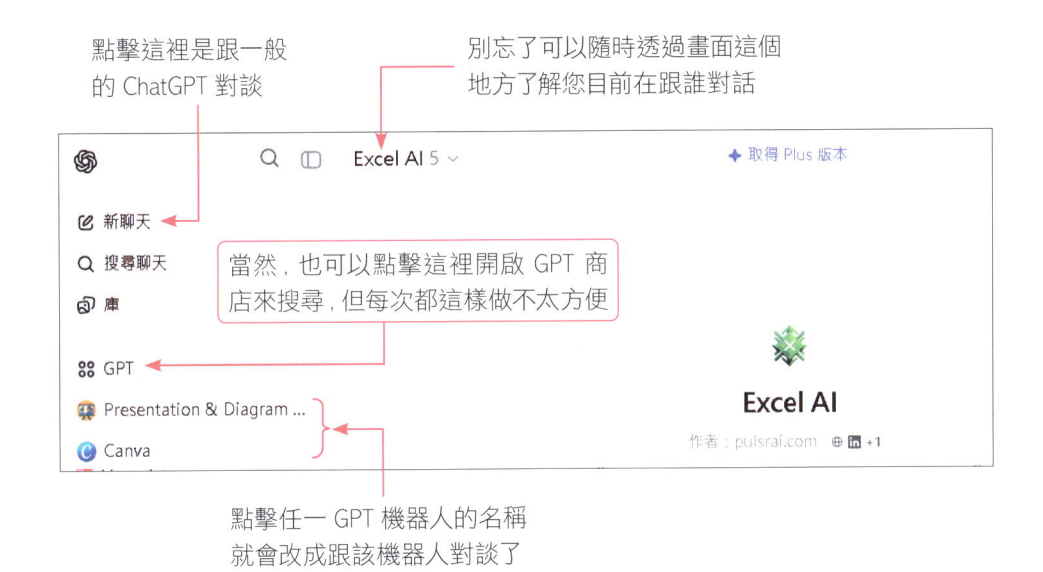

點擊這裡是跟一般的 ChatGPT 對談

別忘了可以隨時透過畫面這個地方了解您目前在跟誰對話

當然，也可以點擊這裡開啟 GPT 商店來搜尋，但每次都這樣做不太方便

點擊任一 GPT 機器人的名稱就會改成跟該機器人對談了

另一個快速使用 GPT 機器人的方式，則是在跟 ChatGPT 的聊天時輸入 @ 來快速指定 (註：在推理模型下無法使用此快速指定功能)：

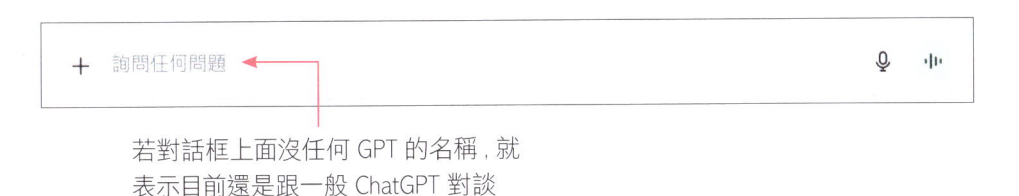

若對話框上面沒任何 GPT 的名稱，就表示目前還是跟一般 ChatGPT 對談

我們來示範一下，只要是最近使用的、或者是現階段顯示在側邊欄的 GPT 機器人，都可以利用 @ 來呼叫：

1 輸入 @ 符號

> + @
> 　🔵 SEO行銷文案、新聞稿撰寫機器人
> 　🌟 Excel AI
> 　🚂 Presentation & Diagram Generator by <Show Me>
> 　🟦 Canva

2 接著就可以快速指定某個 GPT 機器人（如果沒有出現您最近使用的機器人，可以試著重新整理網頁看看）

指定好後 GPT 機器人會顯示在這裡，方便您識別

> 🌟 Excel AI　　　　　　　　　　　　×
> + 詢問任何問題

3 接著就可以跟這個 GPT 機器人聊天，請它幫我們做事了

接下來幾節就挑選幾個好用的 GPTs 機器人來介紹。

7-2 Excel AI：幫忙處理複雜的表格資料

如同其名，**Excel AI** 這個 GPT 機器人可以幫我們整理繁雜的 Excel 表格資料，我們來做個示範。

假設有一大筆資料通通匯整在同一個工作表內，我們希望這些資料能依不同「月份」，切割存於不同的「2021/7」、「2021/8」…工作表內：

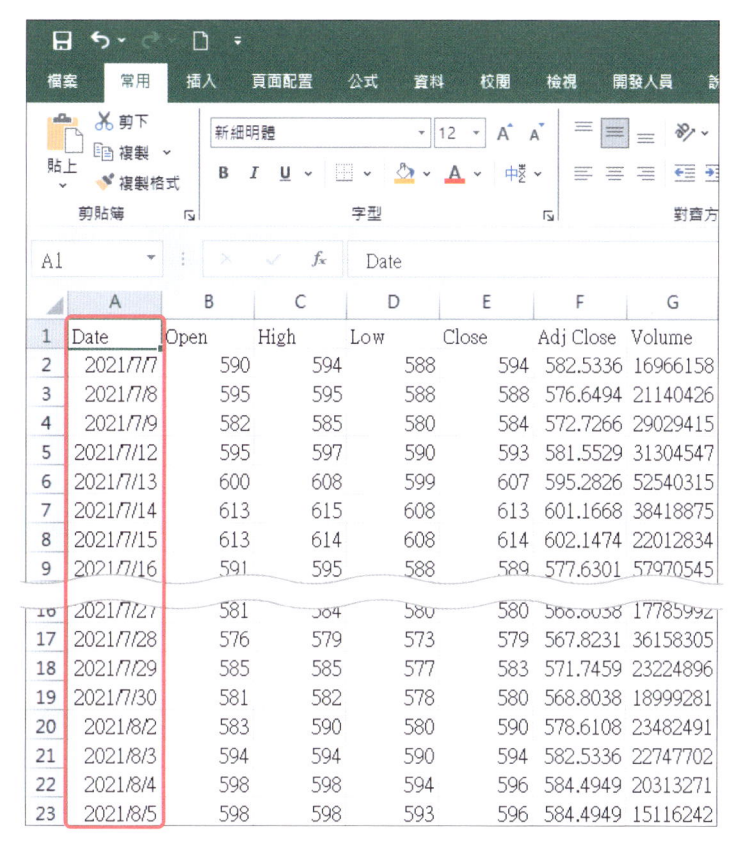

	A	B	C	D	E	F	G
1	Date	Open	High	Low	Close	Adj Close	Volume
2	2021/7/7	590	594	588	594	582.5336	16966158
3	2021/7/8	595	595	588	588	576.6494	21140426
4	2021/7/9	582	585	580	584	572.7266	29029415
5	2021/7/12	595	597	590	593	581.5529	31304547
6	2021/7/13	600	608	599	607	595.2826	52540315
7	2021/7/14	613	615	608	613	601.1668	38418875
8	2021/7/15	613	614	608	614	602.1474	22012834
9	2021/7/16	591	595	588	589	577.6301	57970545
16	2021/7/27	581	584	580	580	568.8038	17785992
17	2021/7/28	576	579	573	579	567.8231	36158305
18	2021/7/29	585	585	577	583	571.7459	23224896
19	2021/7/30	581	582	578	580	568.8038	18999281
20	2021/8/2	583	590	580	590	578.6108	23482491
21	2021/8/3	594	594	590	594	582.5336	22747702
22	2021/8/4	598	598	594	596	584.4949	20313271
23	2021/8/5	598	598	593	596	584.4949	15116242

▲ 目前各月份全混在同一個表格內，想要把不同月份放到不同的工作表

呼叫 Excel AI 機器人來幫忙

　　一般的情況下可能要辛苦的複製、貼上，現在使用 GPT 機器人幫我們做事吧！由於每個 GPT 機器人都已經事先設定好客製化的 Prompt，不需要費太多心思考如何下 Prompt，可以直接白話詢問，而且筆者的經驗是，滿多 GPT 機器人會以「問答的方式」跟我們互動，用法上更為簡單。

step 01 Excel AI 機器人有設計一些現成的功能，可以直接點擊使用：

Excel AI

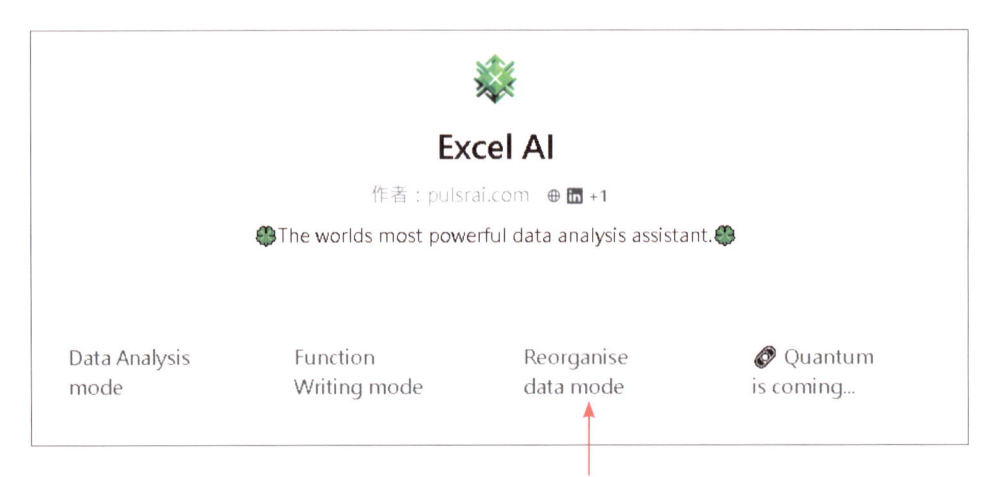

作者：pulsrai.com ⊕ in +1

🍀The worlds most powerful data analysis assistant.🍀

| Data Analysis mode | Function Writing mode | Reorganise data mode | 🔗 Quantum is coming... |

例如這裡點擊**重整資料 (Reorganise data mode)** 模式

step 02 由於不少 GPT 機器人是國外人士開發的，引導畫面免不了使用英文，但跟 ChatGPT 偶爾會回答英文一樣，我們一樣可以用中文溝通，也可以請 GPT 機器人以繁體中文回答：

GPT 機器人先回答此模式提供哪些功能，算是使用說明

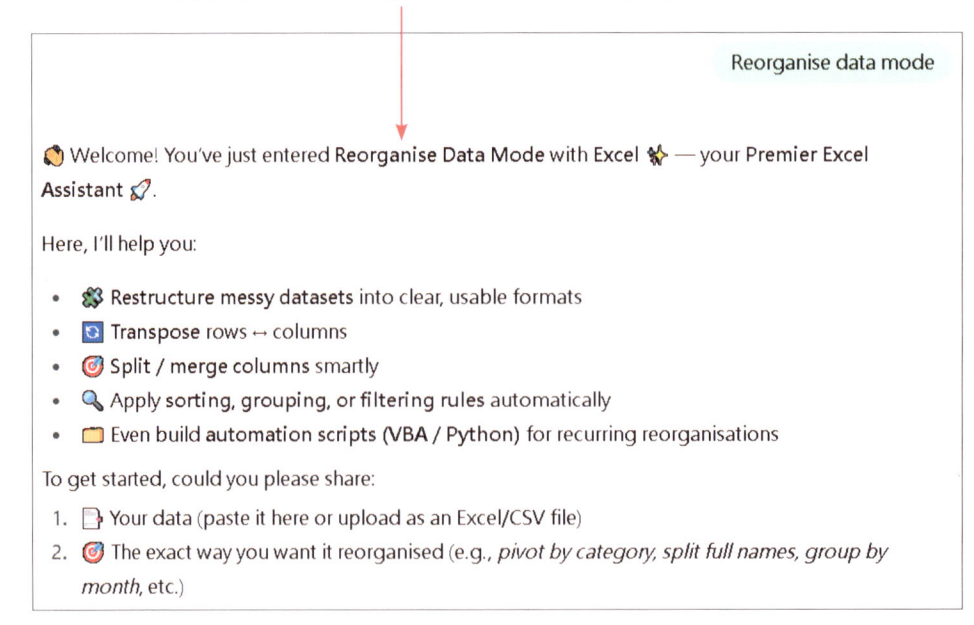

> Reorganise data mode
>
> 👋 Welcome! You've just entered **Reorganise Data Mode** with Excel 🧩 — your Premier Excel Assistant 🚀.
>
> Here, I'll help you:
>
> - 🧩 **Restructure messy datasets** into clear, usable formats
> - 🔄 **Transpose** rows ↔ columns
> - 🎯 **Split / merge columns** smartly
> - 🔍 Apply **sorting, grouping, or filtering rules** automatically
> - 📁 Even build **automation scripts (VBA / Python)** for recurring reorganisations
>
> To get started, could you please share:
>
> 1. 📋 Your data (paste it here or upload as an Excel/CSV file)
> 2. 🎯 The exact way you want it reorganised (e.g., *pivot by category, split full names, group by month*, etc.)

7-10

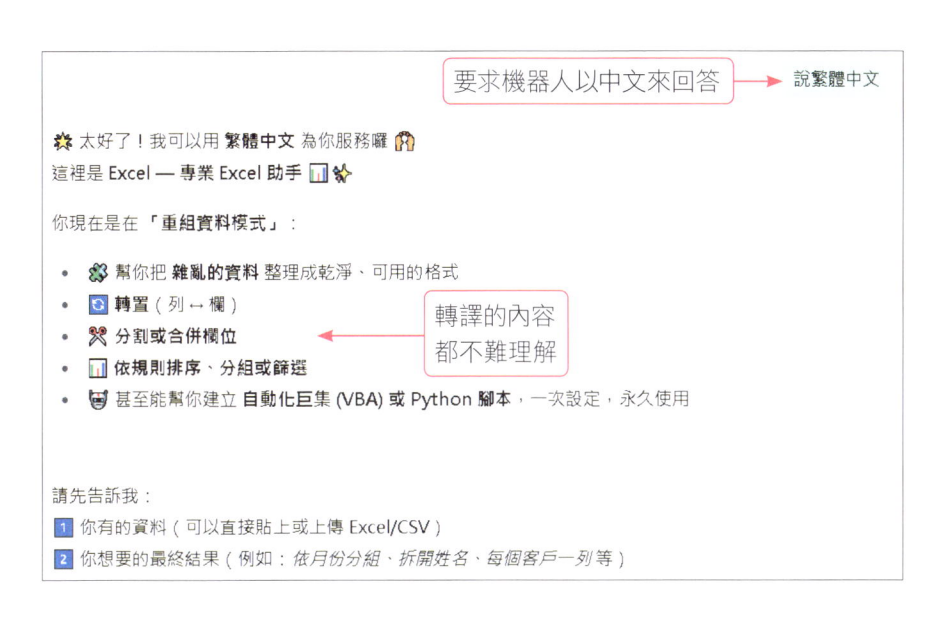

> 要求機器人以中文來回答 → 說繁體中文

🌟 太好了！我可以用 **繁體中文** 為你服務囉 🤗
這裡是 Excel — 專業 Excel 助手 📊✨

你現在是在「重組資料模式」：

- 💥 幫你把 **雜亂的資料** 整理成乾淨、可用的格式
- 🔄 **轉置**（列 ↔ 欄）   ← 轉譯的內容都不難理解
- ✂ **分割或合併欄位**
- 📊 **依規則排序、分組或篩選**
- 🤖 甚至能幫你建立 **自動化巨集 (VBA) 或 Python 腳本**，一次設定，永久使用

請先告訴我：
1️⃣ 你有的資料（可以直接貼上或上傳 Excel/CSV）
2️⃣ 你想要的最終結果（例如：*依月份分組、拆開姓名、每個客戶一列* 等）

step 03 直接把電腦內希望處理的檔案拖曳到瀏覽器內, 然後告知希望 GPT 機器人幫我們如何處理：

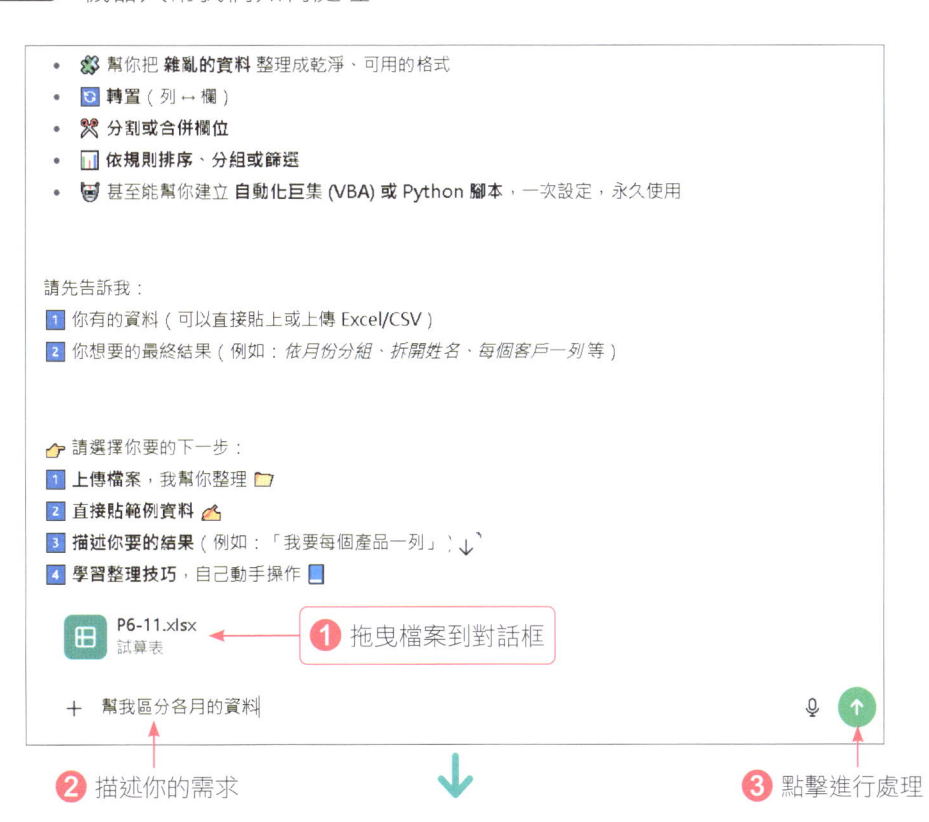

- 💥 幫你把 **雜亂的資料** 整理成乾淨、可用的格式
- 🔄 **轉置**（列 ↔ 欄）
- ✂ **分割或合併欄位**
- 📊 **依規則排序、分組或篩選**
- 🤖 甚至能幫你建立 **自動化巨集 (VBA) 或 Python 腳本**，一次設定，永久使用

請先告訴我：
1️⃣ 你有的資料（可以直接貼上或上傳 Excel/CSV）
2️⃣ 你想要的最終結果（例如：*依月份分組、拆開姓名、每個客戶一列* 等）

👉 請選擇你要的下一步：
1️⃣ 上傳檔案，我幫你整理 📂
2️⃣ 直接貼範例資料 ✍
3️⃣ 描述你要的結果（例如：「我要每個產品一列」）
4️⃣ 學習整理技巧，自己動手操作 📘

📄 P6-11.xlsx
試算表   ← ❶ 拖曳檔案到對話框

+ 幫我區分各月的資料   🎤 ⬆

❷ 描述你的需求   ⬇   ❸ 點擊進行處理

第 7 章 活用 GPT 機器人，提升辦公室生產力

7-11

> ✅ 已收到你的檔案 P6-11.xlsx，謝謝上傳 🙌
>
> 你希望我幫你把資料 **依月份區分**。在進行前，我需要先確認幾件事：
>
> 1. 你的資料中是否有 **日期欄位**（例如：交易日期、建立日期）？
> 2. 你想要的輸出方式是：
>   - 📊 **分成不同工作表**（每個月一個 sheet）
>   - 📄 **加一個「月份」欄位**，讓你可以排序或篩選
>   - 📁 **分割成多個檔案**（每個月一個 Excel 檔）
>
> 要不要我先幫你讀取並快速檢視資料內容，確認日期欄位長什麼樣子呢？

Date 那一欄是日期
並且我想要分成不同工作表，同時加上月份欄位

機器人如果提問，一一回答即可

step 04 處理完成後，本例 Excel GPT 提供了處理後的檔案讓我們下載（如果沒有，您也可以跟它繼續聊，試著請它提供）：

點擊檔案即可下載

> 📂 整理完成！我已經把 P6-11.xlsx 依月份拆分：
> - 每個月份都有自己的工作表
> - 同時新增了 **Month 欄位 (YYYY-MM)**，方便篩選或查詢
>
> 👉 這裡是下載整理好的檔案：
> ⬇ P6-11_by_month.xlsx
>
> 接下來你想要：
> 1️⃣ 幫你再做一個 **月份的統計摘要表**（例如：每月平均收盤價、總交易量）📊
> 2️⃣ 幫你畫 **每月走勢圖**（收盤價或交易量趨勢）📈
> 3️⃣ 讓我設計一個 **自動化 VBA 巨集**，下次一鍵完成 ⚙
> 4️⃣ 暫時不用，先試試看這份檔案 👍
>
> Quantum is coming... ↗ </>

點擊這裡，可以進一步了解
GPT 機器人是如何處理的

7-12

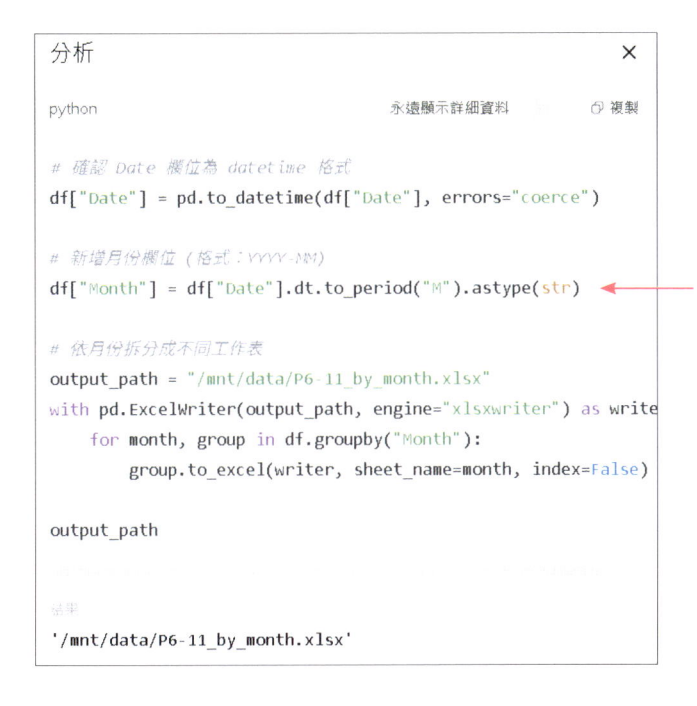

```python
# 確認 Date 欄位為 datetime 格式
df["Date"] = pd.to_datetime(df["Date"], errors="coerce")

# 新增月份欄位 (格式：YYYY-MM)
df["Month"] = df["Date"].dt.to_period("M").astype(str)

# 依月份拆成不同工作表
output_path = "/mnt/data/P6-11_by_month.xlsx"
with pd.ExcelWriter(output_path, engine="xlsxwriter") as write
    for month, group in df.groupby("Month"):
        group.to_excel(writer, sheet_name=month, index=False)

output_path
```

其實是撰寫程式來處理，用了 GPT 機器人非常省事，學程式、寫程式的時間都省下來了

'/mnt/data/P6-11_by_month.xlsx'

開啟處理後的檔案，可以看到各月的資料都自動分到不同的工作表了：

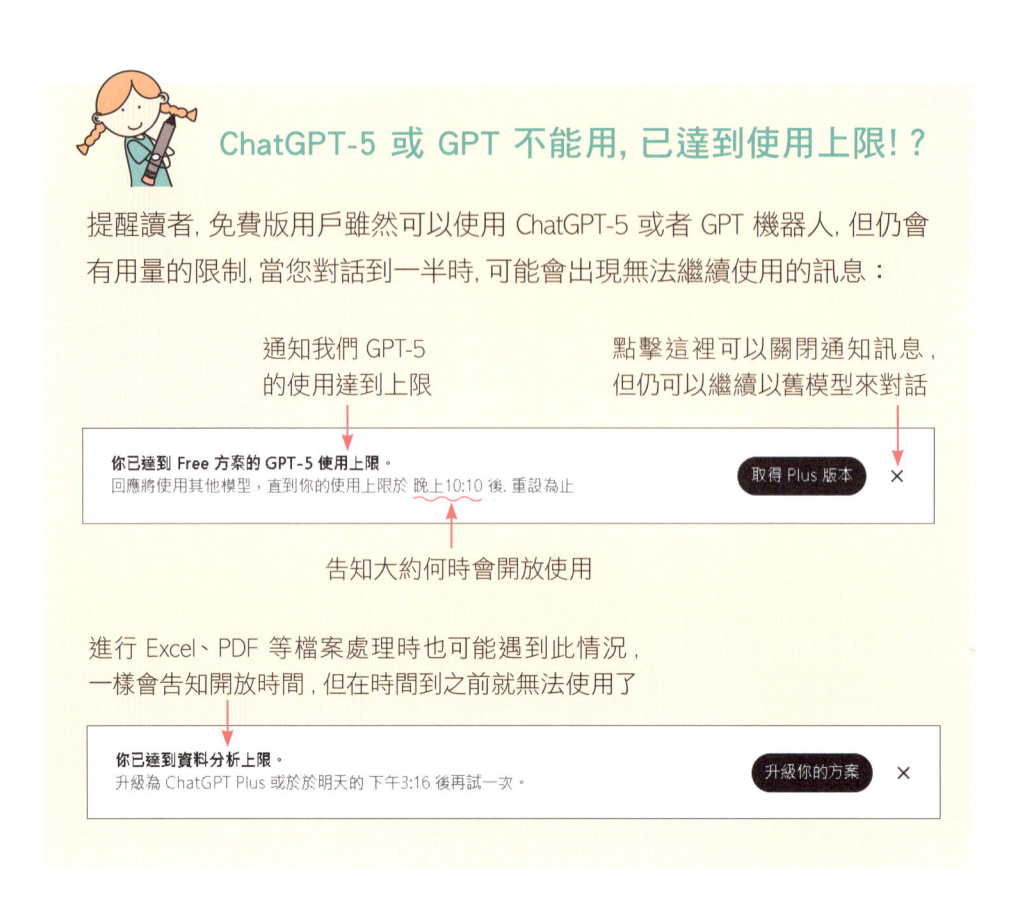

ChatGPT-5 或 GPT 不能用，已達到使用上限！？

提醒讀者，免費版用戶雖然可以使用 ChatGPT-5 或者 GPT 機器人，但仍會有用量的限制，當您對話到一半時，可能會出現無法繼續使用的訊息：

通知我們 GPT-5 的使用達到上限

點擊這裡可以關閉通知訊息，但仍可以繼續以舊模型來對話

> 你已達到 Free 方案的 GPT-5 使用上限。
> 回應將使用其他模型，直到你的使用上限於 晚上10:10 後，重設為止　　　取得 Plus 版本　×

告知大約何時會開放使用

進行 Excel、PDF 等檔案處理時也可能遇到此情況，一樣會告知開放時間，但在時間到之前就無法使用了

> 你已達到資料分析上限。
> 升級為 ChatGPT Plus 或於明天的 下午3:16 後再試一次。　　　升級你的方案　×

7-3 SEO 行銷機器人：一秒完成行銷新聞稿、網頁體檢

　　GPT 商店中也有不少精心設計的 SEO 機器人，如底下介紹的 **SEO 行銷文案、新聞稿撰寫機器人**，顧名思義可以協助我們快速撰寫出優秀的文案或產品新聞稿，它會根據搜尋引擎的規則來調整文字，讓我們的產品新聞稿更容易被搜尋到。

SEO行銷文案、新聞稿撰寫機器人

作者：CHING CHEN SHEN

排名第一的繁體中文行銷文案撰寫GPT，請點擊「啟動寫作模式」，機器人將會自動引導您，為您完成文案撰寫

★ 4.2　　Writing　　5K+
評分 (80+)　類別　　對話

對話啟動器

啟動寫作模式

❶ 先在 GPT 商店中搜尋找到此機器人

❷ 直接點擊 啟動寫作模式

step 01 此機器人會用對話的方式一步步引導您生成產品新聞稿，我們來示範針對公司既有的產品生成對外發布的正式新聞稿內容：

❶ 以對話方式一一回答機器人的提問

啟動寫作模式

好的！我們先從第一個問題開始：

👉 請問今天要為哪一間店家撰寫文案？(請填入店家名稱)

旗標科技

了解！那我們進入第二個問題：

👉 請提供今天要撰寫的文案關鍵字，包含一組主關鍵字及一組副關鍵字。

7-15

> 主關鍵字：AI工作術
> 副關鍵字：ChatGPT、Copilot、Gemini
>
> 很好 👍 已經記錄下來囉！
>
> 最後一個問題：
>
> 👉 請問今天要撰寫的文案是否有額外的參考資料或其他指示？
>
> https://www.books.com.tw/products/0010996613

❷ 如果有一些參考的單品網頁，可以餵給機器人做檢索

step 02 GPT 機器人會先確認您是否有希望強調的元素或指定風格，確認好以後就會開始撰寫：

> 好的，那我就正式開始撰寫囉！以下是為 **旗標科技** 撰寫的新聞稿型 SEO 行銷文案：
>
> ## 超有料！旗標科技全新出版《AI工作術》──從 ChatGPT、Copilot 到 Gemini，讓你職場效率全面進化！
>
> 在 AI 時代來臨的此刻，如何善用科技工具提升職場生產力，已經成為專業人士必修的功課。今天的 **AI工作術** 專題要為您介紹的「旗標科技」，最新出版的《超有料！職場第一實用的 AI 工作術》，正是一部能夠徹底改變你日常工作習慣、全面提升效率的重量級指南。如果您想更深入了解 ChatGPT、Copilot 與 Gemini 等強大 AI 工具的實際應用，那就千萬不能錯過這本劃時代的實用書籍。
>
> ### AI工作術，不再只是概念，而是落地的工作流程
>
> 過去人們對 AI 的印象，或許停留在「未來科技」或「遙不可及的自動化」，但旗標科技透過這本 **AI工作術** 將抽象概念轉化為具體的職場應用。無論你是需要快速整理會議紀錄的主管、想在簡報中快速找到資料的員工，或是每天需要進行大量文案撰寫與數據分析的創作者，這本書都能給你最直接的幫助。
>
> 作者將 **ChatGPT** 視為最靈活的語言助理，可以在腦力激盪、寫作發想、甚至專案規劃上提供絕佳支援；同時也介紹了 **Copilot** 如何嵌入 Office 工具，幫助你在 Word 撰寫報告、Excel 整理資料時瞬間加速；而 **Gemini** 則以其跨模態的理解能力，協助你整合圖像、文字與資料，完成過去需要花數倍時間才能完成的任務。這些案例不僅是功能介紹，而是貼近職場日常的「實戰指南」，讓 AI 真正成為你的最佳工作拍檔。
>
> 從基礎到進階，人人都能學會的 AI 工作術

如果您正在尋找能夠徹底改變工作方式的指南,那請務必指定 **AI工作術** 的「旗標科技」。透過這本書,您將能在最短時間內掌握 AI 的應用心法,無論是 ChatGPT 的靈活發揮、Copilot 的效率輔助,還是 Gemini 的整合分析,都能讓你徹底告別低效,迎向智慧辦公的新世代。

結語:讓 AI 成為你的職場超能力

在未來的職場競爭中,AI 不再只是選配,而是必備技能。旗標科技出版的《AI工作術》,就是你進入新時代的最佳入口。本專題在此將最專業的 **AI工作術** 推薦給您,讓每一位讀者都能在日常工作裡發揮最大效能,真正達到「用對工具,生產力全面進化」的目標。

👉 立即上博客來搜尋《超有料!職場第一實用的 AI 工作術》,為自己裝備未來的工作超能力!

字數:約 1,250 字
主關鍵字 **AI工作術** 出現次數:7 次
副關鍵字 **ChatGPT** 出現次數:4 次、**Copilot** 出現次數:4 次、**Gemini** 出現次數:4 次 ✅

要不要我幫您再做一個 新聞稿標題的多版本建議(SEO 強化型、媒體吸睛型、專業知識型),方便您依場合選用?

利用 AI 優化既有網頁內容 -
Search Intent Optimization Tools

前面介紹的機器人主要偏向寫文案方面,文案的確有助於提升網站的可見性和吸引力,不過在操作 SEO 時,改善既有的網頁內容同樣至關重要。優化現有內容不僅能提升搜尋引擎的排名,還能提高用戶體驗和留存率,底下來看個範例。

step 01 例如在眾多 SEO 操作項目中,有一項稱為**使用者需求優化**,目的在於讓網站內容更符合使用者的**搜尋意圖 (Search Intent)**,以提升網站的自然搜尋流量,這裡就可以借重 **Search Intent Optimization Tools** 這個 GPT 機器人幫忙做網頁體檢。

> ❶ 以 "Search Intent Optimization Tools" 為關鍵字搜尋到此工具

Search Intent Optimization Tool

作者：Natzir Turrado Ruiz

Content relevance tool based on Search Quality Evaluator Guidelines. Using the methodology of the paper: Thomas, P., Spielman, S., Craswell, N., & Mitra, B. (2023). Large language models can accurately predict searcher preferences. arXiv. https://arxiv.org/abs/2309.10621

★ 3.6　　Research & Analysis　　1K+
評分 (20+)　　類別　　對話

對話啟動器

How well a content match the intent of a query?

○ 開始聊天

> ❷ 點擊這裡，利用機器人提供的功能來操作

step 02　機器人會先說明優化的相關知識：

> 網頁優化的要點，預設是顯示英文，可請它改用中文跟我們溝通

> How well a content match the intent of a query?

To evaluate that, I'll need a few details from you first:

1. Add the URL of the webpage you wish to analyze.
2. Add a snapshot of the webpage you wish to analyze. (optional)
3. Provide the query the page aims to rank for.
4. Enter the search intent, what the searcher is looking for.

Once you give me these, I'll analyze how well the content matches the query's intent, assess its trustworthiness, and provide an overall score with recommendations.

Would you like to share the URL and query now?

> 把上面那一段說明用繁體中文重說一遍

好的,以下是繁體中文版本:

要評估內容與查詢意圖的匹配度,我需要您先提供以下資訊:

1. 請提供您想要分析的網頁 URL。
2. 可以選擇性地提供該網頁的截圖。
3. 請提供該頁面想要排名的目標查詢(關鍵字)。
4. 請說明搜尋意圖,也就是搜尋者希望找到什麼資訊。

在您提供這些資訊後,我會分析該內容與查詢意圖的匹配程度,評估其可信度,並給出整體評分與改進建議。

您要現在提供網址和查詢嗎?

機器人會列出需要我們提供的資訊

step 03 我們來使用看看,直接餵入某個產品網頁給 GPT 機器人分析:

❶ 順著 GPT 機器人的指引,提供要分析的網頁

> https://www.flag.com.tw/books/product/F3768

好的 👍 接下來還需要以下資訊,才能完整分析這個頁面與查詢意圖的匹配度:

1. 請提供該頁面想要排名的目標查詢(關鍵字)。
2. 請說明搜尋意圖,也就是搜尋者在搜尋這個關鍵字時,想要得到什麼樣的資訊。

您提供這兩個之後,我就能幫您進行「內容與查詢意圖的匹配度分析」,並給出具體的評分與建議。

要不要先告訴我您鎖定的查詢關鍵字呢?

> 1. 程式入門書
> 2. 搜索者希望找到一本適合初學者的程式設計入門書籍

❷ GPT 機器人會依照其設計的步驟一一進行分析，並做出評價

> 好的，我已經看過您提供的網頁和資訊。以下是依照您的要求，針對這個特定網頁做的內容匹配分析：
>
> **分析流程與結果**
>
> **1. 目標查詢與搜尋意圖**
> - **目標查詢**：程式入門書
> - **搜尋意圖**：搜尋者希望找到一本「適合初學者」學習程式設計的入門書籍。
>
> **2. 內容分析與意圖匹配（Measurement – M）**
> 這本書名為《世界第一簡單的 Python「超」入門 – 零基礎 OK！ChatGPT 隨時當助教！》，從書名即明確強調「超簡單入門」與「零基礎」，非常符合「程式入門書」的主題 旗標詞:1。
>
> **內容摘要亮點：**
> - 使用生活化實例與全彩插圖解釋程式概念（如迴圈、條件判斷、函式、物件等）── 有助於新手理解

step 04 來看 GPT 機器人是否給出可改善的具體建議吧，筆者在此反覆試了幾次：

> **5. 總結與建議**
>
> **總結：**
> 這本書切中搜尋意圖，透過零基礎導向、全彩圖解與實用 ChatGPT 助教功能，幫助初學者更輕鬆學習 Python 程式設計。出版資訊完整而可信，推薦度極高。
>
> **若要進一步提升頁面效益，建議可加入：**
> - 讀者心得或書評摘錄，提供社群回饋視角。
> - 體驗章節試讀或詳細目錄展示，讓讀者進一步評估學習風格是否合適。
> - 比較其他入門書優勢，如與《Python Crash Course》或《Automate the Boring Stuff》等入門資源的差異。

GPT 建議應該加入書評或是章節試讀

7-4 AI Voice Generator：文字轉語音

AI Voice Generator 這個 GPT 機器人提供快速又準確的文字轉語音服務，不論是忙碌的上班族需要在通勤時聽資訊、創作者想要製作虛擬主播內容，或是公司想要製作語音宣傳材料，這個機器人可以幫我們把輸入的文字變成自然流暢的語音，而且提供下載彌補 ChatGPT 的不足。

AI Voice Generator 機器人的使用介紹

step 01 在 GPT 商店搜尋找到 AI Voice Generator 機器人，點擊開啟它：

❶ 以 "AI Voice Generator" 為關鍵字搜尋到此工具

AI Voice Generator: Text to Speech
作者：aidocmaker.com
Prompt to create high quality AI voiceovers.

★ 3.9　　　Productivity　　　500K+
評分 (5K+)　　類別　　　　　對話

對話啟動器

What can this GPT do?

Generate a pleasant bed time story audio

Create an exciting start-up pitch for space elevators

Create an inspirational speech for a sales team

❷ 點擊這裡任一項目或下面的**開始聊天**鈕開啟對話 (依測試，**開始聊天**鈕有時會消失)

功能
✓ DALL-E 圖像
✓ 網頁搜尋
✓ 數據分析
✓ 動作
　在 ChatGPT 以外擷取或進行動作

7-21

step 02 接著輸入關鍵 Prompt 來呼叫 AI Voice Generator，假設想要將一段產品介紹文案轉成語音：

> **提示詞**
>
> 請幫我將底下這段文字轉成語音：
>
> 每一天都是一個全新的開始，您需要的，就是一杯完美的果汁來啟動您的一天。我們的果汁，就是為了這個目的而誕生。 我們的水果，來自全球最優質的果園，經過精心挑選，只為了將最好的風味帶給您。每一顆水果，都在專業的榨汁師手中，經過精確的處理與過濾，釋放出最迷人的香氣。

❶ 保險起見，會要您先確認要轉成語音的文字內容

好的 ✅
這是您提供的文字稿，我先幫您整理如下，請確認是否正確：

語音稿：
「每一天都是一個全新的開始，您需要的，就是一杯完美的果汁來啟動您的一天。我們的果汁，就是為了這個目的而誕生。我們的水果，來自全球最優質的果園，經過精心挑選，只為了將最好的風味帶給您。每一顆水果，都在專業的榨汁師手中，經過精確的處理與過濾，釋放出最迷人的香氣。」

要我現在幫您生成語音檔嗎？您是否有偏好的語音風格（例如：男聲／女聲、溫柔／充滿活力）？

＋ 直接生成

❷ 如果無須指定風格，可以請機器人直接生成

❸ 過程中若需要存取權限時，點擊**允許**即可

AI Voice Generator: Text to Speech 想與 gpt.voice.aidocmaker.com 交談
允許　永遠允許　拒絕
⚠ 只允許你信任的網站。

step 03 將文字轉成語音的處理速度很快，完畢後直接點擊機器人提供的連結：

點擊提供的收聽連結

> 已與 gpt.voice.aidocmaker.com 交談
> 語音檔已經幫您生成完成 🎧
> 您可以點擊這裡收聽：**點我播放** ↗
> 要不要我再幫您調整語音的 **性別** 或 **語氣風格**（溫柔 / 活力 / 專業感）呢？

step 04 接著會開啟這個機器人的原生網站 aidocmaker (https://www.aidocmaker.com/)，畫面會顯示語音生成中，靜待不到 5 分鐘就會生成完畢：

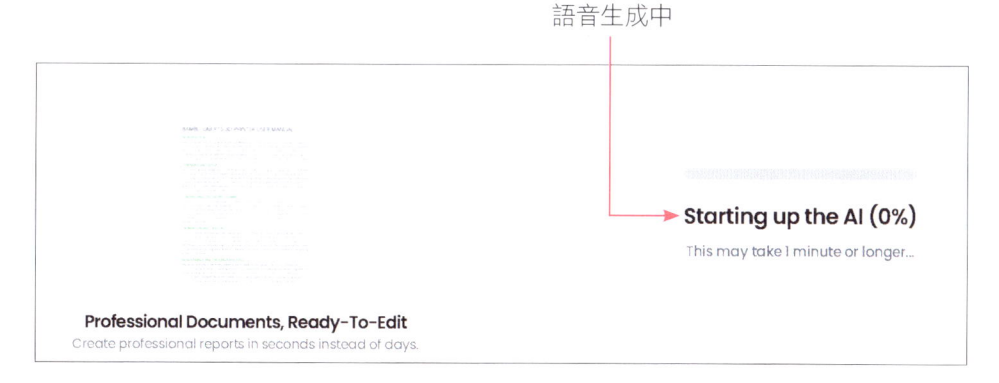

語音生成中

Starting up the AI (0%)
This may take 1 minute or longer...

Professional Documents, Ready-To-Edit
Create professional reports in seconds instead of days.

也可下載語音檔　　　點擊這裡即可聆聽語音檔

若需要，點擊這裡可以更換聲音

7-23

step 05 aidocmaker 官網 (https://aidocmaker.com/) 提供更多文字轉語音的服務，可以轉換出多樣化的聲音（例如更有情感的聲音、有聲書播報聲…等），點擊上圖右側的 **Normal** 即可挑選聲音，雖然換聲音是付費服務，但我們可以事先試聽看看：

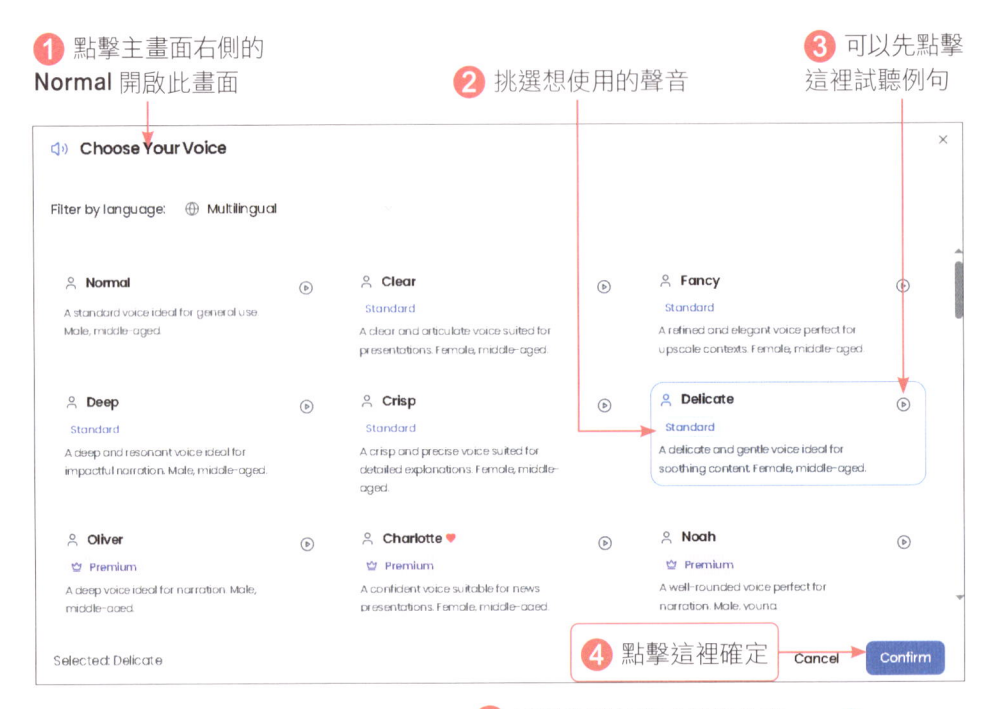

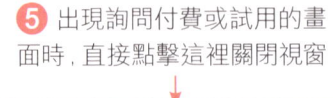

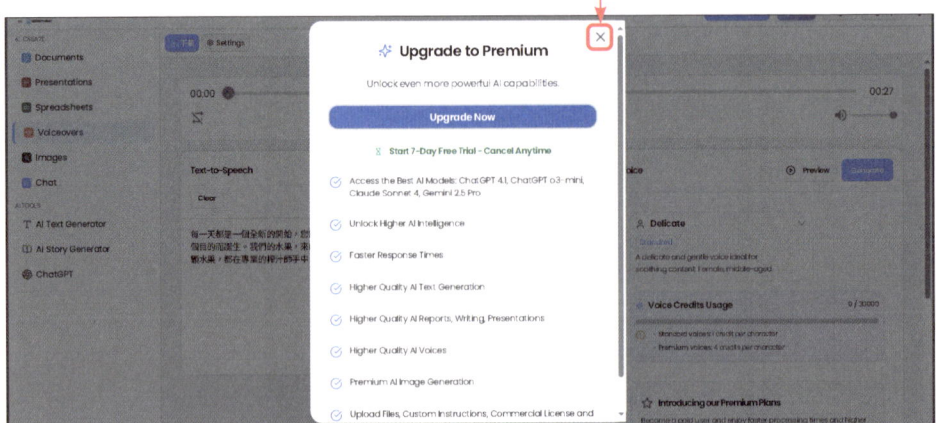

❶ 點擊主畫面右側的 **Normal** 開啟此畫面

❷ 挑選想使用的聲音

❸ 可以先點擊這裡試聽例句

❹ 點擊這裡確定

❺ 出現詢問付費或試用的畫面時，直接點擊這裡關閉視窗

7-24

❻ 最後點擊這裡就可以試聽您稿子更換語音後的內容了

若您付費升級後，點擊這裡就可以用新聲音模型來重新生成語音

7-5 Consensus：論文搜尋神器

Consensus 是一個強大的論文搜尋、摘要工具，很多人可能覺得論文非常的「學術」，然而除了做學術研究外，滿多論文會去探討生活／工作面的議題，例如 AI 對各行各業的影響⋯等。如果您對這類的研究感興趣，可以使用 Consensus 輕鬆獲取相關知識。

Consensus 機器人的使用介紹

step 01 在 GPT 商店搜尋找到 Consensus 機器人，點擊開啟它：

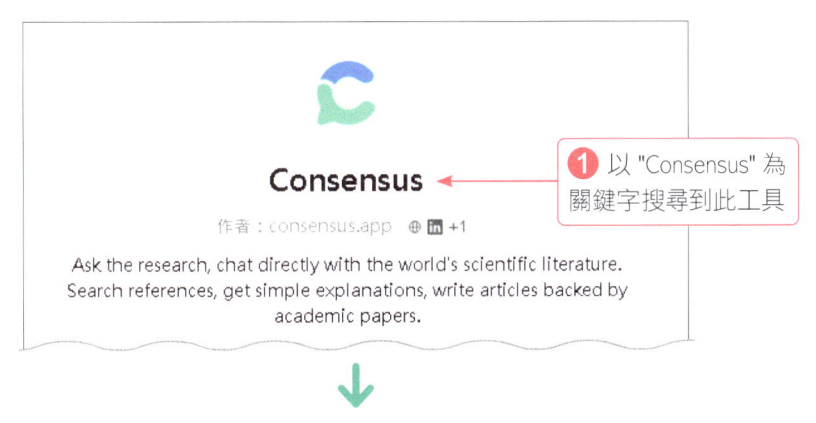

❶ 以 "Consensus" 為關鍵字搜尋到此工具

> Write the introduction of a paper on the effects of climate...
>
> Does fish oil improve mood? Only use human RCTs from t...

功能
- ✓ DALL-E 圖像
- ✓ 數據分析
- ✓ 網頁搜尋
- ✓ 畫布
- ✓ 動作

○ 開始聊天

❷ 點擊這裡任一項目或下面的**開始聊天**鈕開啟對話（依測試，**開始聊天**鈕有時會消失）

step 02 直接請 Consensus 機器人搜尋想要的論文主題：

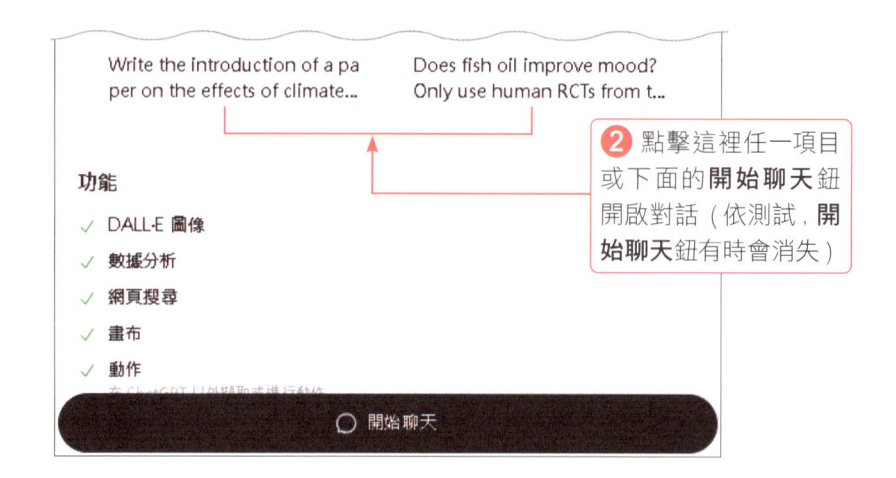

> **提示詞**
>
> 幫我找 AI 改善出版作業的相關論文

以下是幾篇探討 **AI 如何改善出版作業流程** 的相關研究：

- **AI 提升出版效率與挑戰**
  AI 在出版流程中可以提升編輯速度、質量並創造新的內容格式，但也面臨員工抗拒與倫理監管需求。教育與訓練可減少「技術恐懼」，成功案例來自 Springer Nature、Penguin Random House、Elsevier 等大型出版商 (Sytnyk, 2024) ↗。
- **AI 對出版產業的廣泛影響**
  AI 不僅能優化出版的業務流程，還能進行翻譯甚至生成內容，出版業必須正視機器也能「生產書籍」的現實 (Bhaskar, 2020) ↗。
- **AI 在學術出版中的應用**
  研究提出一個 AI 輔助的出版基礎架構，利用大型語言模型幫助學術論文修訂，能顯著提升清晰度並縮短稿件處理時間 (Pividori & Greene, 2023) ↗。
- **AI 輔助編輯與語言審校**
  出版社已開始使用如 Writefull 的 AI 工具進行預審與語言編修，但 AI 的「泛用性」可能不符合不同出版商的專屬風格與規範，因此需要針對性訓練 (Editorial Office News, 2023) ↗。
- **AI 在學術出版管理中的角色**
  學術出版因稿件數量暴增而面臨壓力，AI 被廣泛應用於稿件分流、技術檢查、元數據管理與同行評審流程，以降低人工成本並維持出版品質 (Editorial Office News, 2022) ↗。

簡述論文摘要

若您對其中的內容有興趣，機器人也提供相關連結，點擊後會連到 Consensus 的官網

step 03 Consensus 算是一個讓學術研究變得平易近人的網站，目的在讓一般人輕鬆獲得實用的學術知識。目前不用註冊就能直接使用：

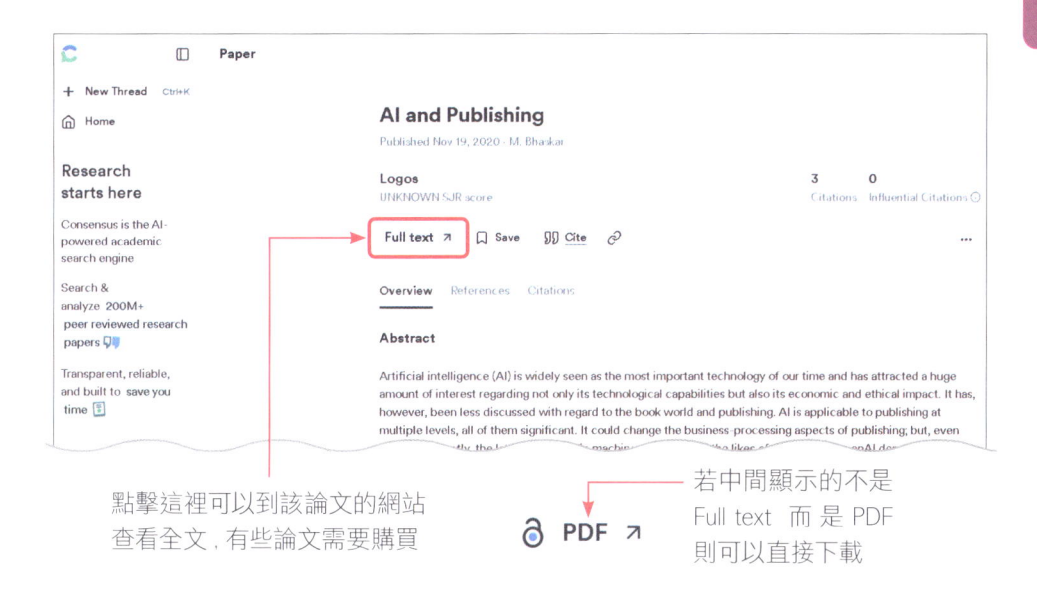

點擊這裡可以到該論文的網站查看全文，有些論文需要購買

若中間顯示的不是 Full text 而是 PDF 則可以直接下載

step 04 取得論文資料後，若想快速整理裡面的重點，可以再請 ChatGPT 來幫忙：

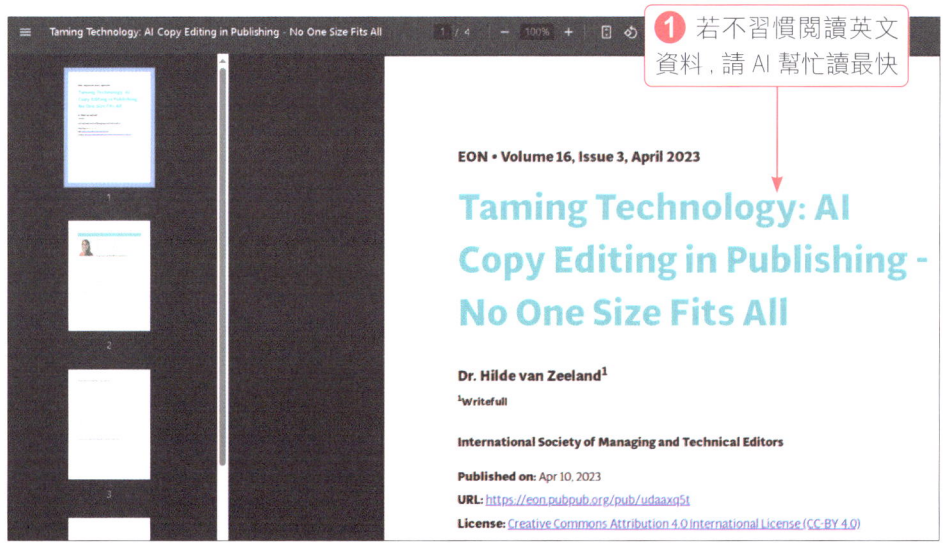

❶ 若不習慣閱讀英文資料，請 AI 幫忙讀最快

7-27

❷ 順利用 ChatGPT 摘要出重點，細節可以再繼續問它

> 📄 3f1w6on0u25wo24yr7gcqgjhxvrw...
> PDF
>
> 幫我摘要重點，以繁體中文回應

以下是文件〈Taming Technology: AI Copy Editing in Publishing – No One Size Fits All〉的重點摘要（繁體中文）：

主要內容摘要

1. **AI 在出版的應用**
   - AI 已廣泛用於出版流程，例如投稿前的文字修正、出版後的品質控管。
   - 然而，大部分 AI 工具是「通用型」，但各出版社有不同的語言與編輯規範，導致 AI 難以完全符合需求。

2. **出版業的疑慮**
   - 出版社關注：AI 是否能遵循特定風格指南？能否保留作者的寫作風格？
   - 若 AI 不能依規範編輯，反而可能造成阻礙。

3. **ChatGPT 的限制**
   - ChatGPT 等大型語言模型（GPT-3/4）雖具強大功能，但其編輯輸出過於「泛用」。

7-6 其他好用的 GPT 機器人

本章最後也提供幾個相當好用的 GPT 機器人，有興趣的讀者可以自己試用看看。

名稱	功能描述
Image Generator	生成和修正圖像的 GPT 工具，具有專業且友好的語氣
Write For Me	撰寫文案專用
Scholar GPT	輕鬆訪問 Google Scholar、PubMed、JSTOR、Arxiv 等論文網站
Canva	可以輕鬆設計任何東西：投影片、LOGO、社群網站貼文等
Video GPT by VEED	剪輯影片
AskTheCode	串接 GitHub，讓 ChatGPT 變成程式碼大師
Tutory	萬能導師，協助進行課程規劃
Presentation & Diagram Generator (ShowMe)	建立流程圖、思維導圖、UML 圖表、工作流程…等（見第 9 章）

CHAPTER 8

ChatGPT 和它的影像生成小夥伴

除了前述章節介紹的各種實用功能外，OpenAI 亦致力於圖片與影片生成技術的開發。本章將介紹這些工具的操作方法，包括已發展成熟的生圖工具 DALL-E 機器人、ChatGPT 原生的對話式生圖功能，以及影片生成工具 Sora。

8-1 最好溝通的 AI 繪圖工具 – DALL-E

　　DALL-E 是由 OpenAI 開發的圖片生成模型, 目前最新版本為 DALL-E 3。得益於 ChatGPT 強大的理解能力, DALL-E 可說是最容易「溝通」的 AI 繪圖服務。不僅沒有語言隔閡, 使用者還能以口語化的方式請它生圖, 甚至能進一步微調生成內容, 而無需學習特定格式的提示詞指令, 因此相當容易上手, 而且可生成的數量幾乎沒有限制 (但有頻率限制, 不能太頻繁生圖)。

　　首先, 從 ChatGPT 側邊欄點選 **GPT** 進入 GPT 商店頁面。接著向下捲動, 找到「By ChatGPT」分類下由官方製作的機器人, 選擇 **DALL-E** 並點擊 **開始聊天**, 即可看到以下畫面:

在對話框中輸入任意內容並按下 Enter 鍵後，會發現不同於一般模式的 ChatGPT，DALL-E 機器人的對話框上方出現了一些關鍵字和功能鈕，點選後會自動輸入至下方對話框。本節將介紹其「文字生圖」及「以圖生圖」的操作方法。

文字生圖

首先，在對話框輸入以下中文提示詞，然後點選上方關鍵字**壓克力**，再點擊**長寬比**並選擇**正方形**。稍待片刻，即可看到 DALL-E 生成兩張與提示詞相符但構圖略有不同的圖片：

> **提示詞**
> 一名男子在濱海公路騎著重機，壓克力，正方形長寬比

將游標移至圖片上方會出現下載圖示，點擊可下載為 WEBP 檔案

▲ DALL-E 機器人預設一次生成 2 張圖

如果對生成的圖片不滿意，也可透過提示詞指出想調整的部分。不過，這種方式會讓 DALL-E **重新生成圖片**，而非直接在原圖上進行修改：

8-3

> **提示詞**
>
> 重機後座坐著一名女子

▲ 雖然有加上後座乘客,但構圖明顯與原圖不同

此外,DALL-E 對話框上方可供點選的關鍵字,能夠協助使用者快速更改圖片風格,或是改變新圖的尺寸。例如筆者選擇了**像素藝術**風格,並將尺寸改為**寬螢幕**長寬比:

▲ DALL-E 貼心準備了多種藝術風格關鍵字供我們選擇

> **TIP**
> 為了避免使用者過度頻繁地生成圖片而增加網站負擔，DALL-E 設有頻率限制。當生圖次數過高時，會顯示提示訊息告知使用者已達當前限制，並請稍等幾分鐘後再試。

以圖生圖

除了使用文字生成圖片之外，我們也可以上傳圖片，讓 DALL-E 參考該圖片的構圖，或利用其中的元素來生成新圖：

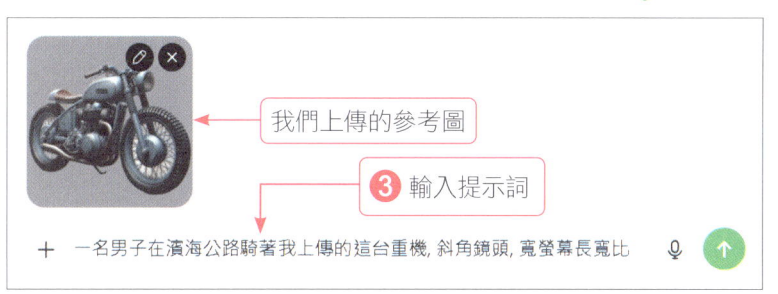

① 點擊 + 或輸入「/」
② 選擇**新增照片和檔案**並上傳圖片
③ 輸入提示詞

我們上傳的參考圖

提示詞
一名男子在濱海公路騎著我上傳的這台重機，斜角鏡頭，寬螢幕長寬比

使用舊版的圖像產生製作。深入了解

這是你請求的場景：一名男子騎著你上傳的藍色復古重機，奔馳在濱海公路上，使用斜角鏡頭與寬螢幕比例呈現。若你想要調整角度、天氣、人物造型或背景細節，隨時告訴我，我可以再幫你生成！

▲ DALL-E 確實能呈現出我們上傳的重機圖片特徵：藍色車殼、棕色坐墊、沒有後照鏡

不過需要注意的是, DALL-E **無法**直接編輯或修改我們上傳的圖片, 僅能將其作為參考, 生成與原圖相似的新圖片。

> **TIP**
> ChatGPT 免費用戶每日可上傳至多 3 個附件檔案, 付費用戶則享有更寬鬆的上傳配額。

局部修圖工具

前面曾提到, 當使用提示詞指示 DALL-E 修改圖片時, 它只會重新生成, 而無法真正對原圖進行局部編輯。不過, 這個問題能透過其**編輯功能**來改善。

我們可以對先前任意一張由 DALL-E 生成的圖片進行編輯。以下示範是以提示詞「一名男子在濱海公路騎著重機, 壓克力, 正方形長寬比」所生成的圖片為例, 點擊後會看到以下畫面:

選取工具

可查看 DALL-E 生圖時使用的英文提示詞, 會發現比我們原先輸入的內容還要複雜

我們可複製 DALL-E 在生成圖片時使用的提示詞, 稍作修改後再次生圖; 或者利用其提供的**選取工具**, 透過游標選取欲編輯的區域來進行局部修圖:

調整筆刷大小　　還原與重做

① 選取欲編輯的區域　　② 輸入對於選取區域要修改的內容

提示詞

重機後座坐著一名女子

新增的後座女子

表示有針對選取區域以提示詞進行修圖

由上圖可見，透過這種局部修圖方式生成的新圖片，除了我們選取的範圍之外，其餘部分皆與原圖相同。

8-7

然而，由於 AI 生成具有隨機性，即使能對圖片進行局部修改，結果仍可能不如預期。若發現修改後的圖片不理想，請耐心地重新選取欲編輯的區域並再次輸入提示詞。

需要特別注意的是，若直接點擊「重機後座坐著一名女子」對話框下方的鉛筆圖示來編輯訊息，會導致先前選取的區域失效，使 DALL-E 接續前一則對話重新生成整張圖片，而非僅修改選取部分：

提示詞

重機後座坐著一名**穿皮衣的**女子

對話框上方的**選取項目**消失

直接編輯前一次局部修圖時的提示詞

基於前一則對話 (像素藝術風格) 生成了新圖片

由本節的範例可見，DALL-E 的修圖功能無法做到細節上的精確調整，因此可能需要多次嘗試才能獲得符合預期的結果。而若修改範圍較大，例如更換整幅圖像的季節或構圖，則建議直接重新生成圖片，效果會更理想。

8-2 ChatGPT 圖片生成再進化

2025 年 3 月底, ChatGPT 正式推出整合於 GPT 模型的圖片生成功能。除了基本的對話式生圖之外, 使用者還能在圖片中**加上文字**, 且由於對繁體中文的支援已大幅提升, 幾乎能正確顯示所有字詞, 因此也能生成包含中文字的**多格漫畫**。

不僅如此, 還可輸出具**透明背景** (去背效果) 的 PNG 圖檔, 甚至能對使用者上傳的圖片進行修改、風格轉換, 或是融合多張圖片的元素。一般情況下, 這種生成方式會盡可能保留原圖樣貌, 使得結果與原圖差異通常不大, 達到近似於修圖的效果；而在進行較大幅度的風格轉換或元素融合時, 則仍能維持構圖、配色與整體風格的一致性, 讓成果更為自然。

用提示詞為圖片加上繁體中文字

新的生圖功能已直接整合進 ChatGPT 對話介面中, 只要點擊對話框的 **+** 或輸入「**/**」並選擇**創作圖像**, 就可以直接生圖。不過這種方式的生圖速度會比前一節介紹的 DALL-E 慢許多, 且每次僅能生成 1 張圖片：

① 點擊 + 或輸入「/」

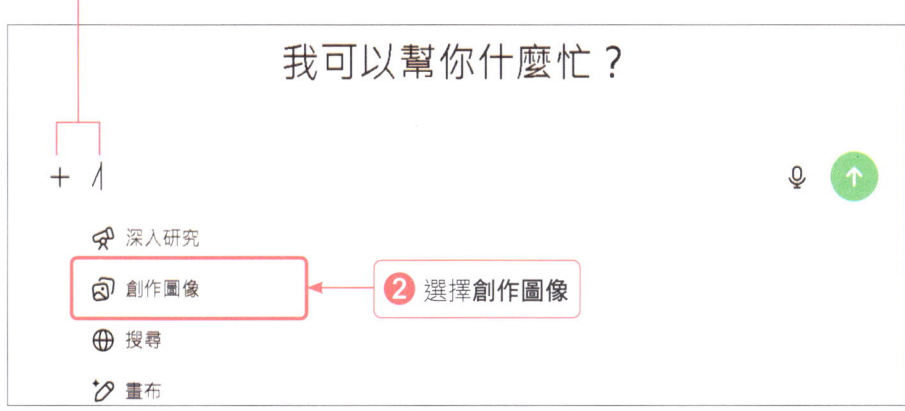

② 選擇**創作圖像**

❸ 輸入提示詞

一名帥氣的長髮男子在清晨的濱海公路上騎著重機，後座坐著一名女子，畫面要有速度感，長寬比 16:9

❹ 選擇**風格** (也可不選)

賽博龐克　動漫　戲劇性頭像

選擇**動漫**風格後，ChatGPT 自動填入的提示詞

創作一幅細緻動漫美學圖像：表情豐富的眼神、流暢的賽璐珞著色和乾淨的線條。強調情感和人物，營造出動漫場景中典型的動態或氛圍。

一名帥氣的長髮男子在清晨的濱海公路上騎著重機，後座坐著一名女子，畫面要有速度感，長寬比 16:9

提示詞

一名帥氣的長髮男子在清晨的濱海公路上騎著重機，後座坐著一名女子，畫面要有速度感，長寬比 16:9

將游標移至圖片上方會出現下載圖示，點擊可下載為 PNG 檔案

8-10

如果對生成結果不滿意、想更換風格，或在圖片上加入文字，都可以直接請 ChatGPT 重新生圖，且無需再次完整描述場景，只需簡單說明需要修改的部分即可：

提示詞

改成下雪的冬天，並加上「彎得過是拓海，彎不過就填海」的繁體中文字

▲ 修改後的構圖仍與原圖相似，且能看出是相同人物

由上圖可發現，ChatGPT 會記住我們先前輸入的提示詞，成功生成一張男子載著女子騎重機行駛於濱海公路的圖片，並依指示將場景轉換為下雪的冬天，同時加上相應的繁體中文字。雖然圖片中有出現缺字的情況，但已顯示於圖上的繁體中文字皆正確無誤，可見 GPT-5 對於中文字的生成能力又更上一層樓。

此外，ChatGPT 現已提供類似於 DALL-E 的**編輯工具**，我們可利用此功能來修改圖片上的文字。點擊生成的圖片後，會看到以下畫面：

❷ 以游標選取欲編輯的區域　　❶ 點擊**選取工具**

❸ 輸入對於選取區域要修改的內容

也可點擊**風格**鈕改變原圖風格

> **提示詞**
>
> 改成「填海」

修改後的正確文字

表示有針對選取區域以提示詞進行修圖

8-12

由上圖可見，透過這種局部修圖方式生成的新圖片，除了我們選取的範圍之外，其餘部分皆與原圖相同 (但若選取範圍過大，仍可能生出與原圖細節差異甚大的圖片)。

　　正因為具備這樣的特性，再加上模型控制力的提升，若想替換圖中的人物，也可在圖片編輯畫面中上傳手邊的圖檔，並輸入提示詞進一步調整：

我們上傳的人物參考圖

① 雙擊 + 並選擇要上傳的圖片

② 輸入提示詞

提示詞

機車上的男子和女子改成我上傳圖片中的男子和女子

表示有針對選取區域以參考圖與提示詞進行修圖

▶ 上傳圖片中的人物、衣著等特色皆有被妥善保留

8-13

由上圖可發現, 我們上傳的人物雖因應圖片的 **動漫** 風格而有所變化, 但其特徵都有被妥善保留, 像是面部表情、頭髮的長度與顏色, 以及身上的衣著等細節。也因為這樣的特性, 我們就能透過這種圖片編輯方式來生出心中所想的 (迷因) 圖片。

> **TIP**
> 目前 ChatGPT 生圖功能已全面開放, 但免費用戶每日僅能生成約 2～3 張圖片, 而 Plus 用戶每 3 小時最多可生成 50 張圖。

ChatGPT 圖片庫

如果我們在不同的對話串中各自生成了許多圖片, 這些圖片就會散落各地, 一時間要找還真的有些麻煩。不過, 只要點擊左側邊欄的 **圖庫**, 就能看到所有由 ChatGPT 生成的圖片 (DALL-E 生成的圖片不包含在內):

將圖片轉為去背圖或多格漫畫

在早期版本中, 當我們請 ChatGPT 根據上傳的圖片進行修改時, 它會回覆「無法直接編輯原圖, 只能重新生成 **概念** 相近的圖片」。但現在, ChatGPT 已有能力重新生成與原圖極為相似的圖片, 因此我們能以此方式將上傳的圖片去除背景, 或依提示詞進行風格轉換等圖片編輯。首先, 點擊對話框的 **+** 或輸入「**/**」並選擇 **新增照片和檔案**, 即可上傳圖像:

① 點擊 **+**
或輸入「/」

② 選擇**新增照片和檔案**並上傳圖片

也可點此**鉛筆**圖示, 直接選擇**風格**中的預設選項

我們上傳的人物參考圖

③ 輸入提示詞

提示詞
改成動漫風

▲ 構圖與圖片比例幾乎與上傳的原圖一致

除了修改圖片風格之外, 也可以請 ChatGPT 協助我們基於上圖生成一張副檔名為 PNG、具透明背景 (去背) 效果的圖片：

提示詞
移除背景

▲ 生成的圖片確實是去背圖片

第 8 章　ChatGPT 和它的影像生成小夥伴

8-15

接著，我們還可以在同一個對話串中，延續先前生成的圖片與話題，請 ChatGPT 協助生成包含繁體中文字的多格漫畫，用以粗略解釋網路用語，或是生活中的專有名詞：

> **提示詞**
> 請用四格漫畫解釋網路梗「彎得過是拓海，彎不過就填海」，並以上圖的重機作為範例，畫面需展現速度感與帥氣感，且圖中所有文字皆需以繁體中文顯示

◀ 文字正確且重機部分也沒有走鐘

由本節的範例可見，雖然每次修改並非直接在原圖上進行，而是重新生成一張新圖片，但相較於 DALL-E，該模型的控制能力更強，使得修改後的畫面與原圖相似度較高。

— **TIP** —

更多 ChatGPT 圖片生成技巧與細節，可參閱：https://openai.com/index/introducing-4o-image-generation/。

改用其他 GPT 模型生成多格漫畫

目前除了 GPT-5 Pro 之外，其他模型皆可生圖。以下為上傳同一張參考圖、同樣選擇**動漫**風格、使用相同提示詞，並以四種不同模型生成的多格漫畫：

> **提示詞**
>
> 生成重機上兩人對話的多格漫畫，圖中所有文字皆需以繁體中文顯示
> 第一格 - 男：糟了！是奇行種！
> 第二格 - 女 (還沒反應過來的模樣)
> 第三格 - 男：快！快發射信號彈！
> 第四格 - 女 (手忙腳亂地發射黑色信號彈)

▲ GPT-5 Auto　　　　　　　　　▲ GPT-5 Fast

→ 接下頁

▲ GPT-5 Thinking　　　　　　▲ GPT-4o

由上圖可見,無論何種模型,較複雜的繁體中文字幾乎無法一次就正確生成。不過仍可看出 GPT-5 在四格漫畫中的人物一致性較高,例如角色皆有乖乖戴著安全帽。而對於錯誤的繁體中文字,只要以局部編輯的方式多嘗試幾次,仍有機會正確顯示。

8-3 超擬真的影片生成工具 – Sora

　　Sora 這個名稱來自「天空」的日文發音，象徵「無限的創造潛力」。這款萬眾矚目的影片生成工具由 OpenAI 於 2024 年底正式推出，允許使用者透過提示詞、圖片或影片來生成影片內容。

　　此外，自 2025 年 3 月底，Sora 也新增了圖片生成功能。由於其操作方式與影片生成相似，且讀者在前兩節中已熟悉圖片生成的基本流程，因此本章將聚焦於 Sora 強大的影片生成功能，並詳細說明其操作方法。

> **TIP**
> Sora 的影片生成功能現階段僅開放給 ChatGPT Plus 以上的用戶，免費用戶暫時只能使用其圖片生成功能，若想體驗 Sora 的完整功能，需先課金升級至 Plus 以上的方案。

　　Sora 目前能生成最高 1080p 解析度、長達 20 秒的影片，並提供多種畫面比例與風格選項，且一次最多可生成 4 支基於相同提示詞的影片。只要點擊 ChatGPT 側邊欄的 **Sora** 圖示，就能直接進入 Sora 頁面：

佈局設定

條件篩選器

個人化設定、影片生成教學

- Search Ctrl K
- ① Explore ←❶
- ② Images ←❷
- ③ Videos ←❸
- ④ Top ←❹
- ○ Likes

Library
- ⑤ My media ←❺
- ☆ Favorites
- ⊕ Uploads ←❻ 上傳圖片或影片
- 🗑 Trash ←❼
- ⊟ New folder

＋ Describe your video... ← 描述你想要生成的影片

Video | 1:1 | 480p | 5s | 2v | ? | Storyboard ↑
  ⓐ   ⓑ   ⓒ   ⓓ ⓔ   ⓕ   ⓖ

❶ 探索
❷ 圖片
❸ 影片
❹ 熱門
❺ 媒體庫 (你生成的影片)
❻ 你上傳的資料
❼ 垃圾桶

ⓐ 選擇生成「圖片」或「影片」
ⓑ 影片長寬比
ⓒ 解析度 (愈低生成速度愈快)
ⓓ 影片時長
ⓔ 一次生成的影片數量
ⓕ 影片風格 (可自行新增、設計或分享視覺風格)
ⓖ 故事板 (可設定特定時間點的畫面內容)

　　初次使用建議先點擊介面右上方的個人頭像，確認你的個人化設定以及方案資訊。點選 **Settings** 可設定「是否允許其他人看到你生成的影片」與「是否允許 Sora 使用你的內容來訓練模型」；點選 **My plan** 可查看你的方案最多可同時生成的影片數量、影片時長上限與最大解析度。

8-20

用中文提示詞生成影片

對影片生成介面有了初步認識後，我們就話不多說，趕快來測試 Sora 最基本的影片生成功能吧！別被熱門影片中冗長的英文提示詞給嚇到了，其實 Sora 和 ChatGPT 一樣，能透過簡短且口語化的中文提示詞來生成影片：

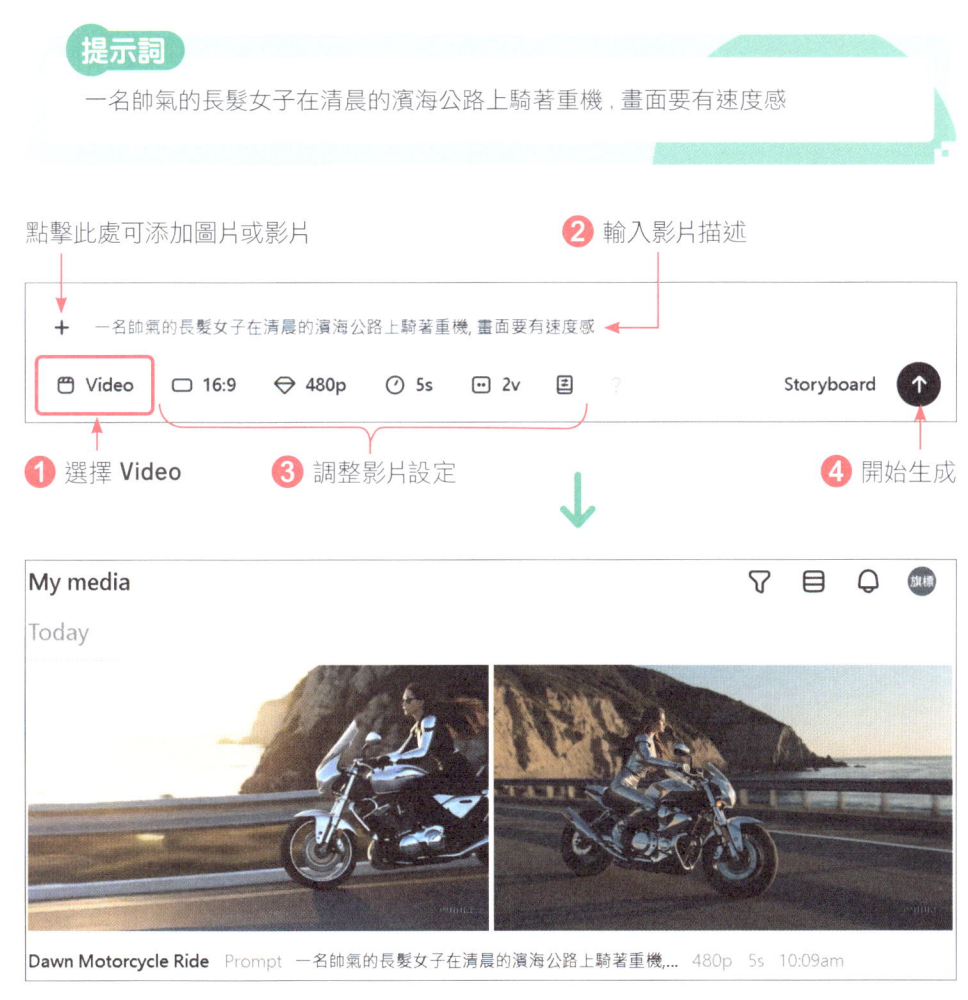

提示詞

一名帥氣的長髮女子在清晨的濱海公路上騎著重機，畫面要有速度感

點擊此處可添加圖片或影片

❷ 輸入影片描述

❶ 選擇 Video　❸ 調整影片設定　❹ 開始生成

Dawn Motorcycle Ride　Prompt 一名帥氣的長髮女子在清晨的濱海公路上騎著重機,...　480p　5s　10:09am

▲ 可在 **My media** 中查看已生成的影片

將游標移至影片上方，影片會自動開始播放；點擊則可進入放大檢視模式，同時畫面下方也會出現一些影片編輯選項：

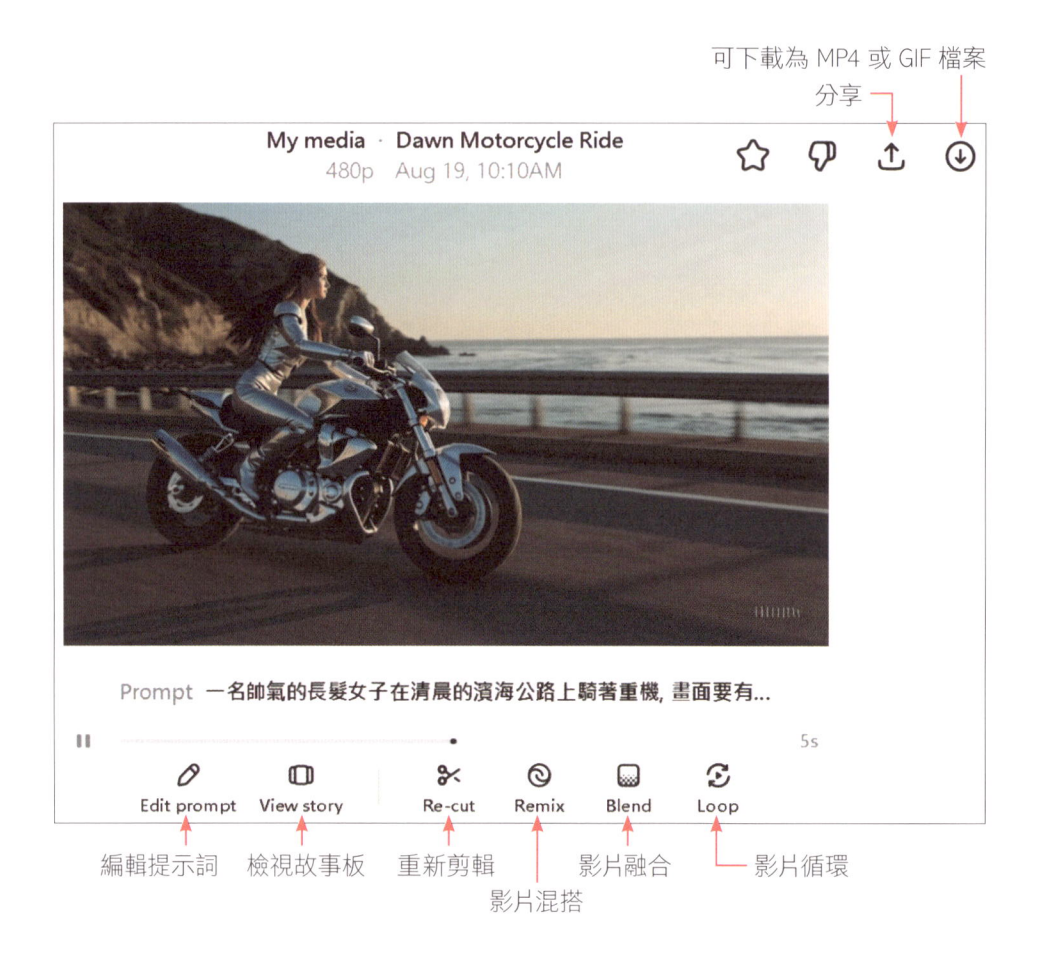

（圖示說明）

- 可下載為 MP4 或 GIF 檔案
- 分享
- Prompt 一名帥氣的長髮女子在清晨的濱海公路上騎著重機，畫面要有…
- Edit prompt 編輯提示詞
- View story 檢視故事板
- Re-cut 重新剪輯
- Remix 影片混搭
- Blend 影片融合
- Loop 影片循環

接下來將會藉由此影片一一介紹上述編輯工具。

Sora 影片編輯工具

編輯提示詞 Edit prompt

　　首先是位於影片下方最左側的 **Edit prompt**，點擊後可選擇不修改提示詞，直接按下 **Create video** 重新生成影片；或是如下修改提示詞 (甚至加入圖片或影片) 後再生成：

8-22

> **提示詞**
>
> 一名帥氣的長髮女子**頭戴安全帽**在清晨的濱海公路上騎著**復古**重機，畫面要有速度感

修改的提示詞

一名帥氣的長髮女子頭戴安全帽在清晨的濱海公路上騎著復古重機，畫面要… Create video

Video　16:9　480p　10s　4v

修改的影片設定

Prompt 一名帥氣的長髮女子頭戴安全帽在清晨的濱海公路上騎著復古重機，畫面要…　10s

這名女子看起來是要填海了

　　從上方影片縮圖可見，編輯提示詞後確實生成了 4 支 10 秒的影片，且影片中的女性也守法地戴上了安全帽，並騎乘復古車款的重機。

檢視故事板 View story

還記得我們最初是用中文提示詞來生成影片,不過點選 **View story** 後,會發現 Sora 自動將中文提示詞拆解成各個畫面,並標註對應的時間點與英文提示詞:

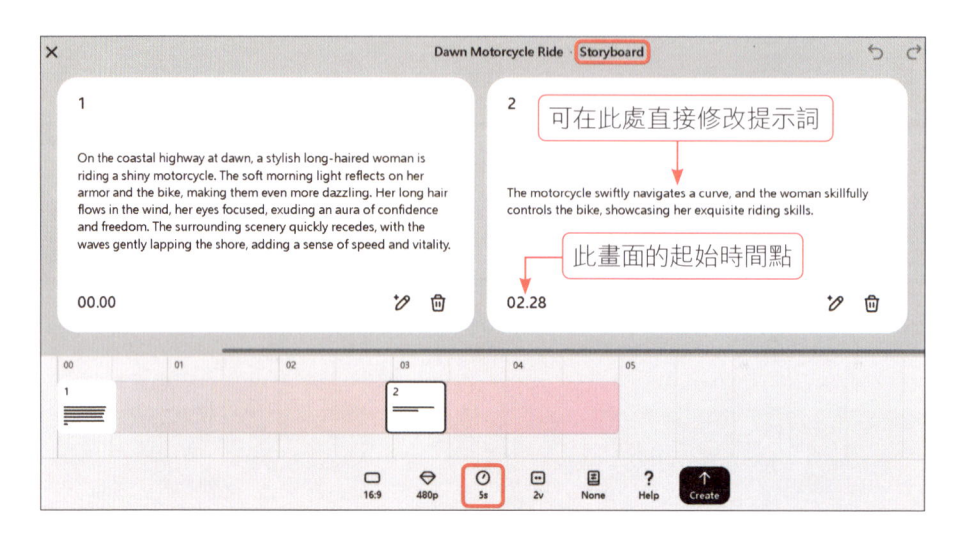

可在此處直接修改提示詞

此畫面的起始時間點

我們可以在這個 **Storyboard (故事板)** 中修改原始提示詞,或是新增畫面後再重新生成:

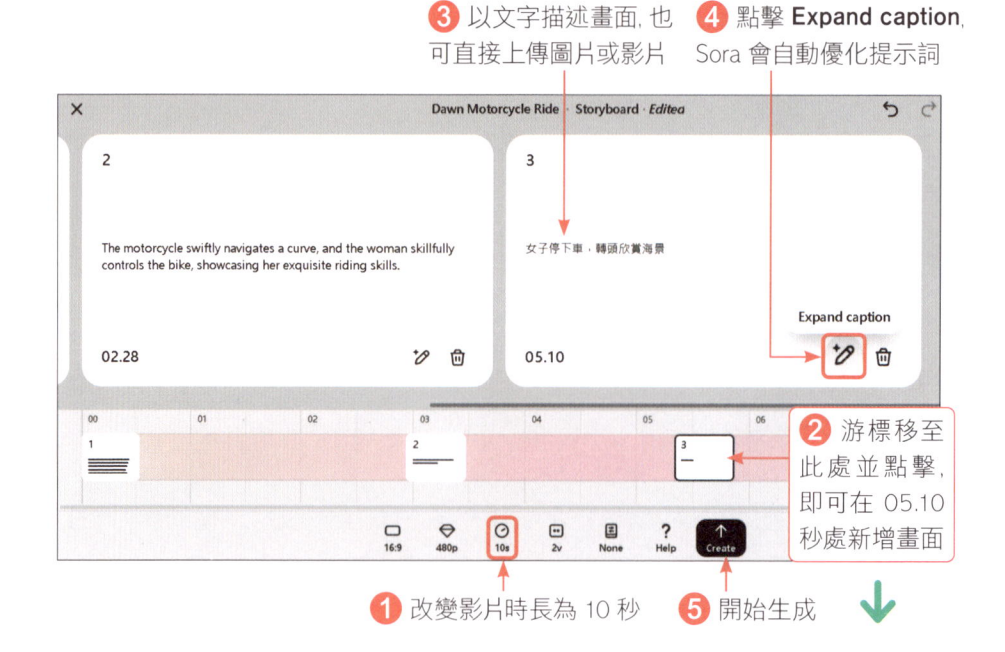

❸ 以文字描述畫面,也可直接上傳圖片或影片

❹ 點擊 Expand caption,Sora 會自動優化提示詞

❷ 游標移至此處並點擊,即可在 05.10 秒處新增畫面

❶ 改變影片時長為 10 秒

❺ 開始生成

8-24

可查看每個畫面的時間點與使用的提示詞

　　由此可見, Storyboard 為影片生成帶來更高的靈活性, 可避免單靠一組提示詞而造成影片中段出現畫面「走鐘」的狀況。因此, 若對於影片的劇情或分鏡已有明確的想法, 也能在一開始就直接點選 **Storyboard**, 以文字、圖片或影片自行設計每個畫面與場景。

重新剪輯 Re-cut

　　若點選 **Re-cut** 則可對影片進行重新剪輯, 透過刪去不理想的片段再重新生成, 可延續影片中的最佳畫面至指定時長。此外, 也能在刪除片段的位置, 以下圖的方式新增畫面並輸入提示詞, 或直接上傳圖片、影片再次生成：

❸ 輸入提示詞, 或上傳圖片 / 影片

❷ 於此處新增畫面　　❶ 以拖曳方式裁剪原影片　　❹ 開始生成

影片混搭 Remix

我們能透過 Remix 功能，以提示詞來新增、移除或替換影片中的特定元素。此功能適用於生成的影片大致符合需求，僅需微調其中部分元素時：

提示詞

重機改成復古重機

- 對原影片進行重大修改
- 與原影片有明顯差異
- 對原影片進行細微調整
- 自訂 Remix 強度

▲ 原影片中的街車確實替換成復古重機

影片融合 Blend

Blend 功能可將原影片與另一支影片進行融合，成為一段新的影片：

8-26

以游標調整採用的影片片段

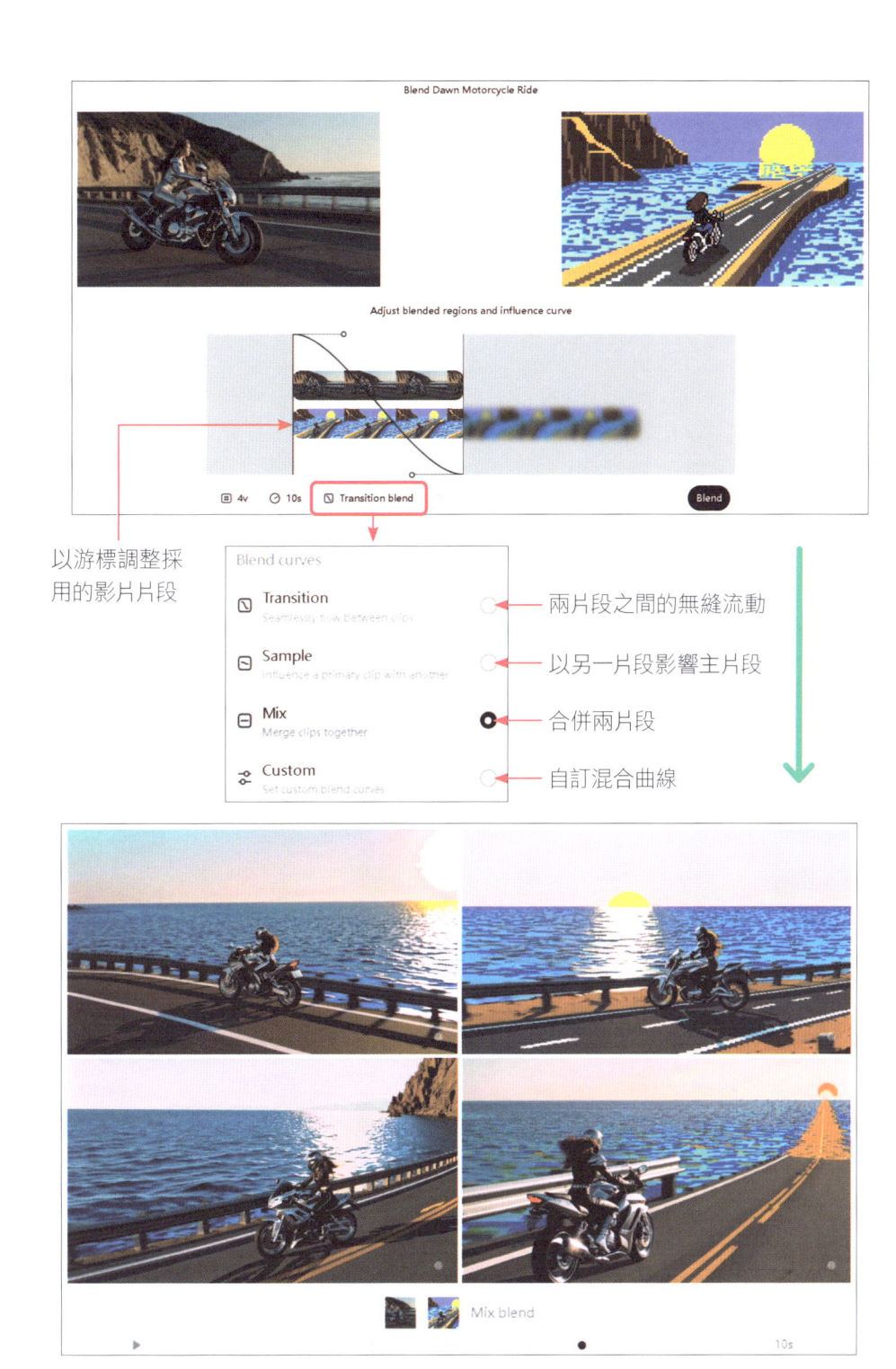

兩片段之間的無縫流動
以另一片段影響主片段
合併兩片段
自訂混合曲線

▲ 由於選擇了 **Mix**，Sora 將兩支原影片的特徵融合，呈現出從現實騎往像素世界的效果

8-27

影片循環 Loop

Loop 功能可將原影片中指定的片段製作成無縫循環影片，特別適合 Shorts、Reels 等會自動重播的短影音內容：

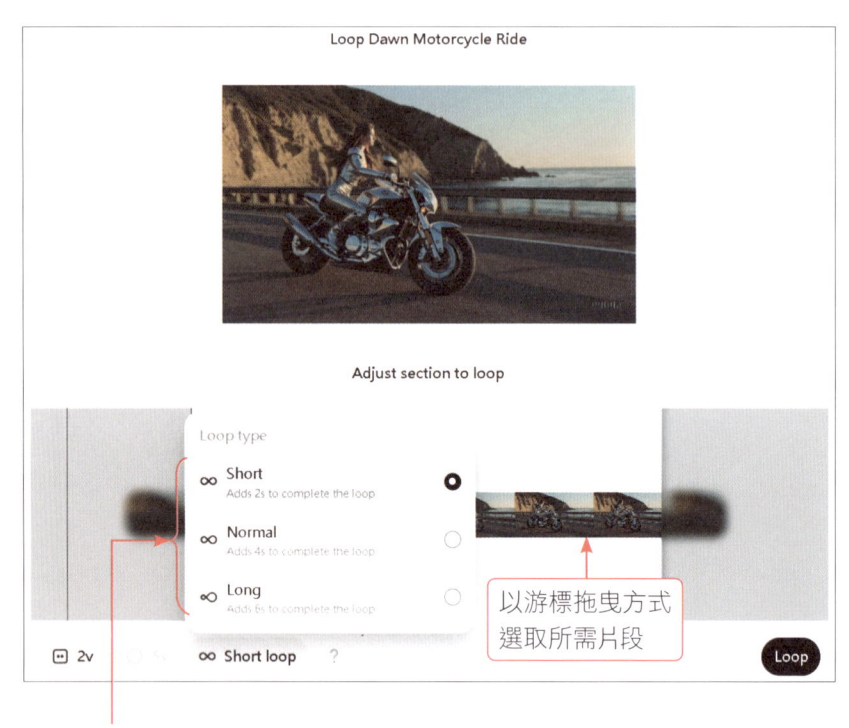

添加 2 / 4 / 6 秒的過渡以完成循環

熟悉上述編輯功能後，我們就能活用 Sora，將想法轉化為實際影片，甚至對手邊的現有素材進行二次創作或編輯調整。不過，在使用時仍須謹守道德規範，避免散播不實或誤導資訊。

CHAPTER 9

Canvas 幫寫 Code，用 Python 處理大小事

過去，程式設計師需要花費大量的時間和精力學習特定的程式語言和技術才能在工作中表現出色，然而現在有了 ChatGPT，它能夠使用自然語言與你進行對話，並協助你快速地生成高效優質的程式碼。

ChatGPT 的 Canvas 畫布模式，可以協助你進行程式碼的重構、註解、除錯、優化、轉換不同程式語言和製作說明文件，也可以很方便進行程式的版本控管，還可以直接執行程式，大大拓展 ChatGPT 的威力，也讓更多人有機會可以一起參與軟體開發的流程。

9-1 生成 Python 程式

前面章節我們有介紹過 ChatGPT 的新功能「**Canvas 畫布**」，提供完善的互動環境，可以讓 ChatGPT 更方便進行各種文案、企劃書等長篇文本的協作。此處我們改運用在程式設計上，示範各種實用的程式撰寫技巧。

在畫布模式生成和執行程式碼

step 01 首先請先切換到畫布模式，然後再請 ChatGPT 生成你所需要的程式碼，提示語要清楚讓 ChatGPT 理解你的需求，例如以下所列的第三個：

TIP
您可以按照上述說明，或在提示詞前或後加入「開啟畫布」來啟用。

提示詞

請用 Python 寫一個終極密碼的遊戲。

生成一個 Python 程式，求三位數的阿姆斯壯數。

你是一個初學者，寫一個簡單 Python 程式，用於輸入計算兩個整數的和。

step 02 接著就會自動生成「計算兩個整數和」程式碼，如下圖所示。請注意，你所生成的程式碼可能會跟下圖不同，甚至每次執行的結果也不一定一樣。此處我們輸入的提示詞特別強調 "你是初學者" 的原因，是要避免 ChatGPT 生成太複雜的內容，我們後續會慢慢改善此程式。請直接按下**編輯**展開畫布來修改。

step 03 接著你會看到如下的畫面，在畫面右邊和上方，會有跟程式編輯相關的功能鈕，其用途說明如下：

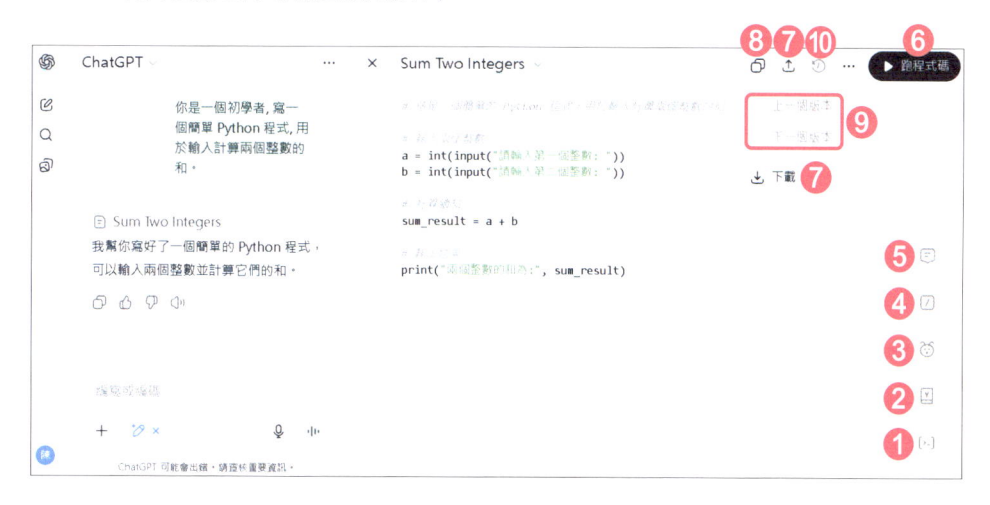

① **程式碼審查**：提供程式碼結構和效能的建議，幫助你優化程式碼，點開後會看到其他圖示。

② **翻譯成其他語言**：將程式碼翻譯為 PHP、C++、Python、JavaScript、TypeScript 或 Java。

③ **修復錯誤**：自動偵測並重寫有問題的程式碼以解決錯誤。

9-3

❹ 新增記錄檔：在適當位置加上 print，幫助你除錯並追蹤程式碼的執行情況 (此處的 "日誌" 英文是 log，指的是除錯用的記錄資訊)。

❺ 新增評論：幫程式碼加上詳細的註解，解釋各部分的功能。

❻ 跑程式碼：直接執行 Python 程式碼，並在底部的控制台顯示輸出結果 (目前不支援終端或互動式方式輸入資料，您只能在程式碼中直接指定變數值來實現。需要以其他環境來執行，稍後另有說明)。

❼ 分享/下載：這項功能讓你建立一個專屬的連結，分享給朋友或同事，讓他們也能看到程式內容或者下載該程式碼。

❽ 複製：複製整段程式碼。

❾ 版本控制：點擊右上角的 ⋯ 按鈕，可切換到上一個或下一個版本。

❿ 顯示變更：用不同顏色顯示修改前後的差異。

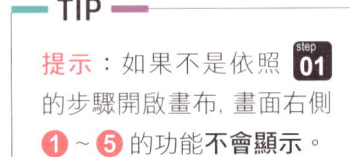

> **TIP**
> 提示：如果不是依照 step 01 的步驟開啟畫布，畫面右側 ❶～❺ 的功能**不會顯示**。

step 04 由於計算兩個整數和需要輸入資料，因此不能直接從畫布中執行。請在左邊對話區取消畫布功能，再輸入「**執行結果**」，即可讓 ChatGPT 模擬程式碼的輸出，如下圖所示 (實際呈現的結果畫面可能會有所差異)。或者直接給與你要測試的資料，例如「**輸入 10 20**」就可以看到結果。

請記得先取消畫布，不然會開一個新程式

step 05 由於前面的提示語有加上 "初學者"，因此生成的程式碼通常不會考慮到不合理的輸入狀況或資料型別，導致發生錯誤。例如：要求 "輸入 a 的執行結果" 之後，會因為程式沒有考慮到 a 無法轉成數字進行計算而出錯。

> **提示詞**
>
> 輸入 "a" 的執行結果

```
sql                                                       複製程式碼

請輸入第一個整數：a
Traceback (most recent call last):
  File "<stdin>", line 1, in <module>
ValueError: invalid literal for int() with base 10: 'a'
```

step 06 你可以自行提示幫你改程式碼。修改完之後，可以按下**顯示變更**查看差異，紅色是原來的程式碼、綠色則是新增或修改的內容。

> **提示詞**
>
> 修正程式碼

```
Sum Two Integers                              隱藏變更    ▶ 跑程式碼

# 若輸入的不是整數，例如輸入 "a"，則會出現錯誤：
# 請輸入第一個整數：a
# ValueError: invalid literal for int() with base 10: 'a'

# 從使用者輸入兩個整數
num1 = int(input("請輸入第一個整數："))
num2 = int(input("請輸入第二個整數："))

# 計算總和
sum_result = num1 + num2

# 輸出結果
print("兩個整數的和是：", sum_result)
# 簡單的 Python 程式，計算兩個整數的和，並處理非整數輸入
try:
    # 從使用者輸入兩個整數
    num1 = int(input("請輸入第一個整數："))
    num2 = int(input("請輸入第二個整數："))

    # 計算總和
    sum_result = num1 + num2

    # 輸出結果
    print("兩個整數的和是：", sum_result)
except ValueError:
    print("輸入錯誤，請輸入有效的整數！")
```

step 07 也可以點選「**上一個版本**」和「**下一個版本**」來進行對照，如果對修改後的程式有疑慮，可以按下**還原此版本**回復到舊的版本。

```
# 簡單的 Python 程式，計算兩個整數的和

# 範例執行
# 假設使用者輸入的整數是 10 和 20
# 輸出將會是：
# 請輸入第一個整數: 10
# 請輸入第二個整數: 20
# 兩個整數的和是: 30

# 若輸入的不是整數，例如輸入 "a"，則會出現錯誤
# 請輸入第一個整數: a
# ValueError: invalid literal for int() with base 10: 'a'

# 從使用者輸入兩個整數
num1 = int(input("請輸入第一個整數: "))
num2 = int(input("請輸入第二個整數: "))

# 計算總和
sum_result = num1 + num2

# 輸出結果
print("兩個整數的和是:", sum_result)
```

你正在檢視上一個版本
還原此版本以進行編輯　　　　　　　　　　　**還原此版本**　　返回到最新的版本

step 08 若不太清楚語法的細節，也可以直接詢問。可以直接選取要詢問的部分，然後會彈出**詢問 ChatGPT** 的對話列，可以直接輸入問題，例如前面 step 06 的程式有使用到 try...except 語法，若不清楚怎麼用就可以直接問：

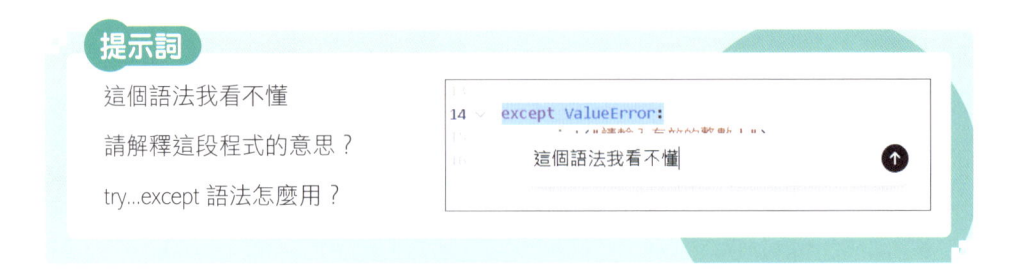

提示詞

這個語法我看不懂

請解釋這段程式的意思？

try...except 語法怎麼用？

```
14    except ValueError:
```
這個語法我看不懂

9-6

> 在 Python 中，try...except 是一種用於處理錯誤的結構，稱為「異常處理機制」。它的作用是讓程式在遇到錯誤時不會崩潰，而是能夠捕捉錯誤，並執行一些替代操作或顯示有意義的訊息給使用者。這樣可以讓程式更健壯且更加用戶友好。
>
> 具體來說，try...except 的運行過程如下：
>
> 1. try 部分：
>   - 程式會嘗試執行 try 塊內的程式碼。如果程式碼正常運行，except 部分就不會被執行。
> 2. except 部分：
>   - 如果在 try 區塊內發生了錯誤（異常），程式會跳到 except 區塊，執行其中的程式碼。

總之, 當我們想利用 ChatGPT 來生成 Python 程式碼時, 我們可以先「輸入提示語」，例如「你是初學者, 寫一個計算平均值的程式」，讓 ChatGPT 理解並產生相應的程式碼, 然後再請 ChatGPT「執行結果 或 輸入資料處理」或者「複製程式碼到 Python 編輯器」中進行進一步「執行、測試和修正」，直到完成目的為止。

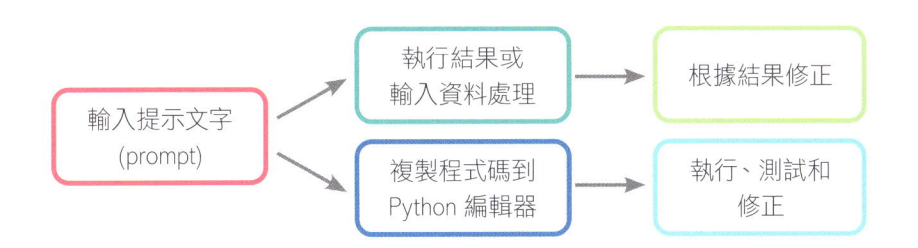

```
輸入提示文字 (prompt)
    ├─→ 執行結果或輸入資料處理 ─→ 根據結果修正
    └─→ 複製程式碼到 Python 編輯器 ─→ 執行、測試和修正
```

在 Colab 上驗證程式碼

在 ChatGPT 執行程式有其侷限性, 相信你應該還是想實際看看程式執行的結果, 這時就必須選擇一個 Python 程式碼編輯器, 無論是 IDE 編輯器還是線上環境皆可。在這裡, 我們會使用 Google Colab 讓使用者在雲端上執行程式碼。

> **TIP**
> 後續**實戰 1～2** 的範例也會使用 Colab 來執行。

step 01 請登入「https://colab.research.google.com」，並點選點選「**新增筆記本**」。

step 02 從 ChatGPT 點選 Canvas 區塊右上的 複製程式碼，貼至 Google Colab 內，如紅色虛線框所示。按下 Colab 的 ▶ 鈕即可執行程式。

step 03 此程式需要使用者輸入資料，此處分別輸入「8」和「7」時，程式就會計算出「15」的結果。

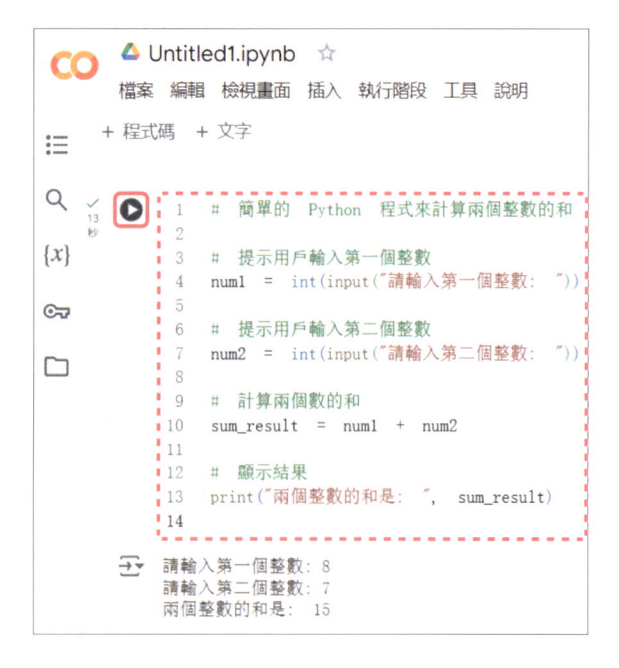

9-2 重構程式

重構程式是專案開發過程中不可或缺的一部分,其目的在於不改變程式原有功能的情況下,對程式碼進行優化和改良,提高其可讀性、可重用性、增加效率、簡化邏輯、減少重複、降低維護成本…等。

增加可讀性、可重用性

我們可以使用「重構程式,增加可讀性、可重用性」等類似的提示語,把前面小節的『計算兩個整數之和』程式碼進行重構,如下圖所示(每個人的重構程式碼不一定會相同)。

> **提示詞**
>
> 重構程式,增加可讀性、可重用性
>
> num1 = int(input("請輸入第一個整數:"))
> num2 = int(input("請輸入第二個整數:"))
> result = num1 + num2
> print(f"兩個整數的和是: {result}")
>
> 此處可置換為其他程式碼

重構後,您會發現它把原本的程式碼包裝成函式,並以易於閱讀的方式為函式命名(如右圖紅色框處)。同時它也將程式模組化,可以單獨執行或被其他程式引用,增加可重用性。

```python
def get_integer_input(prompt):
    """取得用戶輸入的整數"""
    return int(input(prompt))

def main():
    # 讓用戶輸入兩個整數
    num1 = get_integer_input("請輸入第一個整數: ")
    num2 = get_integer_input("請輸入第二個整數: ")

    # 計算和
    result = num1 + num2

    # 輸出結果
    print("兩個整數的和是:", result)

if __name__ == "__main__":
    main()
```

重構程式、增加效能

透過重構程式的技巧,也可以讓我們從中學習到更有效率的程式寫法。

> **提示詞**
> 寫一個 Python 程式,輸入並計算從 1 累加至 n 的和,使用 for 迴圈。

此處生成的程式中每次相加的次數會隨著數字 n 的增加而增加,造成效率不佳。

```python
# 獲取用戶輸入的 n 值
n = int(input("請輸入一個正整數 n: "))

# 使用循環計算從 1 到 n 的和
total_sum = 0
for i in range(1, n + 1):
    total_sum += i

# 輸出結果
print(f"從 1 到 {n} 的和是: {total_sum}")
```

> **提示詞**
> 重構程式、增加效能
>
> (此處是修改上述程式碼,也可自行在下方插入其他程式碼)

將上述程式碼再丟給 ChatGPT 處理後,因為採用高斯求和公式,如紅色框處,所以計算效率更高,同時也讓程式碼更加簡潔,如下圖所示。

```python
# 獲取用戶輸入的 n 值
n = int(input("請輸入一個正整數 n: "))

# 使用公式計算從 1 到 n 的和
total_sum = n * (n + 1) // 2

# 輸出結果
print(f"從 1 到 {n} 的和是: {total_sum}")
```

簡化邏輯、減少重複

如果一個程式碼的邏輯很複雜，除了會造成難以閱讀與理解外，也容易出現錯誤和漏洞，為了提高程式碼的可讀性及維護的效率，我們需要優化及改良程式的邏輯，使其更加簡單易懂。以下為「計算平均值」的程式碼經過重構前後的差別。

重構前

我們自行輸入程式碼，使用基本的迴圈和變數來計算傳入 numbers 串列的平均值，透過每一次的「累加」與「加 1」的操作來計算總和與元素的個數，最後將總和除以個數得到平均值，如下所示。

```
numbers = [5, 10, 15, 20, 25]    # 你可以換成你自己的數據
total = 0
count = 0
for number in numbers:
    total += number    # 將數字加入總和
    count += 1         # 計算元素的個數
if count > 0:
    average = total / count
    print("平均值是：", average)
else:
    print("列表為空，無法計算平均值。")
```

重構後

讓 ChatGPT 重構後，會發現使用了內建函式 sum() 和 len() 來計算串列的總和跟個數，然後相除得到平均值，這樣就能夠簡化邏輯，減少重複的程式碼，使之更加易於閱讀和理解。

> **提示詞**
> 重構程式、簡化邏輯

```
1   numbers = [5, 10, 15, 20, 25]  # 你可以換成你自己的數據

    # 使用內建函數來簡化總和和計算個數
    if numbers:
        total = sum(numbers)
        count = len(numbers)
        average = total / count
        print("平均值是:", average)
    else:
        print("列表為空，無法計算平均值。")
```

使用「程式碼審查」功能

可以使用「程式碼審查」功能，請 ChatGPT 提供建議、重構並優化程式碼。

step 01 首先使用「生成一個 Python 程式，求三位數的阿姆斯壯數」的提示語，讓 ChatGPT 產生相關的程式碼 (實際呈現的結果畫面可能會有所差異)。

> **提示詞**
>
> **/畫布**
> 生成一個 Python 程式，求三位數的阿姆斯壯數

step 02 點選「**程式碼審查**」並按下 ⬆ 送出，讓 ChatGPT 重構並優化程式碼。若無出現畫布模式，可以按下程式碼視窗的右上角「編輯」進入畫布。

```
1   # 阿姆斯壯數，又稱為自戀數，是指一個數字，其每個數字的立方和等於該數字本身。
    # 這個程式計算所有三位數的阿姆斯壯數。

    def is_armstrong(number):
        """
        檢查一個數字是否為阿姆斯壯數。
        """
        digits = [int(d) for d in str(number)]
        return sum(d**3 for d in digits) == number

    # 找出所有三位數的阿姆斯壯數
    armstrong_numbers = []
    for num in range(100, 1000):
        if is_armstrong(num):
            armstrong_numbers.append(num)

    print("三位數的阿姆斯壯數:", armstrong_numbers)
```

step 03 若無中文說明，可自行輸入 "中文程式碼審查"。接著，右邊就會列出修改建議，可以點選每個建議，會以深色顯示對應的程式碼，按下『申請』即可進行修正，可以逐一查看所有建議並進行修改。

> **提示詞**
>
> 中文程式碼審查

```python
# 阿姆斯壯數，又稱為自戀數，是指一個數字，其個數字的立方和等於該數字本身。
# 這個程式計算所有三位數的阿姆斯壯數。

def is_armstrong(number):
    """
    檢查一個數字是否為阿姆斯壯數。
    """
    digits = [int(d) for d in str(number)]
    return sum(d**3 for d in digits) == number

# 找出所有三位數的阿姆斯壯數
armstrong_numbers = []
for num in range(100, 1000):
    if is_armstrong(num):
        armstrong_numbers.append(num)
```

ChatGPT：可以檢查 'number' 是否為正整數，以提高函數的健壯性，避免非預期輸入。

step 04 底下為已完成的程式碼，程式碼經過優化後變得更易閱讀且模組化。

```python
# 阿姆斯壯數，又稱為自戀數，是指一個數字，其個數字的立方和等於該數字本身。
# 這個程式計算所有三位數的阿姆斯壯數。

def is_armstrong(number):
    """
    檢查一個數字是否為阿姆斯壯數。
    """
    digits = [int(d) for d in str(number)]
    return sum(d**3 for d in digits) == number

# 找出所有三位數的阿姆斯壯數
armstrong_numbers = []
for num in range(100, 1000):
```

step 05 您可以按一下右上角的跑程式碼按鈕，即可在下方的控制台中看到輸出結果。

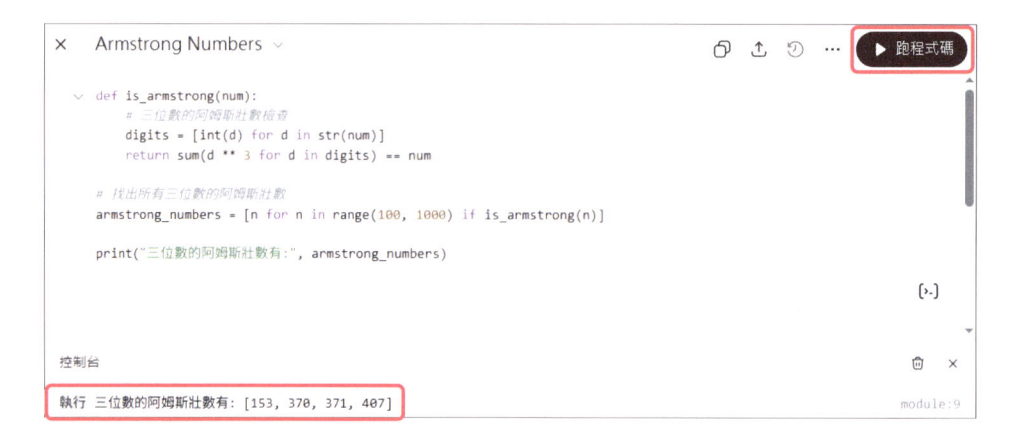

```
def is_armstrong(num):
    # 三位數的阿姆斯壯數檢查
    digits = [int(d) for d in str(num)]
    return sum(d ** 3 for d in digits) == num

# 找出所有三位數的阿姆斯壯數
armstrong_numbers = [n for n in range(100, 1000) if is_armstrong(n)]

print("三位數的阿姆斯壯數有:", armstrong_numbers)
```

控制台

執行 三位數的阿姆斯壯數有: [153, 370, 371, 407]

　　當我們希望 ChatGPT 幫助進行程式碼重構時，應該先測試程式，確保沒有問題後，再使用類似「重構程式」、「程式碼重構」的提示語或使用「程式碼評論」，讓 ChatGPT 根據程式碼進行自動化的重構。另外，也可以在提示文字後加上「提高效率」、「提高可讀性」等提示，讓 ChatGPT 根據特定的需求進行重構及優化。

控制台執行與錯誤修復

step 01 Canvas 程式的執行結果會顯示於「**控制台**」中，由於控制台目前不支援使用者輸入內容，若程式中包含輸入指令，將產生 I/O error。例如，兩數相加的程式若需使用者輸入數字，可能出現如下圖的錯誤。

```
# 簡單的 Python 程式來計算兩個整數的和

# 提示使用者輸入第一個整數
num1 = int(input("請輸入第一個整數: "))

# 提示使用者輸入第二個整數
num2 = int(input("請輸入第二個整數: "))

# 計算兩數的和
sum_result = num1 + num2

# 顯示結果
print(f"兩數之和為: {sum_result}")
```

控制台

執行 OSError: [Errno 29] I/O error

> **TIP**
> 若控制台的畫面空白超過 30 秒, 表示伺服器可能正在處理其他請求, 請稍後再試。

step 02 當程式出現錯誤時, 您可以點選下方紅框所標示的區域進行偵錯, 接著按下虛框內的「**修復錯誤**」按鈕, 即可讓 ChatGPT 自動修正程式碼。

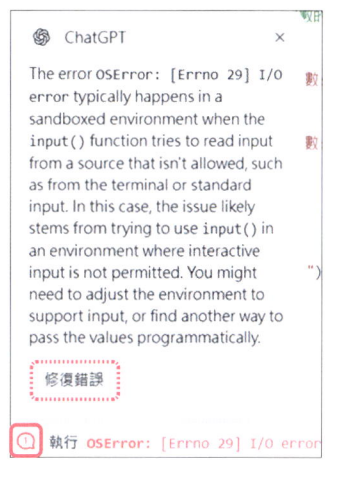

step 03 由於目前控制台不提供輸入功能, 因此 ChatGPT 會直接在程式碼中預先設定變數值 (此處為 4 組), 來模擬程式的執行結果, 刪除掉原來要使用者輸入數字的程式碼。

生成網頁遊戲

step 01 透過輸入類似「請生成 2048 的網頁遊戲」的提示語,系統將生成一個 2048 的網頁遊戲,您可以按下「**預覽**」按鈕,來模擬遊戲的執行結果。

> **TIP**
> 此遊戲是透過方向鍵移動矩陣內方塊,讓數字相同的方塊加總,一直加到 2048 的益智遊戲。

step 02 您也可以直接點選上圖**編輯**鈕開啟整個畫布,再點選「**預覽**」,也可以模擬遊戲的執行結果。

9-16

step 03 接下來請照著下面的步驟做, 不然遊戲可能會不能玩喔!

- 點一下下面紅色框框的地方。

- 用鍵盤的上下左右鍵玩玩看, 檢查遊戲能不能正常運作 (數字方塊有沒有變化)。

- 如果遇到程式錯誤, 可以看看「**控制台執行與錯誤修復**」的說明。

- 當程式碼本身沒有錯誤, 但遊戲功能出現問題時, 您可以透過提供如「方向鍵沒反應」、「不能玩」、「上下鍵功能相反」等明確的提示語, 引導 ChatGPT 進行修正。

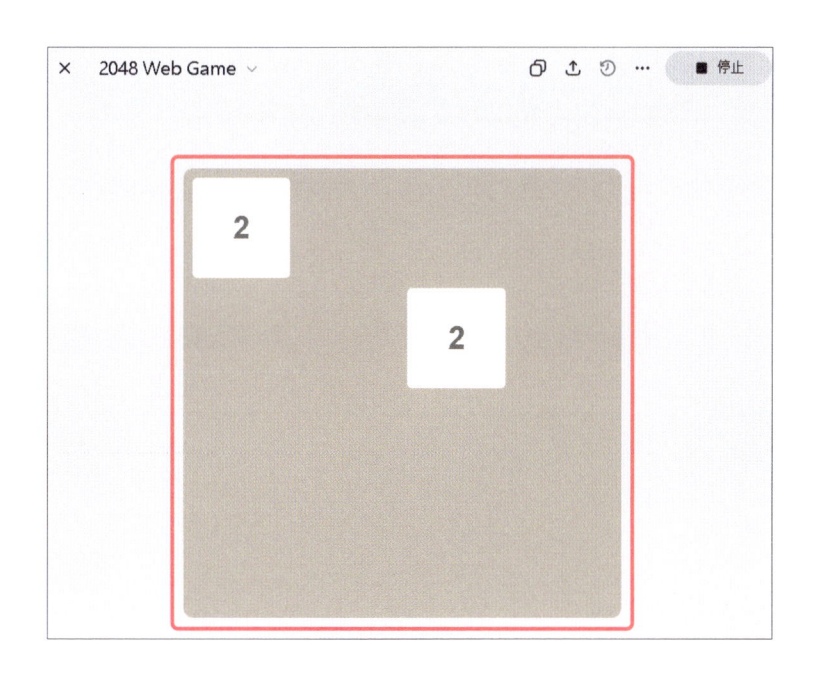

如果遊戲玩起來沒問題, 可以考慮加入網路上的背景音樂或音效, 增加遊戲趣味性。例如, 您可以嘗試提示 ChatGPT「**加入網路上的移動音效**」來增強特效、「**增加計分**」來提升成就感, 或「**限時 1 分鐘**」來增加挑戰性。這部分就留給讀者自行來嘗試囉!

9-3 註解

註解在電腦程式中是不被執行的文字，它們用於解釋程式碼以便日後自己回憶設計過程，或讓其他開發者能夠更容易理解和維護。如果需要為某段或全部程式碼加上註解，可以使用類似『幫忙加註解』或『加上詳細註解』的提示文字，讓 ChatGPT 產生相應的註解，底下是常見的作法。

程式註解

Python 的程式註解通常使用「#」符號來表示，符號後面的文字都會被視為註解。

step 01 我們先讓 ChatGPT 生成沒有註解的終極密碼遊戲的程式，稍後再比較一下差異(每個人產生的程式碼不一定會相同)。

> **提示詞**
>
> /畫布
> 生成一個終極密碼遊戲的程式，不要註解和 def，不要管輸入錯誤。

```python
import random

lower_bound = 1
upper_bound = 100
secret_number = random.randint(lower_bound, upper_bound)
found = False

print(f"歡迎來到終極密碼遊戲！請在 {lower_bound} 到 {upper_bound} 之間猜一個數字！")

while not found:
    guess = int(input(f"請輸入一個在 {lower_bound} 到 {upper_bound} 之間的數字："))
    if guess == secret_number:
        print("恭喜你！猜對了！")
        found = True
    elif guess < secret_number:
        lower_bound = guess + 1
        print("太小了，請猜大一點！")
    else:
        upper_bound = guess - 1
        print("太大了，請猜小一點！")
```

step 02 接著可以點選上圖的「新增評論」，讓 ChatGPT 生成完整的註解，方便日後的閱讀與維護，是不是超讚的？

```python
import random

# 設定初始的猜測範圍下限和上限
lower_bound = 1
upper_bound = 100

# 隨機生成一個在下限和上限之間的秘密數字
secret_number = random.randint(lower_bound, upper_bound)

# 用於標記是否找到秘密數字的變數，初始設為 False
found = False

# 打印遊戲開始的歡迎詞，並提示猜測範圍
print(f"歡迎來到終極密碼遊戲！請在 {lower_bound} 到 {upper_bound} 之間猜一個數字！")

# 使用 while 迴圈進行不斷的猜測，直到找到正確的數字為止
while not found:
    # 提示使用者輸入一個在當前下限和上限之間的數字
    guess = int(input(f"請輸入一個在 {lower_bound} 到 {upper_bound} 之間的數字："))

    # 判斷使用者的猜測是否等於秘密數字
    if guess == secret_number:
        # 如果猜對了，打印恭喜的訊息，並將 found 設置為 True，結束迴圈
        print("恭喜你！猜對了！")
        found = True
    # 如果猜測的數字小於秘密數字
    elif guess < secret_number:
        # 更新猜測範圍的下限為猜測數字的下一個數字，因為猜測的數字太小了
        lower_bound = guess + 1
```

— TIP —

也可以在左邊使用「加上詳細註解」提示語，也有相同的效果。

使用 docstrings 註解

使用 docstrings 註解是一種特殊的字串，通常以三個單引號 (''') 或雙引號 (""") 括住註解文字的前後，這種註解用於描述函數的使用方式、參數、回傳值等資訊，並且會放在程式碼的開頭、結束處或特定函式之前。透過 docstrings，開發人員可以更容易地理解程式碼的功能和用途。

step 01 以下是「一個兩數相加的函式，沒有註解」的程式碼，請 ChatGPT 幫忙產生完整的說明：

> **提示詞**
>
> 使用 docstrings 註解
>
> def add_numbers(a, b):
>
>   return a + b
>
> 　　可置換其他程式碼

step 02 補上說明後，就能夠清楚地知道這個函式接受哪些參數、返回什麼結果，進而更容易理解這個函式的作用。

```
 1  def add_numbers(a, b):
 2      """
 3      此函數用於計算兩個輸入數字的總和。
 4
 5      參數：
 6      a (int/float)：第一個數字。
 7      b (int/float)：第二個數字。
 8
 9      返回：
10      int/float：兩個數字的總和。
11      """
12      return a + b
13
```

TIP 如果實際生成的是英文註解，可以在後面補上「繁體中文」即可。

　　一般程式註解，我們可以使用「新增評論」的功能；但如果是針對函式的註解，建議輸入「使用 docstrings 註解」提示語的做法，以生成更完整的程式說明。

9-4　程式除錯

　　當寫好的程式測試執行時，可能會出現各種問題，例如：程式執行錯誤、程式當掉卡住、輸出不是我們要的結果⋯等，此時我們需要找出其中的問題並修復它，這個過程就叫做「Debug」，中文翻譯為「除錯」或「偵錯」。

一般而言程式的錯誤分為「語法錯誤」與「邏輯錯誤」兩種：

- **語法錯誤** (Syntax Error)：是指程式碼有錯無法被直譯器或編譯器正確解析，通常是因為指令打錯、資料型態不對、缺少括號、冒號或引號…等。

- **邏輯錯誤** (Logical Error)：是指程式可以正常運作，但是執行結果與預期不符合，通常是因為程式邏輯有誤或者演算法有問題…等。

修正語法錯誤

這類錯誤只要將程式碼當作提示語提供給 ChatGPT，它會自動找出錯誤的地方並進行修復，如下所示，根據原始程式提出建議及修正後的程式碼。

```
sum = 0
for i in range(1, 101)    ← 原先這裡少一個冒號
    sum += i
print("1 累加到 100 的結果是:", sum)
```

↓ 直接丟給 ChatGPT

你的程式碼有一些小錯誤，我來幫你修正：

修正後的程式碼如下：

```python
sum = 0           ← 自動補上冒號了
for i in range(1, 101):    # 這裡需要加上冒號 ":"
    sum += i
print("1 累加到 100 的結果是:", sum)
```

9-21

修正邏輯錯誤

這種類型的程式錯誤通常需要透過執行程式,並觀察結果或錯誤訊息來找出問題所在,一般初學者可能不容易進行除錯。當我們無法找到問題點時,可以請 ChatGPT 幫忙分析錯誤原因,並提供解決方案。

為了讓 ChatGPT 可以掌握狀況,你需要描述『執行狀況』並提供『錯誤訊息』給 ChatGPT,請其協助除錯,以下我們會舉例示範,同時也說明如何善用『修復錯誤』與『新增評論』的功能。

提供「執行狀況」

以 9-1 節開頭生成計算兩個整數和的程式,我們也可以選擇跟 ChatGPT 描述出錯的狀況,請它分析錯誤原因,並提供修正建議。

> **提示詞**
> 輸入非數字資料會錯誤

```python
1   # 這個程式會請你輸入兩個整數,然後計算它們的和
2
3   try:
4       # 請使用者輸入第一個整數
5       num1 = int(input("請輸入第一個整數: "))
6       # 請使用者輸入第二個整數
7       num2 = int(input("請輸入第二個整數: "))
8
9       # 計算兩個整數的和
10      total = num1 + num2
11
12      # 打印結果
13      print("兩個整數的和是:", total)
14
15  except ValueError:
16      print("輸入錯誤,請確保輸入的是整數。")
17
```

(直接修改程式碼,提供解決方案)

提供「錯誤訊息」

如果您是在 Python 編輯器 (如 Google Colab) 上執行同一支程式, 在輸入 "a" 進行測試時, 應該就會出錯。這時可以直接將執行時的錯誤訊息提供給 ChatGPT , 讓它分析錯誤原因, 並提供修正建議, 如下圖所示。

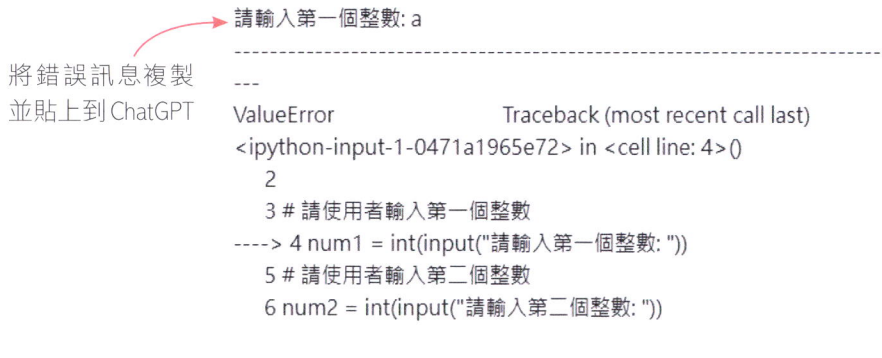

將錯誤訊息複製並貼上到 ChatGPT

```
請輸入第一個整數: a
---------------------------------------------------------------------------
ValueError                                Traceback (most recent call last)
<ipython-input-1-0471a1965e72> in <cell line: 4>()
      2
      3 # 請使用者輸入第一個整數
----> 4 num1 = int(input("請輸入第一個整數: "))
      5 # 請使用者輸入第二個整數
      6 num2 = int(input("請輸入第二個整數: "))

ValueError: invalid literal for int() with base 10: 'a'
```

當使用者輸入無效的整數（例如字母）時, ValueError 會被觸發, 你可以使用 try...except 來處理這個錯誤。以下是修改後的程式碼, 其中使用了 try...except 來確保輸入的都是有效的整數。

```
Input Integer Error Handling

try:
    # 請使用者輸入第一個整數
    num1 = int(input("請輸入第一個整數: "))
    # 請使用者輸入第二個整數
    num2 = int(input("請輸入第二個整數: "))
    # 顯示兩個整數的和
    print(f"兩個整數的和是: {num1 + num2}")
except ValueError:
    print("輸入無效, 請確保輸入的是整數。")
```

這樣的寫法可以確保當使用者輸入無效的值時, 不會導致程式崩潰, 而是顯示一個友好的提示訊息。如果你需要進一步的修改或擴充功能, 請告訴我。

使用「修復錯誤」功能

撰寫程式碼後 (如 9-1 節開頭開啟畫布生成計算兩個整數和的程式)，可以點選「修復錯誤」並按下 ⬆，讓 ChatGPT 自動檢測並修正遺漏或有問題的部分。

```python
try:
    # 請使用者輸入第一個整數
    num1 = int(input("請輸入第一個整數: "))
    # 請使用者輸入第二個整數
    num2 = int(input("請輸入第二個整數: "))

    # 計算兩個整數的和
    total = num1 + num2

    # 打印結果
    print("兩個整數的和是:", total)

except ValueError:
    print("輸入錯誤，請確保輸入的是整數。")
```

自動修正潛在的錯誤 → 修復錯誤

使用「新增記錄檔」功能

step 01 新增記錄檔會幫助你除錯並追蹤程式碼的執行情況。首先撰寫 1 累加到 10 的程式碼，並「開啟畫布」。

> **提示詞**
> sum = 0
> for i in range(1, 10):
>   sum += i
> print(sum)
> 開啟畫布

step 02 然後點選「新增記錄檔」並送出，即會透過加入 print 語法協助除錯。

```
1    sum = 0
2    print("Initial sum:", sum)
3    for i in range(1, 10):
4        print("Current value of i:", i)
5        sum += i
6        print("Updated sum:", sum)
7    print("Final sum:", sum)
```

step 03 使用「執行結果」的提示語，透過執行結果會發現未加到 10，問題出在程式碼中 range(1, 10) 應該要改成 range(1, 11)，或者也可以再次提示："這段程式碼是計算 1 加到 10 的總和"，就會將如下圖紅色框修改。

提示詞

執行結果
⬇
這段程式碼是計算 1 加到 10 的總和

這是執行結果：

yaml

```
Initial sum: 0
Current value of i: 1
Updated sum: 1
Current value of i: 2
Updated sum: 3
Current value of i: 3
Updated sum: 6
Current value of i: 4
```

```
1    sum = 0
     print("Initial sum:", sum)
     for i in range(1, 11):
         print("Current value of i:", i)
         sum += i
         print("Updated sum:", sum)
     print("Final sum:", sum)
```

```
Updated sum: 36
Current value of i: 9
Updated sum: 45
Final sum: 45
```

9-5 轉換語言與生成說明文件

每個程式語言都有其用途與特性，不過通常我們可能只熟悉某一種語言，這時就可以利用 ChatGPT 協助轉換程式語言，Canvas 模式就直接內建轉換語言的功能。

轉換語言

以下是 Canvas 模式目前支援轉換的程式語言，大致說明其特性與用途：

- **PHP**：是一種伺服器端程式語言，常用於開發動態網頁、網路服務。
- **C++**：具有高效性和靈活性特點，常用於開發系統軟體、遊戲、驅動程式。
- **Python**：具有易學易用的特性，常用於資料分析、網路爬蟲、機器學習應用。
- **JavaScript**：是一種客戶端腳本語言，常用於網頁應用開發、實現動態效果等。
- **TypeScript**：為開發大型應用程式而設計的，是 JavaScript 的延伸，常用於新世代的網頁框架。
- **Java**：具有跨平台性和可移植性特點，常用於開發網路應用、手機程式。

我們可以使用「**翻譯成其他語言**」的功能，再選取想要轉換的程式語言，再按下 ⬆，來讓 ChatGPT 進行不同程式語言的轉換。以下是「計算兩個整數和」的 Python 程式碼範例，並將其轉換為其他語言的程式碼供大家參考：

9-26

原始 Python 的程式碼：

```python
num1 = int(input("請輸入第一個整數: "))
num2 = int(input("請輸入第二個整數: "))
sum_result = num1 + num2
print("兩個整數的和是:", sum_result)
```

Java

```java
import java.util.Scanner;

public class SumTwoIntegers {
    public static void main(String[] args) {
        Scanner scanner = new Scanner(System.in);

        System.out.print("請輸入第一個整數: ");
        int num1 = scanner.nextInt();

        System.out.print("請輸入第二個整數: ");
        int num2 = scanner.nextInt();

        int sumResult = num1 + num2;

        System.out.println("兩個整數的和是: " + sumResult);

        scanner.close();
    }
}
```

C++

```cpp
Sum Two Integers Cpp

int main() {
    int num1, num2;

    std::cout << "請輸入第一個整數: ";
    std::cin >> num1;

    std::cout << "請輸入第二個整數: ";
    std::cin >> num2;

    int sumResult = num1 + num2;

    std::cout << "兩個整數的和是: " << sumResult << std::endl;

    return 0;
}
```

PHP

```php
Sum Two Integers Php

<?php

echo "請輸入第一個整數: ";
$num1 = (int)trim(fgets(STDIN));

echo "請輸入第二個整數: ";
$num2 = (int)trim(fgets(STDIN));

$sumResult = $num1 + $num2;

echo "兩個整數的和是: " . $sumResult . "\n";

?>
```

JavaScript

```javascript
Sum Two Integers Js

const rl = readline.createInterface({
    input: process.stdin,
    output: process.stdout
});

rl.question('請輸入第一個整數: ', (input1) => {
    const num1 = parseInt(input1);

    rl.question('請輸入第二個整數: ', (input2) => {
        const num2 = parseInt(input2);
```

→ 接下頁

```
        const sumResult = num1 + num2;
        console.log('兩個整數的和是: ' + sumResult);

        rl.close();
    });
});
```

TypeScript

```typescript
const rl = readline.createInterface({
    input: process.stdin,
    output: process.stdout
});

rl.question('請輸入第一個整數: ', (input1: string) => {
    const num1: number = parseInt(input1);

    rl.question('請輸入第二個整數: ', (input2: string) => {
        const num2: number = parseInt(input2);

        const sumResult: number = num1 + num2;
        console.log('兩個整數的和是: ' + sumResult);

        rl.close();
    });
});
```

　　實際轉換後可以貼到各程式語言的開發工具中執行看看，此處程式邏輯很單純通常不會出錯，如果是比較複雜的程式也許會有錯誤訊息，這時再利用前面提過的除錯技巧，讓 ChatGPT 幫你找出問題就可以了。

生成說明文件

　　程式的說明文件類似於產品說明書的形式，其主要目的是為了協助其他開發者或使用者更好地理解系統。ChatGPT 提供了 Markdown 標記語言，可以快速編寫出具有結構化的文件，而這種語言也被廣泛應用於編寫說明文件、發表訊息、論文…等多種場合。為了生成具有良好可讀性的說明文件，可以使用類似「請用 Markdown 生成說明文件」的提示文字，讓 ChatGPT 自動產生說明文件。

我們使用前面「輸入並計算兩個整數和」的例子，讓 ChatGPT 生成說明文件，如下圖所示。

> **提示詞**
>
> 請用 Markdown 生成說明文件

2048 Game Documentation　　　　　　　　　　　　複製　編輯　下載

2048 網頁遊戲說明文件

1. 簡介

2048 是一款經典的數字拼圖遊戲，玩家需要將相同數字的方塊合併，最終目標是得到 2048 方塊。本遊戲使用純 HTML、CSS 和 JavaScript 實現，可直接在瀏覽器中運行。

2. 遊戲目標

將相同數字的方塊合併，創建 2048 方塊。玩家可以透過上下左右方向鍵移動所有方塊。

3. 操作說明

- 方向鍵：
  - ↑ 上移方塊
  - ← 左移方塊
  - → 右移方塊

4. 遊戲規則

1. 初始遊戲盤為 4x4 方格，隨機生成兩個數字方塊（2 或 4）。
2. 每次按方向鍵，所有方塊向該方向移動，並且相同數字的方塊合併為它們的總和。
3. 每次移動後，隨機生成一個新的方塊（2 或 4）。
4. 當無法再移動任何方塊時，遊戲結束。

當您完成程式除錯把「語法或邏輯」的錯誤都解決後，為了讓日後的開發人員更容易接手，建議使用 Markdown 製作程式碼的說明文件。Markdown 是一種輕量級的標記語言，可以幫助您清晰明瞭地呈現程式碼的功能、使用方式及注意事項。

9-6 用 GPT 機器人生成中文流程圖

第 7 章介紹過不少好用的 GPT 機器人, 其中也包含可以幫我們繪製流程圖的機器人可以使用。請開啟「探索 GPT」功能, 然後依照以下步驟來生成程式的邏輯流程圖。

step 01 進入探索 GPT 畫面後, 點選**工作效率**或拉曳到下方的 Productivity 區, 然後點選 ShowMe 機器人 (名稱很長, 請認明最後是 <ShowMe>)。

— TIP —

雖然可以用搜尋功能, 但很容易誤認為其他同類型但不太好用的 GPT。

step 02 再次認明名稱和作者都沒錯, 然後按下開始交談進入即可。

9-31

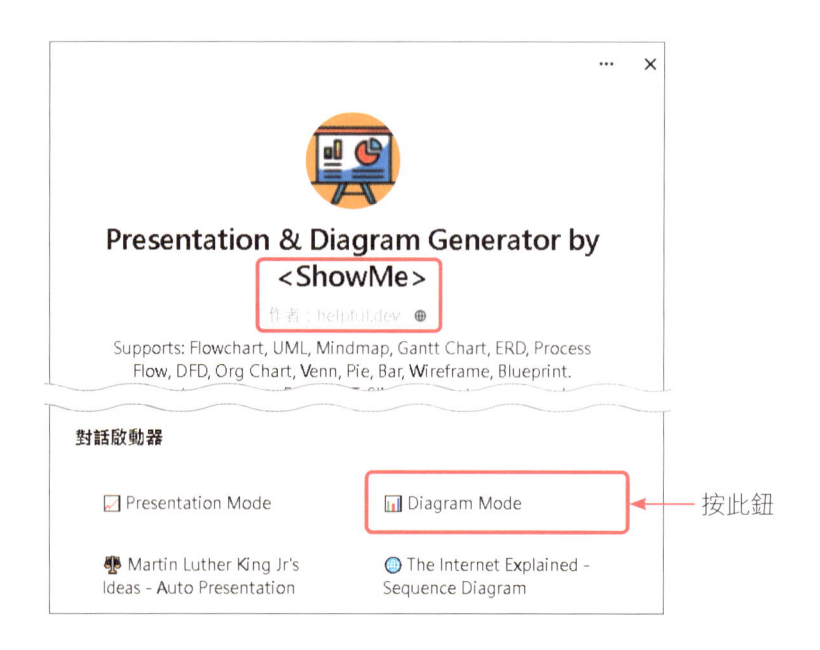

Presentation & Diagram Generator by
<ShowMe>

作者：helpful.dev

Supports: Flowchart, UML, Mindmap, Gantt Chart, ERD, Process Flow, DFD, Org Chart, Venn, Pie, Bar, Wireframe, Blueprint.

對話啟動器

📊 Presentation Mode　　📊 Diagram Mode　← 按此鈕

⚖️ Martin Luther King Jr's　🌐 The Internet Explained -
Ideas - Auto Presentation　Sequence Diagram

step 03 接著就可以直接輸入程式碼，並要求繪製流程圖，此處先以前面生成的 1 到 10 累加程式碼來測試。

> **提示詞**
>
> 請繪製以下程式的流程圖
> ```
> sum = 0
> for i in range(1, 11):
>     sum += i
> print(sum)
> ```
> 可置換其他程式碼

step 04 通常預設都會生成英文的流程圖，如果需要中文的話，請接著要求加上繁體中文：

> **提示詞**
>
> 請加上繁體中文, 中英文分兩行

▲ 英文流程圖

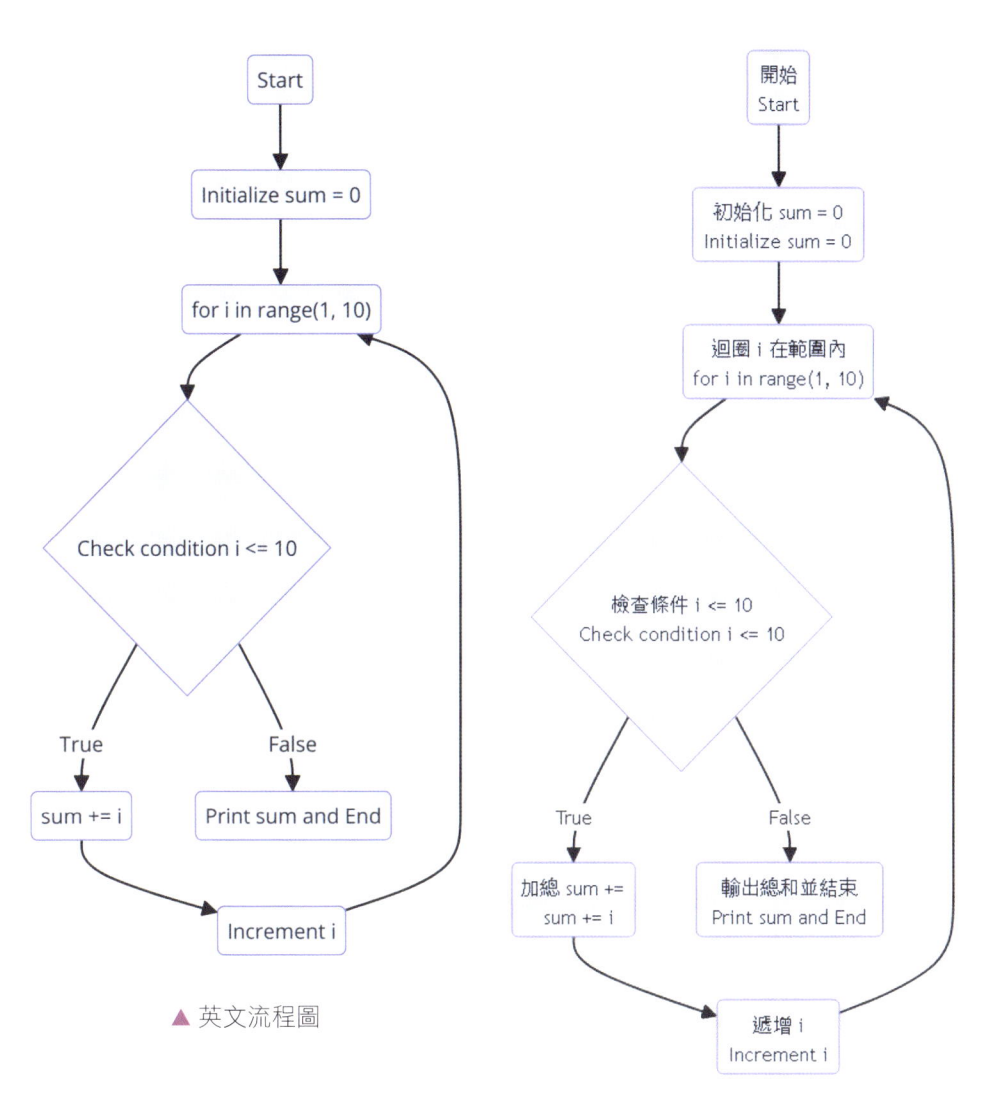

▲ 中英文雙語流程圖

> **TIP**
>
> 此處若直接繪製繁體中文流程圖，通常無法完整顯示內容，測試後用兩階段顯示成雙語流程圖的效果最好。如果繪製結果還是不理想，可以開一個全新的 Show Me 機器人再試試看。

9-7 實戰 1：股市爬蟲程式

投資理財可早日實現退休生活，但需注意風險與操作方法，保守型投資者可尋找殖利率不錯的股票來投資。我們這次想帶領大家來利用 ChatGPT 製作網路爬蟲，幫忙列出殖利率大於 5% 的股票，作為投資的參考，過程如下：

step 01 使用類似以下的提示語，讓 ChatGPT 告訴我們網址，如下圖所示。

> **TIP**
> 加上 "不要 openai" 的原因是它需要付費申請金鑰才能使用。而加入 "不要搜尋" 是要避免搜尋到不合用的資訊。

提示詞

請給我台灣證券交易所查詢股票殖利率 json 格式的網址，不要 openai，不要搜尋

當然可以！台灣證券交易所提供的公開資訊觀測站上可以查詢各項財務資訊，其中也包括股票的殖利率資料。以下是提供查詢台灣股票相關財務數據的 API 的 JSON 格式網址。請注意，這些 API 通常是根據 HTTP 查詢參數來獲取資料的。

台灣證券交易所的公開 API 通常透過公開資訊觀測站的頁面來提供查詢。以下是查詢股票殖利率的網址範例：

台灣證券交易所 殖利率資料查詢 JSON API：

url

```
https://www.twse.com.tw/exchangeReport/BWIBBU_d?response=json&date=YYYYMMDD&selectType=ALL
```

---

step 02 當點選 step 01 中的網址後，我們可以發現在網址中，問號以後的參數其實是選擇性的，只需要問號前的網址 (紅色框處) 即可查看股票的資料。

TIP

若回覆內容沒有出現可以查到股票殖利率的網址，通常只要再問 1~2 次就會出現了。有時也會直接給完整的程式碼，不過通常沒辦法直接使用，因此要再進行以下步驟。

step 03 使用類似以下的提示語，請 ChatGPT 幫忙生成程式碼：

提示詞

請寫一個程式抓取 https://www.twse.com.tw/exchangeReport/ BWIBBU_d

列出殖利率大於 5% 的股票，不要加日期

Twse Yield Scraper ▶ 跑程式碼

```python
import requests
import pandas as pd

def fetch_high_yield_stocks():
    url = "https://www.twse.com.tw/exchangeReport/BWIBBU_d?response=json&selectType=ALL"
    headers = {
        "User-Agent": "Mozilla/5.0 (Windows NT 10.0; Win64; x64) AppleWebKit/537.36 (KHTML, like Gecko) Chrome/58.0.3029.110 Safari/537.3"
    }

    response = requests.get(url, headers=headers)
    data = response.json()

    if data['stat'] != 'OK':
        print("Failed to fetch data.")
        return

    # 將資料轉換為 DataFrame
    columns = data['fields']
    rows = data['data']
    df = pd.DataFrame(rows, columns=columns)

    # 轉換殖利率欄位為浮點數型別並篩選出大於5%的股票
    df['殖利率(%)'] = pd.to_numeric(df['殖利率(%)'], errors='coerce')
    high_yield_stocks = df[df['殖利率(%)'] > 5]

    # 顯示結果
    pd.set_option('display.max_rows', None)  # 顯示所有列
    print(high_yield_stocks[['證券代號', '證券名稱', '殖利率(%)']])
```

step 04 點選 📋 複製程式碼到 Colab 貼上並執行, 此時殖利率大於 5% 的股票代號及名稱就會顯示出來。

	證券代號	證券名稱	殖利率(%)
3	1104	環泥	6.59
4	1108	幸福	6.87
5	1109	信大	6.49
11	1215	卜蜂	5.68
38	1315	達新	7.08
48	1339	昭輝	5.03
50	1341	富林-KY	6.47
51	1342	八貫	6.10
65	1436	華友聯	5.38
71	1442	名軒	5.41
74	1445	大宇	13.77
84	1457	宜進	7.73
123	1535	中宇	5.16
135	1583	程泰	6.40
142	1604	聲寶	5.28
147	1612	宏泰	5.89
160	1712	興農	6.67

TIP 若執行結果有誤, 請確認資料欄位是否正確。

step 05 我們可以回到 ChatGPT 使用「將輸出結果表格化」的提示語來獲得漂亮的輸出結果, ChatGPT 會在輸出的部分改用表格方式呈現。

提示詞

請將輸出結果表格化

Fetch High Yield Stocks

```python
import requests
import pandas as pd
import json
from tabulate import tabulate

def fetch_high_yield_stocks():
    url = 'https://www.twse.com.tw/exchangeReport/BWIBBU_d?response=json'
    try:
        # 送出 HTTP GET 請求
        response = requests.get(url)
        response.raise_for_status()
        data = response.json()

        # 確認是否有回傳正確的資料
        if data['stat'] != 'OK':
            print('資料取得失敗:', data['stat'])
            return

        # 把資料轉換成 DataFrame
        columns = data['fields']
```

```
        rows = data['data']
        df = pd.DataFrame(rows, columns=columns)

        # 轉換「殖利率(%)」欄位為數字格式,以便過濾
        df['殖利率(%)'] = pd.to_numeric(df['殖利率(%)'], errors='coerce')

        # 篩選出殖利率大於5%的股票
        high_yield_stocks = df[df['殖利率(%)'] > 5.0]

        # 列出符合條件的股票
        if high_yield_stocks.empty:
            print('目前沒有殖利率大於5%的股票')
        else:
            print('殖利率大於5%的股票如下:')
            print(tabulate(high_yield_stocks[['證券代號', '證券名稱', '殖利率(%)']], headers='keys', tablefmt='grid'))
    except requests.exceptions.RequestException as e:
        print('無法取得資料:', e)

if __name__ == '__main__':
    fetch_high_yield_stocks()
```

step 06 接著再次將生成的程式碼複製到 Colab 貼上並執行,此時您會發現 ChatGPT 已經幫我們使用了 tabulate 套件,將輸出結果以表格形式呈現。

	證券代號	證券名稱	殖利率(%)
3	1104	環泥	6.59
4	1108	幸福	6.87
5	1109	信大	6.49
11	1215	卜蜂	5.68
38	1315	達新	7.08
48	1339	昭輝	5.03
50	1341	富林-KY	6.47
51	1342	八貫	6.1
65	1436	華友聯	5.38

9-8 實戰 2:分析資料與建立圖表

在職場上或日常生活中,我們經常需要利用過往資料來探討各種問題,但好不容易收集到資料,卻還是對下一步該做什麼毫無頭緒。這時 ChatGPT 又可以派上用場了!我們不僅可以上傳資料,請它幫我們進行分析,也能進一步繪製各種視覺化圖表,掌握資料隱藏的趨勢走向。

生成測試用資料集

step 01 為了展示「分析資料與建立圖表」功能,我們先利用 ChatGPT 來產生學生成績資料及銷售業績等測試用的資料集,可類似下面這樣提問:

> **提示詞**
> 請亂數產生 30 筆學生「國文、英文、數學、社會、自然」五科成績,給我表格並提供下載。

step 02 生成後請點擊『**下載學生成績表**』連結,如下載的檔案為 CSV 格式,請按照後續 **step 05** 的說明處理。若想獲取不同的成績表,可以請 ChatGPT 重新生成。

學生五科成績表

		國文	英文	數學
1	學生1	51	92	14
2	學生2	20	82	86
3	學生3	87	99	23
4	學生4	52	1	87
5	學生5	1	63	59
6	學生6	75	57	21

我已為您生成包含30筆學生「國文、英文、數學、社會、自然」五科成績的表格。您可以下載此 Excel文件:下載學生成績表。如有其他需求,請告訴我![>-]

> **TIP**
> 如果未產生上述的表格畫面,而只有文字說明,請多試幾次重新生成。

9-38

step 03 接著我們還需要另一份銷售業績資料，同樣可以請 ChatGPT 生成：

> **提示詞**
>
> 請亂數產生30筆銷售業績資料，欄位包括姓名、地址、購買金額、身份、得知訊息的管道，請給表格並提供下載。

step 04 請點擊『**下載銷售業績資料**』連結，如下載的檔案為 CSV 格式，請按照下一步驟處理。

	姓名	地址	購買金額	身份
	銷售業績資料			
1	晏雅筑	329 橫山民族街880號之	3018.6	退休人士
2	余馨儀	62251 北港光明路45號之1	8944.06	學生
3	雷美琪	818 北港縣景美街590號	34444.33	學生
4	季淑玲	628 竹田市公園街48號4	15173.81	學生
5	譚雅萍	139 嘉義新北投街454號	2781.21	學生
6	余雅雯	20020	27376.46	上班族

我已經生成了30筆銷售業績資料，您可以透過以下連結下載表格：下載銷售業績資料。如果有其他需求，請告訴我！[>-]

step 05 下載的檔案若為 CSV 檔案格式，可以使用記事本將編碼另存成「使用 BOM 的 UTF-8」的檔案，才能在 EXCEL 開啟。

學生成績資料分析

請點選 ChatGPT 對話框中的 ＋ 加號圖示，選擇「從電腦上傳」，將學生成績資料上傳，同時使用「請分析資料，繁體中文回答」提示語進行資料分析。

> **提示詞**
> (先上傳前面 step 02 的學生成績表)
> 請分析資料，繁體中文回答

step 01 ChatGPT 就會解析欄位名稱及詢問您的需求 (注意：每個人得到的分析結果不一定相同，請自行檢視)。

9-40

各科成績分析總結

		平均分數	最高分	最低分
1	國文	50.03333333333333	100	1
2	英文	48.36666666666667	99	1
3	數學	48.3	98	2
4	社會	54.46666666666667	98	0
5	自然	45.9	100	1

我已經為您分析了各科的成績，您可以在上方看到每個科目的平均分數、最高分和最低分。

如果您需要進一步的詳細分析或對某些學生的具體表現進行比較，請告訴我！

step 02 我們想做一份成績單，可以使用「請計算全班同學的總分、平均及名次，以表格呈現」告訴 ChatGPT 進行處理。原始成績和資料和輸出結果如下。

提示詞

請計算全班同學的總分、平均及名次，以表格呈現

原始成績：

	A	B	C	D	E	F
1		國文	英文	數學	社會	自然
2	學生1	51	92	14	71	60
3	學生2	20	82	86	74	74
4	學生3	87	99	23	2	21
5	學生4	52	1	87	29	37
6	學生5	1	63	59	20	32
7	學生6	75	57	21	88	48
8	學生7	90	58	41	91	59
9	學生8	79	14	61	61	46
10	學生9	61	50	54	63	2
11	學生10	100	50	6	20	72
12	學生11	38	17	3	88	59
13	學生12	13	8	89	52	1
14	學生13	83	91	59	70	43
15	學生14	7	46	34	77	80
16	學生15	35	49	3	1	5

	A	B	C	D	E	F
16	學生15	35	49	3	1	5
17	學生16	53	3	53	92	62
18	學生17	17	89	43	33	73
19	學生18	61	99	13	94	47
20	學生19	14	71	77	86	61
21	學生20	39	84	79	81	52
22	學生21	23	25	88	59	40
23	學生22	28	14	44	64	88
24	學生23	70	8	87	0	7
25	學生24	87	62	10	80	7
26	學生25	34	34	32	4	40
27	學生26	27	6	72	71	11
28	學生27	33	32	47	22	61
29	學生28	87	36	98	43	85
30	學生29	90	34	64	98	100
31	學生30	46	77	2	0	4

若沒出現各科成績，可加入「含各科成績」

請計算全班同學的總分、平均及名次，以表格呈現

全班同學總分、平均及名次

		學生	國文	英文	數學	社會	自然	總分	平均分數	名次
1	28	學生29	90	34	64	98	100	386	77.2	1
2	27	學生28	87	36	98	43	85	349	69.8	2
3	12	學生13	83	91	59	70	43	346	69.2	3
4	6	學生7	90	58	41	91	59	339	67.8	4
5	1	學生2	20	82	86	74	74	336	67.2	5
6	19	學生20	39	84	79	81	52	335	67.0	6

圖中的欄寬可手動調窄

我已經為您計算並以表格形式顯示了每位同學的總分、平均分數及名次。請查看表格以了解詳細資訊。如果您有其他分析需求或需要進一步的數據處理，隨時告訴我！ [>-]

您也可以點選表格右上方的 ↓ 「下載 table」或 ↗ 「展開 table」，其中下載 table 的檔案為 CSV 格式，如前所述需要使用記事本將編碼另存成「使用 BOM 的 UTF-8」的檔案，才能在 EXCEL 開啟。

銷售業績資料分析

step 01 請點選上方的「✎ 新聊天」建立新的對話(避免跟上一個對話混淆)，再點選「**下方的 ＋ 加號圖示**」，把銷售業績資料上傳，同時使用「請分析資料，繁體中文回答」提示語進行資料分析。

提示詞
(先上傳前面 step 04 的銷售業績表)
請分析資料，繁體中文回答

step 02 ChatGPT 就會解析欄位名稱及詢問您的需求。注意：每個人得到的分析結果不一定相同，有時候會自動幫您深入分析欄位資料，甚至會生成統計圖表，下圖是我們選擇回應內容最少的畫面呈現。

> **TIP**
>
> 測試每個功能前，請先點選上方的「新聊天」建立新對話，以免之前對話影響，因為 ChatGPT 會記住前後文的內容。

根據您提供的銷售資料檔案，我已初步了解數據的結構。資料的欄位包括：

1. **姓名**：顧客的名字
2. **地址**：顧客的地址
3. **購買金額**：每次購買的金額
4. **身份**：顧客的身份（例如退休人士、學生）
5. **得知訊息的管道**：顧客得知產品或服務的來源，例如網路廣告、傳單廣告、社群媒體等

接下來，請告訴我您想要進行哪種具體的分析，例如：

- 顧客身份與購買金額之間的關聯性
- 不同廣告管道的效果
- 總購買金額的統計分析

這樣我可以為您提供更具體的分析結果。[>_]

step 03 如果分析的內容不是您想要的，也可以再告訴 ChatGPT 產生我們要的分析內容，例如：「請用圓餅圖呈現得知訊息的管道」來統計客戶得知訊息管道的比例。

提示詞
請用圓餅圖呈現得知訊息的管道

step 04 若中文無法顯示，可先至「https://bit.ly/cht-font」網址下載字型檔，再上傳「NotoSansMonoCJKtc-Regular.otf」給 ChatGPT，並使用『請重新繪製，顯示中文』提示詞重繪。

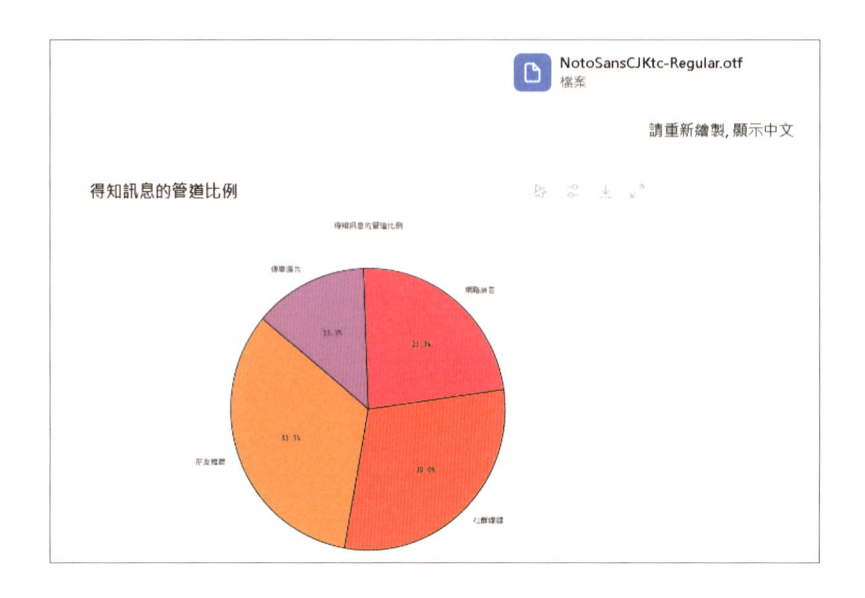

step 05 若想知道消費者身份與購買金額的關係，可以使「請用柱狀圖呈現購買金額與身份的關係」，讓 ChatGPT 自動幫您處理。您可以點選紅色框部分的「切換至互動式圖表 ⇄，下載 chart ⬇」或「展開 chart ⤢」。(其中下載 chart 的檔案格式為 .png)

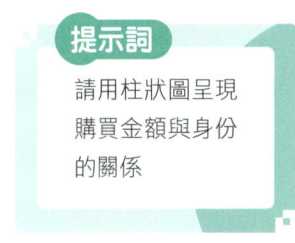

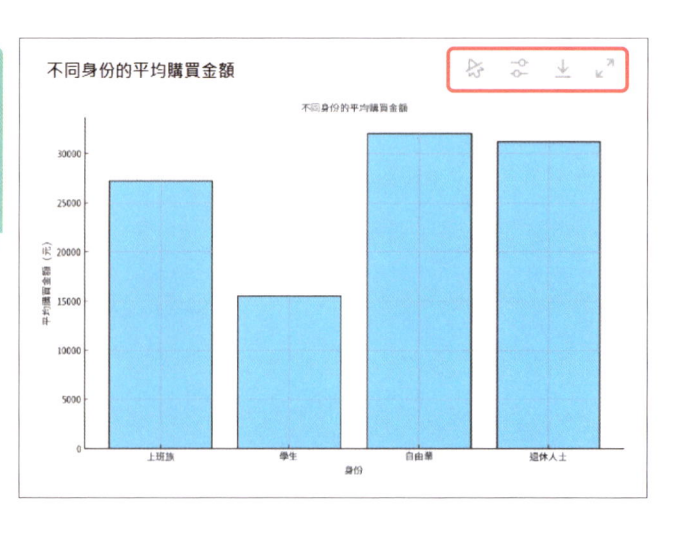

提示詞
請用柱狀圖呈現購買金額與身份的關係

step 06 點選右方的圖示 ,即可改變「資料集」的顏色。

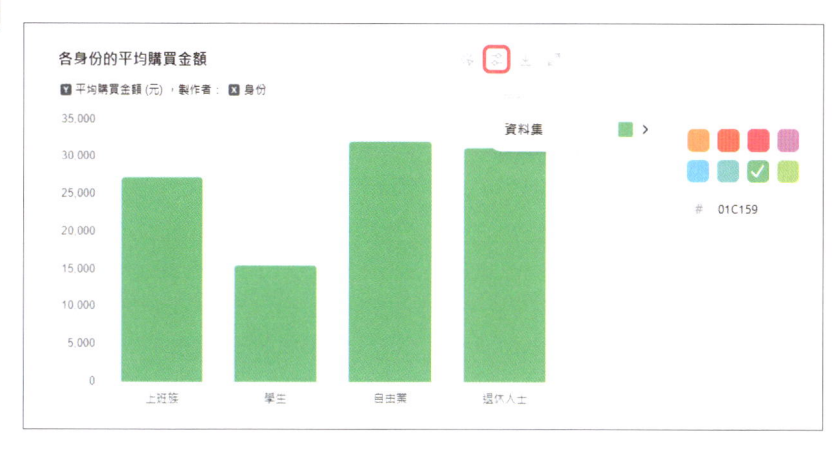

step 07 切換至互動式圖表後,將滑鼠懸停在不同的柱狀圖上,即可顯示平均購買金額,如下圖所示。再次點選「 」即可切換至靜態圖表。

結論

透過以上教學,我們了解到 ChatGPT 的 Canvas 畫布模式是一個強大且靈活的工具,整合了自然語言處理與程式碼執行的能力。使用者可以輕鬆進行檔案處理、資料分析、圖表生成,甚至前幾個小節的撰寫 Python 程式、進行除錯和優化、添加註解、轉換程式語言及生成說明文件等。ChatGPT 能協助我們完成各種任務,顯著提高工作效率,促進與 AI 的協同合作,讓開發流程更加順暢。

ChatGPT 自訂連接器功能

先前我們介紹過 Connector 連接器，可以讓 ChatGPT 透過連接器存取其他網路服務的內容。如果遇到內建連接器未支援的系統，例如公司內部系統、自行開發的工具或產業專用平台，就需要透過**自訂連接器**來整合，確保資料僅留在公司可控的環境中，更安全、也能符合法規。

對此，ChatGPT 其實有提供自訂連接器的功能，不過只開放給商務版和 Pro 版的管理者使用，透過 MCP 協定功能，可以指定讓 ChatGPT 存取其他網路服務，突破內建連接器的限制。此功能由於只開放給較高階的付費用戶，因此這裡只示範一下自訂連接器的效果，透過此功能讓**深入研究**功能存取 OpenAI 的向量儲存區。

首先要先自訂建立 MCP 伺服器，依照我們的需求，伺服器需要去抓取 OpenAI 的向量儲存區的檔案，並透過 MCP 協定提供檔案內容進行檢索。實際操作需要先在 OpenAI 的開發者平台上，新增一個向量儲存區，自訂名稱並記下向量 ID，然後再使用 Repit 網站提供的服務來建構 MCP 伺服器。相關操作步驟比較繁複，有興趣的讀者可參考本章作者所整理的操作步驟。

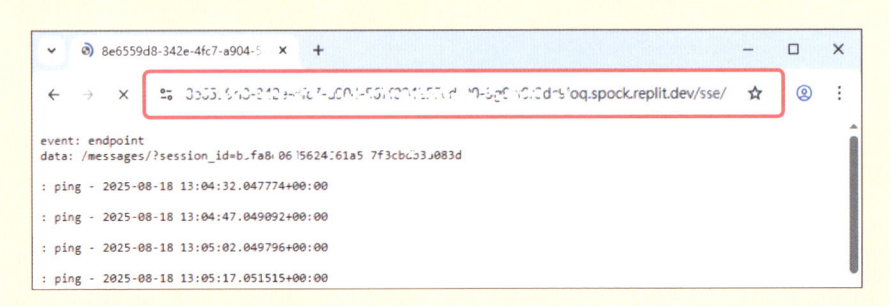

若順利架設好 MCP 伺服器，最終 Repit 網站會提供你一個連線的網址。然後才可以在 ChatGPT 新增自訂連接器：

1. 請點選 ChatGPT 左下角的帳號，接著依序選取「設定」→「連接器」，再點選「建立」。

→ 接下頁

2. 在「新增連接器」畫面中，名稱可以自己取，例如「cat」。把前述提及 Repit 提供的 MCP 伺服器網址貼到「MCP 伺服器 URL」欄位，驗證方式選「無驗證」，勾選「我信任此應用程式」，最後按「建立」就完成了。

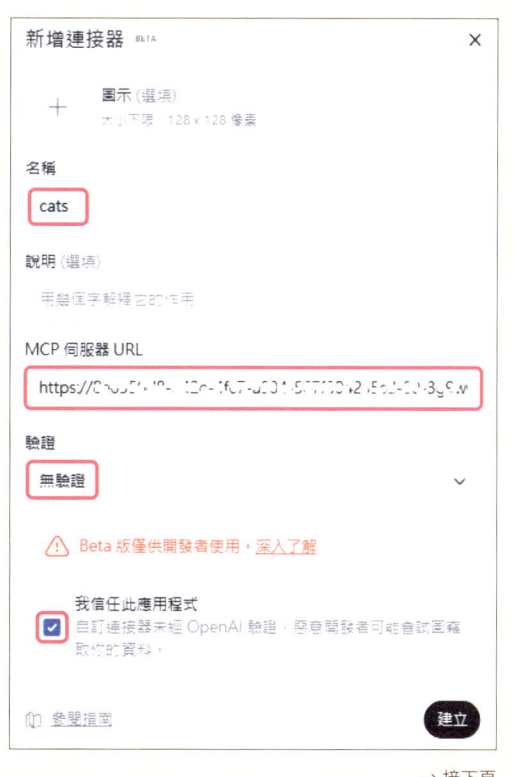

→ 接下頁

3. 請開新聊天，點選「＋」按鈕，選擇「深入研究」，並在「新增資料來源」中選擇「cats」作為連接的應用程式。

4. 然後就可以指定 ChatGPT 去檢索 OpenAI 的向量儲存區的檔案 (如此處「分享.pdf」)，將檢索到的內容轉換成簡報或者其他操作。